搞定系统设计

面试敲开大厂的门

Alex Xu 著　　徐江 译

System Design Interview

An Insider's Guide, Second Edition

電子工業出版社
Publishing House of Electronics Industry
北京•BEIJING

内 容 简 介

系统设计面试被认为是所有技术面试中难度最大的面试，因为面试题的范围都非常广且模糊，其答案也是开放的，不存在标准答案或正确答案。本书是专门为准备系统设计面试的读者而撰写的，重点讨论了分布式系统中的常用组件和大型 Web 应用的系统架构，涵盖了几类常见的典型应用，包括聊天系统、视频流系统、文件存储系统（云盘）、支付系统等，旨在帮助读者掌握构建一个可扩展的系统所需的基础知识，为面试做好充分准备。

作为过来人，作者提出了应对面试题的“四步法”，即确定问题范围→总体设计→细节设计→总结，书中的案例基本上都是按照这个步骤进行解析的。这种独特的呈现方式，直接针对面试者在面试过程中可能遇到的问题，帮助他们厘清思路，有条不紊地作答。

通过本书，读者可以了解不同 Web 应用的系统设计方案的要点及采用的技术，据此查漏补缺，补齐自己知识体系中的短板，为面试成功增添更多的可能。而对于已经是架构师的读者而言，书中的案例将为他们提供新的思路和灵感，有助于他们在面试中更加从容地展现自己的设计思路和实践经验。

图书在版编目（CIP）数据

搞定系统设计：面试敲开大厂的门 / Alex Xu 著；徐江译. —北京：电子工业出版社，2023.11

书名原文：System Design Interview: An Insider's Guide, Second Edition

ISBN 978-7-121-46549-9

Ⅰ. ①搞… Ⅱ. ①A… ②徐… Ⅲ. ①软件设计 Ⅳ.①TP311.1

中国国家版本馆 CIP 数据核字（2023）第 202267 号

责任编辑：许　艳

印　　刷：河北鑫兆源印刷有限公司

装　　订：河北鑫兆源印刷有限公司

出版发行：电子工业出版社

北京市海淀区万寿路 173 信箱　　邮编 100036

开　　本：787×980　1/16　印张：20.5　字数：370.64 千字

版　　次：2023 年 11 月第 1 版（原书第 2 版）

印　　次：2024 年 4 月第 4 次印刷

定　　价：109.00 元

凡所购买电子工业出版社图书有缺损问题，请向购买书店调换。若书店售缺，请与本社发行部联系，联系及邮购电话：（010）88254888，88258888。

质量投诉请发邮件至 zlts@phei.com.cn，盗版侵权举报请发邮件至 dbqq@phei.com.cn。

本书咨询联系方式：faq@phei.com.cn。

译者序

本书的翻译始于 2021 年，在此期间我经历了两次新冠病毒感染、第二个孩子的出生等或大或小的人生时刻。感谢家人的支持与陪伴，尤其感谢妻子对家庭的全心照料，让我可以抽身完成此译作。

每次为了校对译稿而重读原著时，我都能获得新的知识。感谢编辑的细心和专业，同时我也感慨于原著者知识之广博——他可以把如此大的话题细化到这么多特定的场景里逐一剖析。值得一提的是，他的书是 self-pulished 的（自出版，国外的一种出版模式），在没有出版社营销和推广的情况下，取得了不错的销售业绩，在 Amazon 上的评分也很亮眼（评分为 4.5，有 2400 多人打分）。这也折射出现在无论是国内还是国外，IT 行业都在不停地“卷”，找工作时面试的压力也越来越大。

随着 AI 大模型时代的到来，以后系统设计会走向何方，我们暂时不得而知。但我相信人类对专业领域的知识灵活应用的能力，在一段时间内肯定还是强于机器的，所以阅读并掌握本书内容对系统设计师还是有必要的。至少，掌握了书中的这些知识，你才可以写出更好的提示词（Prompt）。

前　　言

很高兴你阅读本书，和我一起来学习系统设计面试技巧。关于系统设计的面试是所有技术面试中最难的。面试者会被要求设计一个软件系统，比如news feed、谷歌搜索、聊天系统等。这些问题令人望而生畏，没有特定的解题模式，通常范围都非常广且模糊，其答案也是开放的，也可以说不存在标准答案或正确答案。

很多公司都设有系统设计面试，因为这种面试能考验软件工程师日常工作所需的沟通能力和解决问题的能力。面试官会考查候选人如何分析一个模糊的问题并一步步解决这个问题；同时，他们还会考查候选人阐述自己想法的能力、与其他人讨论的能力、评估及优化系统的能力。

系统设计的问题是开放式的。在现实世界中，不同的系统之间存在许多差别，而系统自身还要应对各种变化。面试官期望得到的答案是一个能满足系统设计目标的架构。在面试过程中，对问题的讨论可能会因面试官的个人风格不同而走向不同的方向。有些面试官喜欢询问高层架构设计方面的问题，以全面地考查面试者的知识面，也有些面试官会选择一个或者几个领域来深入地考查知识点。一般来说，应该搞清楚系统的需求、限制和瓶颈，以便面试双方可以有效地进行沟通。

本书的目标是提供一个可靠的策略，帮助面试者回答系统设计问题。采取正确的策略且具备必要的知识，对面试的成功至关重要。

本书讲述了构建一个可扩展系统所需的基础知识。[①]你从本书中获得的知识越多，在解决系统设计问题时就越从容。

本书还提供了一个逐步解决系统设计问题的框架，用了很多实例来阐释这种系统性的解决方法且附有详细步骤，你可以照着操作。只要勤加练习，在回答系统设计面试问题时，你就会胸有成竹。

① 对于本书脚注中列出的参考资料的相关链接，可通过扫描本书封底二维码获取。

目　录

1

从 0 到 100 万用户的扩展

设计一个拥有上百万用户的系统是很有挑战性的，这将是一个不断优化、持续改进的过程。在本章中，我们先创建一个单用户的系统，然后逐渐将其扩展成可以服务上百万用户的系统。读完本章，你将掌握几个能帮助你破解系统设计面试难题的技巧。

1.1 单服务器配置

万里征途总是从第一步开始的，构建一个复杂系统也是如此。我们从简单的部分着手，先让所有的功能都在一个服务器上运行。图 1-1 展示了如何配置单台服务器，让一切都在其上运行，包括 Web 应用、数据库、缓存等。

研究请求流和流量源头有助于我们理解这个配置。我们先来看请求流（如图 1-2 所示）。

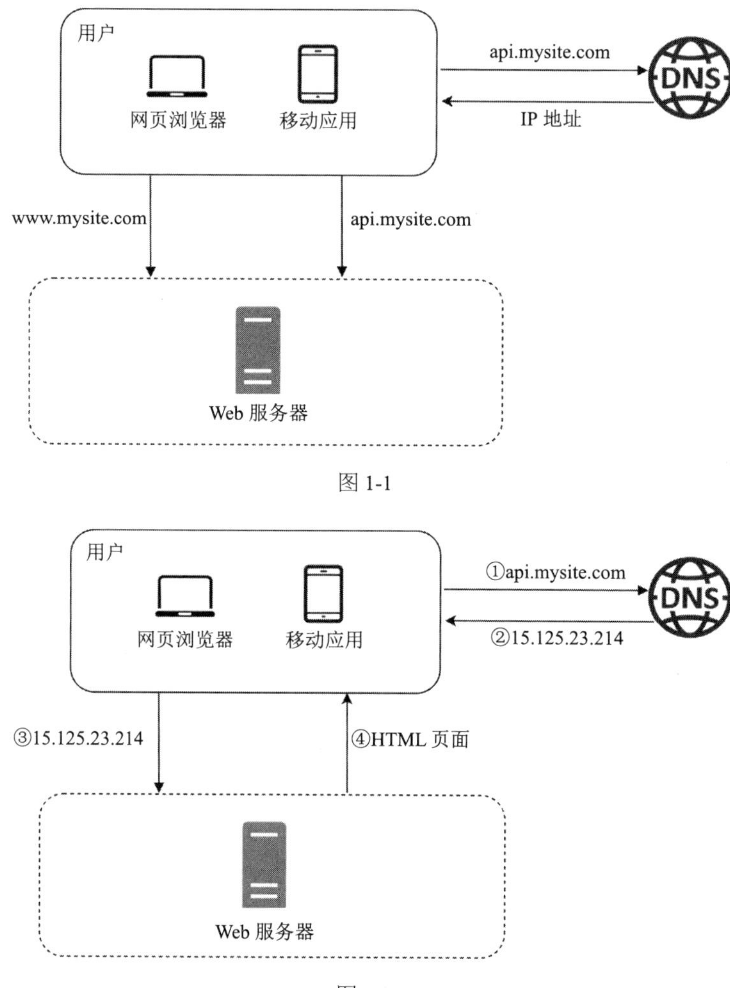

图 1-1

图 1-2

1．用户通过输入域名（例如 api.mysite.com）来访问网站。通常，域名系统（DNS）是由第三方提供的付费服务，它并不是由我们的服务器来托管的。

2．IP 地址被返回给网页浏览器或者移动应用。在图 1-2 所示的例子中，被返回的 IP 地址是 15.125.23.214。

3．一旦获知 IP 地址，HTTP 请求[①]就被直接发送给 Web 服务器。

① 请参阅维基百科词条“HTTP”。

4．Web 服务器返回 HTML 页面或者 JSON 响应来渲染页面。

接下来，我们研究一下流量源头。Web 服务器的流量有两个源头：Web 应用和移动应用。

- Web 应用：它运用服务器端语言（Java、Python 等）来处理业务逻辑、数据存储等；它还使用客户端语言（HTML 和 JavaScript）来展示内容。
- 移动应用：HTTP 是移动应用与 Web 服务器之间的通信协议。而 JSON（JavaScript Object Notation）因其十分简单而被广泛用作数据传输时的 API 响应格式。以下是一个 JSON 格式的 API 响应例子。

```
GET /users/12 - 获取 id=12 的用户对象
{
   "id": 12,
   "firstName'": "John",
   "lastName": "Smith",
   "address":{
      "streetAddress": "21 2nd Street",
      "city": "New York",
      "state'": "NY",
      "postalCode": 10021
   },
   "phoneNumbers": [
      "212 555-1234",
      "646555-4567"
   ]
}
```

1.2 数据库

随着用户基数的增长，一台服务器已经无法满足需求，我们需要多台服务器：一台用于处理 Web 应用/移动应用的流量，另一台用作数据库（如图 1-3 所示）。把处理 Web 应用/移动应用流量（网络层）的服务器与数据库（数据层）服务器分开，我们就可以对它们分别进行扩展。

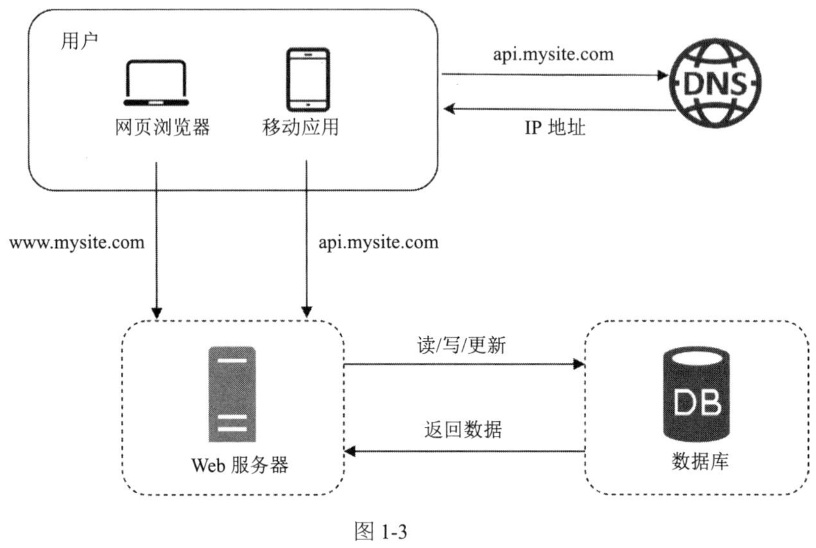

图 1-3

1.2.1 使用何种数据库

你可以选择传统的关系型数据库，也可以选择非关系型数据库。我们来看看它们的区别。

关系型数据库通常也叫作关系型数据库管理系统（RDBMS）或者 SQL 数据库，其中最流行的有 MySQL、Oracle、PostgreSQL 等。关系型数据库通过表和行来表示和存储数据。你可以使用 SQL 对不同的数据库表执行连接（join）操作。

非关系型数据库又叫作 NoSQL 数据库。流行的非关系型数据库有 CouchDB、Neo4j、Cassandra、HBase、Amazon DynamoDB 等①。它们可以分为四类：键值存储、图存储、列存储和文档存储。非关系型数据库一般不支持连接操作。

对于大多数开发者而言，关系型数据库是最好的选择，因为它们已经有 40 多年的历史，而且一直表现不错。但如果它们无法满足你的特殊使用场景要求，你就需要考虑关系型数据库之外的选项。当需要满足如下条件时，非关系型数据库可能是一个正确的选择：

- 你的应用只能接受非常低的延时。

① 请参阅 treehouse 博客网站上的文章“Should You Go beyond Relational Databases?”。

- 应用中的数据是非结构化的，或者根本没有任何关系型数据。
- 只需要序列化（JSON、XML、YAML 等格式）和反序列化数据。
- 需要存储海量数据。

1.3 纵向扩展 vs. 横向扩展

纵向扩展也叫作向上扩展，指的是提升服务器的能力（CPU、RAM 等）。横向扩展也叫作向外扩展，指的是为你的资源池添加更多服务器。

当流量小的时候，纵向扩展是一个很好的选择，其主要优势是简单。不过，它有一些重大局限。

- 纵向扩展是有硬性限制的，你不可能给一台服务器无限添加 CPU 和内存。
- 纵向扩展没有故障转移和冗余。一旦一台服务器宕机，网站/应用也会随着一起完全不可用。

由于纵向扩展存在这些限制，因此对于大型应用来说，采用横向扩展更合适一些。

在我们前面的设计中，用户是直接连接到 Web 服务器的。一旦服务器离线，用户就无法访问网站了。还有一种场景是，非常多的用户同时访问 Web 服务器，达到了其负载上限，这时用户就会普遍感受到网站响应慢或者无法连上服务器。解决这些问题的最佳方法是使用负载均衡器。

1.4 负载均衡器

负载均衡器会把输入流量均匀分配到负载均衡集里的各个 Web 服务器上。图 1-4 展示了负载均衡器是怎么工作的。

如图 1-4 所示，用户可以直接连接该负载均衡器的公共 IP 地址。这样设置后，Web 服务器就再也不能被任何客户端直接访问了。为了提高安全性，服务器之间的通信使用私有 IP 地址。私有 IP 地址只可以被同一个网络中的服务器访问，在公网中是无法访问的。负载均衡器和 Web 服务器之间使用私有 IP 地址来通信。

增加了负载均衡器和一台 Web 服务器后，我们成功解决了网络层的故障转移问题，提升了网络层的可用性。具体细节如下：

- 如果服务器 1 离线，所有的流量都会被路由到服务器 2，从而避免整个网站宕机。我们可以之后再将一台新的“健康的”Web 服务器添加到服务器池中，以平衡负载。
- 如果网站流量增长非常快，两台服务器不足以处理这些流量，那么负载均衡器可以轻松地解决这个问题。只需要在服务器池中添加更多服务器，负载均衡器就会自动将请求发给新加入的服务器。

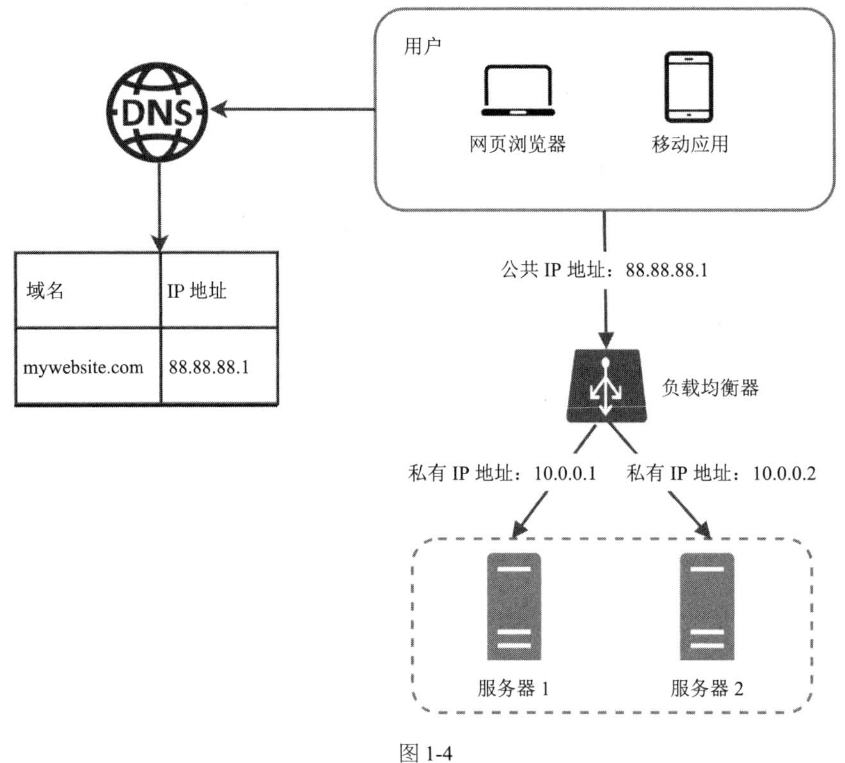

图 1-4

现在网络层看来已经不错了，那么数据层呢？目前的设计方案中只有一个数据库，所以无法支持数据库的故障转移和冗余。数据库复制是解决这些问题的常用技巧。

1.5 数据库复制

根据维基百科上的定义，“在很多数据库管理系统中，通常都可以利用原始数据库（Master，主库）和拷贝数据库（Slave，从库）之间的主从关系进行数据库复制。”①。

主库通常只支持写操作，从库保存主库的数据副本且仅支持读操作。所有修改数据的指令，如插入、删除或更新等，都必须发送给主库来执行。在大部分应用中，对数据库的读操作远多于写操作，因此系统中从库的数量通常多于主库的数量。图 1-5 展示了一个主库搭配多个从库的例子。

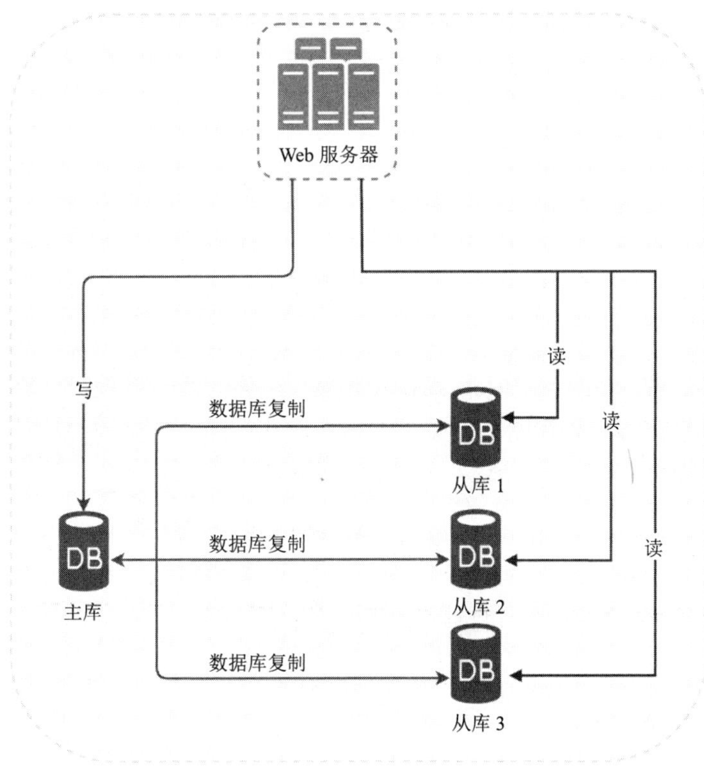

图 1-5

① 可参阅维基百科上的词条“Replication (computing)”。

数据库复制有如下优点：

- 性能更好。在主从模式下，所有的写操作和更新操作都发生在主节点（主库）上，而读操作被分配到各个从节点（从库），因此系统能并行处理更多的查询，性能得到提升。
- 可靠性高。如果有一台数据库服务器因自然灾害而损毁，比如遭遇台风或者地震，数据依然被完好保存，你不需要担心数据会丢失，因为这些数据已经被复制到处于不同地理位置的其他数据库服务器中。
- 可用性高。由于不同物理位置的从库都复制了数据，因此即使一台数据库服务器宕机，你的网站依然可以运行，因为另一台数据库服务器里存储了数据。

前面讨论了负载均衡器是如何帮助提升系统可用性的，这里我们问一个同样的问题：如果有数据库服务器宕机了怎么办？图 1-5 所示的架构可以应对这种情况。

- 如果只有一个从库，而它宕机了，则系统暂时会将读操作路由至主库。一旦发现有从库宕机，就会有一个新的从库来替代它。要是有多个从库可用，读操作会被重定向到其他正常工作的从库上；同样，也会有一个新的数据库服务器来替代宕机的那个。
- 如果主库宕机，会有一个从库被推选为新的主库。所有的数据库操作会暂时在新的主库上执行。另一个从库会替代原来的从库并立即开始复制数据。在生产环境中，因为从库的数据不一定是最新的，所以推选一个新的主库会更麻烦。缺失的数据需要通过运行数据恢复脚本来补全。尽管还有别的数据复制方式可以解决数据缺失问题，比如多主复制或者循环复制，但是它们的设置更加复杂，本书不对这些内容进行讨论。感兴趣的读者可以进一步阅读相关参考资料[①]。

图 1-6 展示了添加了负载均衡器和数据库复制之后的系统设计方案。

---

① 可阅读维基百科上的“Multi-master Replication”词条内容，以及阅读 MySQL 文档中的相关章节。

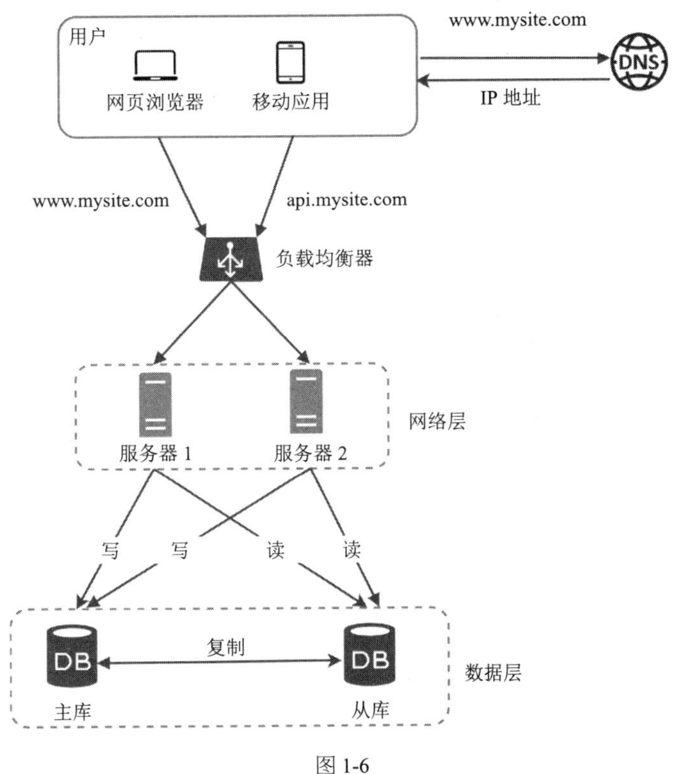

图 1-6

我们再来看一下现在的设计：

- 用户从 DNS 获取负载均衡器的 IP 地址。
- 用户通过这个 IP 地址连接负载均衡器。
- HTTP 请求被转发到服务器 1 或者服务器 2 上。
- Web 服务器在从库中读取用户数据。
- Web 服务器把所有修改数据的操作请求都转发到主库上，包括写、更新和删除操作。

现在我们对于网络层和数据层都有了一定的理解，接下来可以提升加载和响应速度了。可以通过添加缓存层、把静态资源（JavaScript、CSS、图片、视频文件）转移到内容分发网络（CDN）上来实现加速。

1.6 缓存

缓存是临时的存储空间，用于存储一些很耗时的响应结果或者内存中经常被访问的数据，这样后续再访问这些数据时能更快。如图 1-6 所示，每次加载一个新网页，都要执行一个或者多个数据库请求来获取数据。不断向数据库发送请求会使应用的性能受到很大影响，而缓存可以缓解这种情况。

1.6.1 缓存层

缓存层是一个临时数据存储层，比数据库快很多。设置独立缓存层的好处有：提高系统性能，减轻数据库的工作负载以及能够单独扩展缓存层。图 1-7 展示了一种设置缓存层的方式。

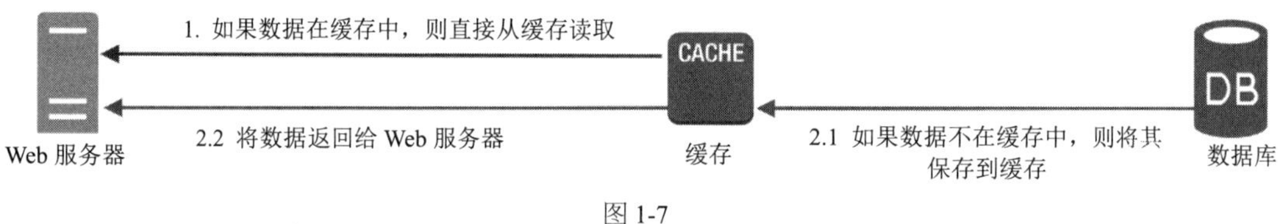

图 1-7

当收到一个请求时，Web 服务器首先检查缓存中是否有可用的数据：如果有，Web 服务器就直接将数据返回给客户端；如果没有，就去查询数据库并把返回的响应存储在缓存中，再将其返回给 Web 服务器。这种缓存策略叫作通过缓存读（Read-through Cache）。根据数据的类型、大小和访问模式，可以采用不同的缓存策略。在网站 Codeahoy 上有一篇文章“Caching Strategies and How to Choose the Right One”，解释了不同的缓存策略是如何工作的。

大部分缓存服务器都为常见的编程语言提供了 API，与其进行交互很简单。下面的代码段展示了典型的 Memcached API：

```
SECONDS= 1
cache.set('myKey', 'hi there', 3600*SECONDS)
cache.get('myKey')
```

1.6.2 使用缓存时的注意事项

使用缓存时有以下几点需要注意：

- 决定什么时候应使用缓存。如果对数据的读操作很频繁，而修改却不频繁，则可考虑使用缓存。因为被缓存的数据是存储在易变的内存中的，所以缓存服务器不是持久化数据的理想位置。比如，如果缓存服务器重启，其中的所有数据就会丢失。因此，重要的数据应该保存在持久性的数据存储中。
- 过期策略。执行过期策略是好的做法。一旦缓存中的数据过期，就应该将其从缓存中清除。如果不设置过期策略，缓存中的数据会一直被保存在内存中。通常建议不要把过期时间设得太短，因为这样会导致系统不得不经常从数据库重新加载数据；当然，也不要设得太长，这样会导致数据过时。
- 一致性：这关系到数据存储和缓存的同步。当对数据的修改在数据存储和缓存中不是通过同一个事务来操作的时候，就会发生不一致。当跨越多个地区进行扩展时，保持数据存储和缓存之间的一致性是很有挑战性的。如果你感兴趣，可以阅读 Facebook 的文章“Scaling Memcache at Facebook”。
- 减轻出错的影响：单缓存服务器是系统中的一个潜在单点故障（Single Point Of Failure，SPOF）（如图 1-8 所示）。在维基百科中，单点故障的定义如下：“单点故障是指系统中的某一部分，如果它出现故障，整个系统就不能工作”。所以，推荐的做法是在不同的数据中心部署多个缓存服务器以避免单点故障。另一个推荐的做法是为缓存超量提供一定比例的内存，这样可以在内存使用量上升时提供一定的缓冲。
- 驱逐策略：一旦缓存已满，任何对缓存添加条目的请求都有可能导致已有条目被删除，这叫作缓存驱逐。LRU（Least-Recently-Used，最近最少使用）是最流行的缓存驱逐策略。也可以采用其他缓存驱逐策略，比如 LFU（Least Frequently Used，最不经常使用）或者 FIFO（First In First Out，先进先出），以满足不同的使用场景。

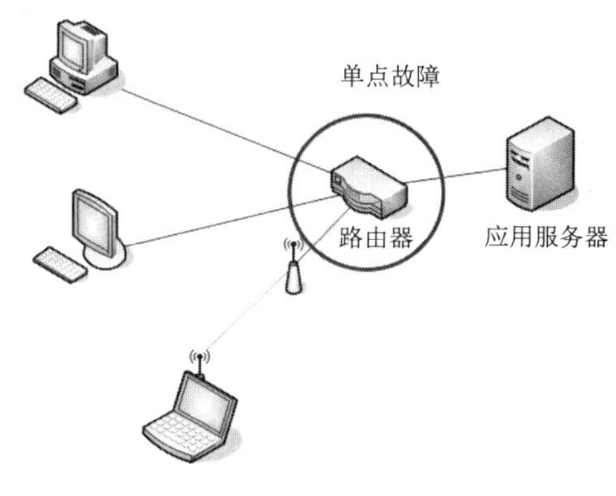

图 1-8[①]

1.7 内容分发网络

内容分发网络（Content Delivery Network，CDN）是由在地理上分散的服务器组成的网络，被用来传输静态内容。CDN 中的服务器缓存了像图片、视频、CSS 和 JavaScript 文件这一类的静态内容。

动态内容缓存是一个相对新的概念，不在本书讨论的范围内。它可以基于请求路径、查询字符串、cookie 和请求头来缓存 HTML 页面。感兴趣的读者可以访问 ASW 的网站以了解更多内容。本书只讲解如何使用 CDN 缓存静态内容。

现在我们大致介绍一下 CDN 是如何工作的：当用户访问一个网站时，离用户最近的 CDN 服务器会返回静态资源。给人的直观感受是，离 CDN 服务器越远，网站加载内容就越慢。举个例子，如果 CDN 服务器在旧金山，那么洛杉矶的用户就比欧洲的用户更快获取网站内容。图 1-9 展示了 CDN 是如何缩短加载时间的。

① 此图引自维基百科。

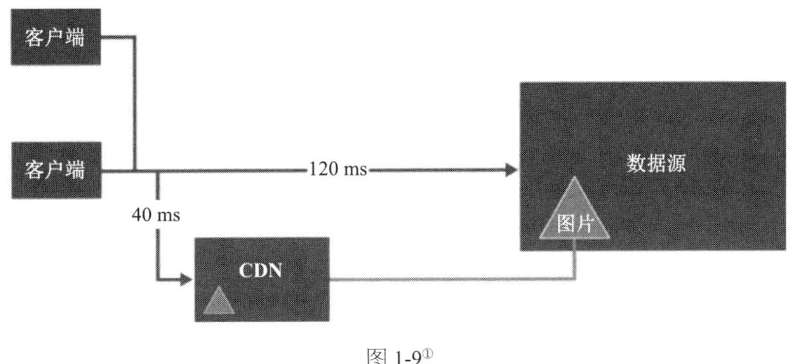

图 1-9①

图 1-10 展示了 CDN 的工作流。

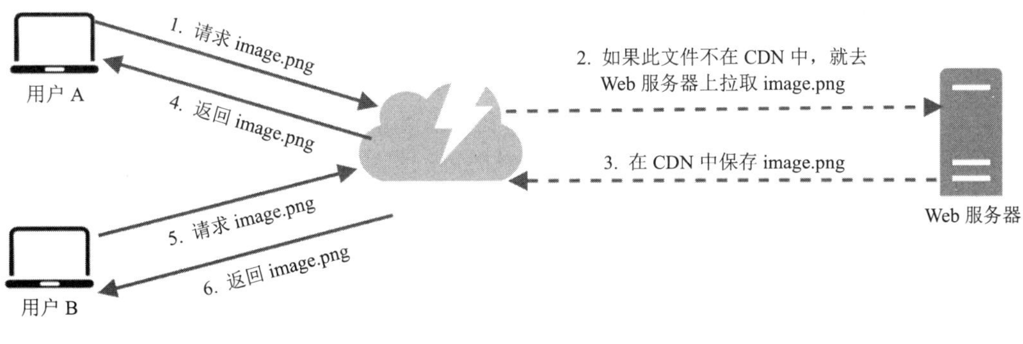

图 1-10

1. 用户 A 尝试通过请求图片的 URL 去获取 image.png。这个 URL 的域名由 CDN 服务商提供。亚马逊和 Akamai CDN 上的图片 URL 大概是下面这个样子：

- https://mysite.cloudfront.net/logo.jpg
- https://mysite.akamai.com/image-manager/img/logo.jpg

2. 如果 CDN 服务器的缓存中没有 image.png，CDN 服务器就会向数据源服务器请求这个文件。数据源服务器可以是 Web 服务器，或者线上存储，比如 Amazon S3。

3. 数据源服务器将 image.png 文件返回给 CDN 服务器，其中包括可选的 HTTP 头 Time-to-Live（TTL，生存时间）。TTL 描述了该图片文件应该被缓存多长时间。

① 此图引自微软 Azure 文档中的“CDN Guidance”小节。

4. CDN 服务器缓存这个图片并将其返回给用户 A。这个图片一直缓存在 CDN 服务器中，直到 TTL 到期。

5. 用户 B 发送请求，要求获取这张图片。

6. 只要 TTL 还没到期，CDN 服务器的缓存就会返回该图片。

1.7.1 使用 CDN 时的注意事项

- 花销：CDN 是由第三方供应商来运营的，对数据在 CDN 中的进出都会收费。缓存不经常使用的内容，并不能给性能带来显著的好处，应该考虑把这些内容从 CDN 中移出。
- 设置合理的缓存过期时间：对于时间敏感的内容，设置缓存过期时间是很重要的。这个时间不应该过长或过短。如果过长，内容会不够新。如果过短，可能导致频繁地将内容从数据源服务器重新加载至 CDN。
- CDN 回退：要好好考虑你的网站或应用如何应对 CDN 故障。如果 CDN 出现故障暂时无法提供服务，客户端应该有能力发现这个问题，并直接向数据源服务器请求资源。
- 作废文件：以下操作均可以在文件过期之前将其从 CDN 中移除。
  - 调用 CDN 服务商提供的 API 来作废 CDN 对象。
  - 通过对象版本化来提供一个不同版本的对象。可以在 URL 中添加一个参数，比如版本号，来给一个对象添加版本。比如，在查询字符串中可以加入版本号 2（image.png?v=2）。

图 1-11 展示了加入了 CDN 和缓存之后的系统设计方案。

1. 静态资源（JavaScript 代码、CSS 文件、图片等）不再由 Web 服务器提供，而是从 CDN 中获取，以提高响应速度。

2. 数据被缓存后，数据库的负载就减轻了。

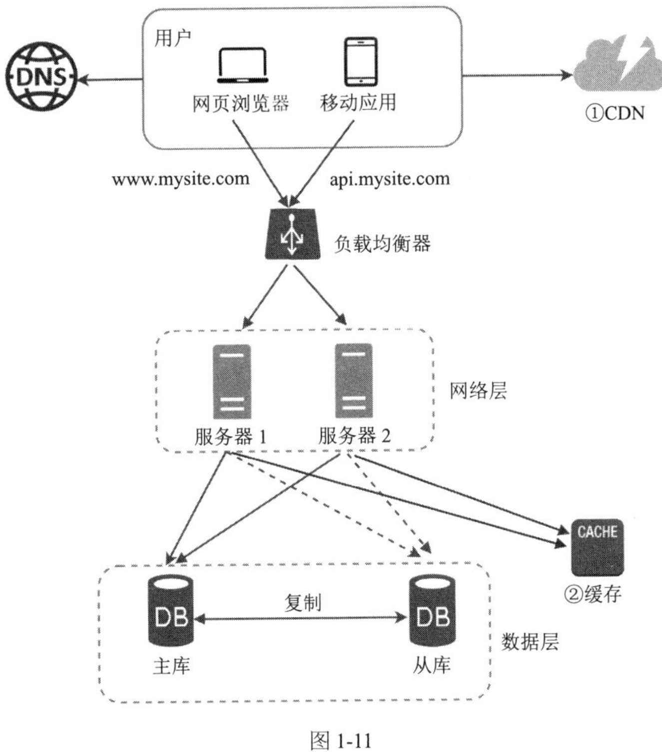

图 1-11

1.8 无状态网络层

现在是时候考虑横向扩展网络层了。为此，我们需要将状态（例如，用户会话数据）从网络层中移出。一个好的做法是将会话数据存储在持久性存储（如关系型数据库或 NoSQL）中。集群中的每个 Web 服务器都可以经由数据库访问状态数据。这就是所谓的无状态网络层。

1.8.1 有状态架构

有状态的和无状态的服务器是有一些关键差异的。有状态的服务器处理客户端发来的一个个请求，并记下客户端的数据（状态）。无状态的服务器则不保存状态信息。

图 1-12 展示了一个有状态架构。

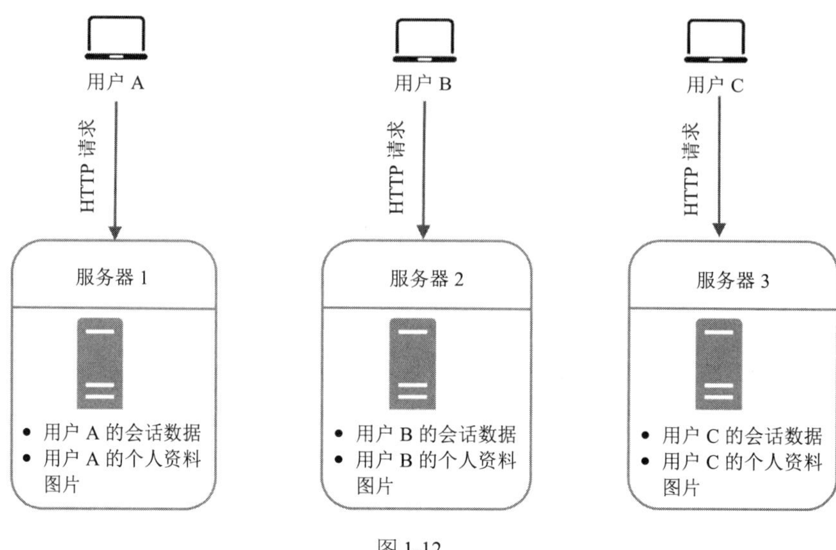

图 1-12

在图 1-12 所示的架构中，用户 A 的会话数据和个人资料图片会被存储到服务器 1 上。为了对用户 A 进行身份验证，必须将 HTTP 请求发给服务器 1。如果将请求发给其他服务器，比如服务器 2，由于服务器 2 上没有用户 A 的会话数据，因此身份验证就会失败。同理，用户 B 的所有 HTTP 请求必须发给服务器 2；用户 C 的所有请求必须发给服务器 3。

现在的问题是，如何将来自同一客户端的所有请求都发给同一个服务器。大部分负载均衡器都提供的黏性会话[①]可以解决这个问题，但是会增加成本。这种方法使得添加或者移除服务器变得更加困难，同时也使得应对服务器故障变得更具挑战性。

1.8.2 无状态架构

图 1-13 展示了一个无状态架构。

在这个无状态架构中，用户的 HTTP 请求可以发给任意 Web 服务器，然后 Web 服务器从共享的数据存储中拉取数据。状态数据存储在共享数据存储而非 Web 服务器中。无状态的系统更加简单，更健壮，也更容易扩展。

图 1-14 展示了加入了无状态网络层后的系统设计。

① 请参考 AWS 网站上的文档“Configure Sticky Sessions for your Classic Load Balancer”。

用户 A
用户 B
用户 C
HTTP 请求
HTTP 请求
HTTP 请求
Web 服务器
获取状态
共享数据存储

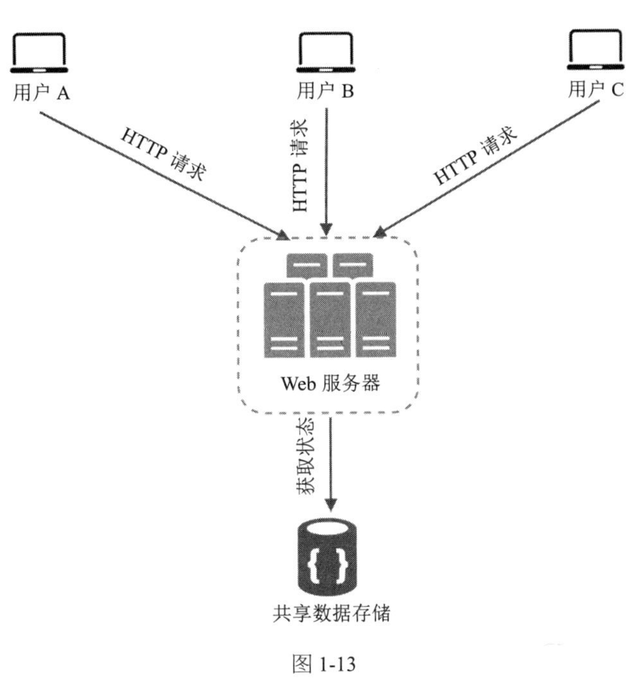

图 1-13

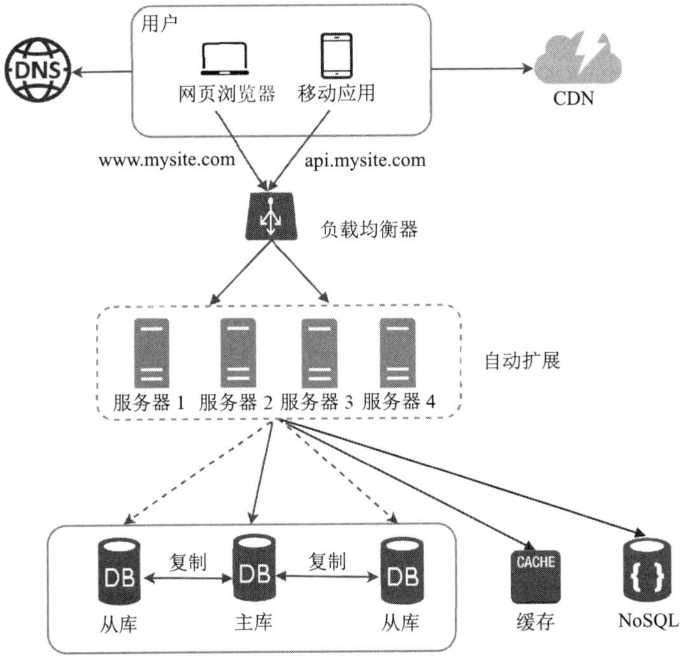

用户
DNS
网页浏览器
移动应用
CDN
www.mysite.com
api.mysite.com
负载均衡器
自动扩展
服务器 1
服务器 2
服务器 3
服务器 4
复制
复制
DB
DB
DB
从库
主库
从库
CACHE
缓存
NoSQL

图 1-14

如图 1-14 所示，我们把会话数据从网络层中移出，放到持久化存储中保存。共享数据存储可以是关系型数据库或者 NoSQL（比如，Memcached、Redis）。选择 NoSQL 的原因是它容易扩展。自动扩展的意思是，基于网络流量自动地增加或者减少 Web 服务器。将状态数据从 Web 服务器中移除后，就很容易实现网络层的自动扩展了。

如果你的网站发展迅速，而且吸引了非常多的国际用户，要提高可用性以及在更广的地理区域提供更好的用户体验，让网站支持多数据中心就非常关键。

1.9 数据中心

图 1-15 展示了有两个数据中心的例子。正常情况下，用户会被基于地理位置的域名服务导流到最近的数据中心，也就是说流量被分散到不同的数据中心，在图 1-15 中有美国东部和美国西部两个数据中心。基于地理位置的域名服务（geoDNS）是一种基于用户的地理位置将域名解析为不同 IP 地址的 DNS 服务。

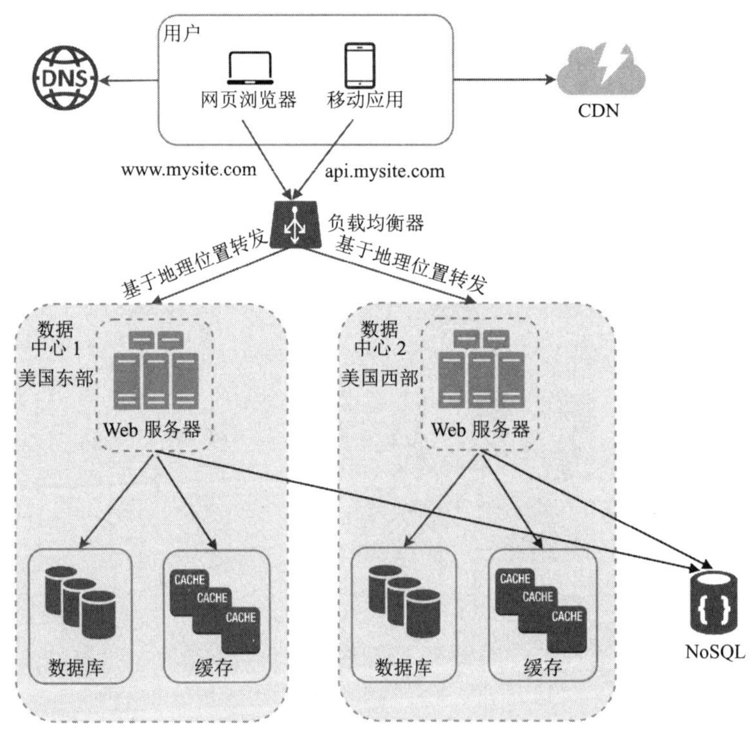

图 1-15

如果有某个数据中心出现严重的故障，可以把所有的流量转到另一个运转正常的数据中心。在图 1-16 所示的例子中，数据中心 2（美国西部）发生了故障，全部流量被转至数据中心 1（美国东部）。

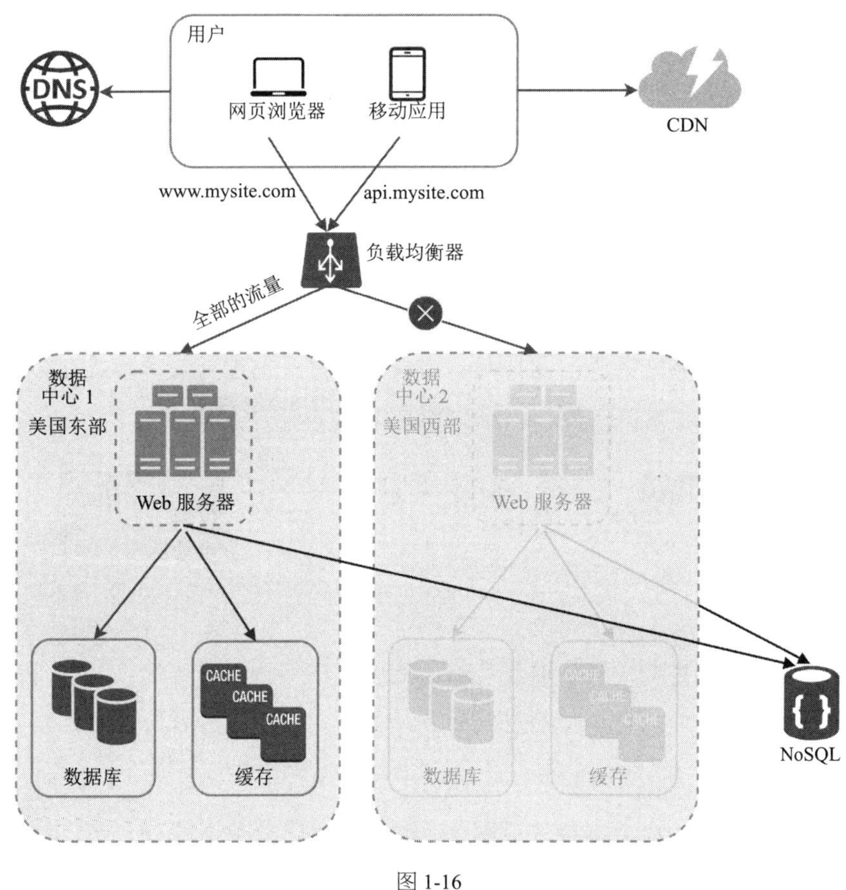

图 1-16

要设置多数据中心，必须先解决如下技术难题：

- 流量重定向。要有能把流量引导到正确数据中心的有效工具。geoDNS 可以基于用户的地理位置把流量引导到最近的数据中心。
- 数据同步。不同地区的用户可以使用不同的本地数据库或者缓存。在故障转移的场景中，流量可能被转到一个数据不可用的数据中心。常用的一个策略是在多个数据中心复制数据。Netflix 工程博客上的文章“Active-Active for Multi-Regional Resiliency”

说明了 Netflix 是如何实现多数据中心异步复制的。

- 测试和部署：设置多数据中心后，在不同的地点测试你的网站/应用是很重要的。而自动部署工具则对于确保所有数据中心的服务一致性至关重要[①]。

为了进一步扩展我们的系统，我们需要解耦系统中不同的组件，这样它们就可以单独扩展了。在现实世界中，很多分布式系统用消息队列来解决这个问题。

1.10 消息队列

消息队列是一个持久化的组件，存储在内存中，支持异步通信。它被用作缓冲区，分配异步的请求。消息队列的基本架构很简单：输入服务（也称为生产者或发布者）创建消息，并把它们发布到消息队列中；其他服务或者服务器（也称为消费者或订阅者）与消息队列连接，并执行消息所定义的操作。这个模型如图 1-17 所示。

图 1-17

解耦使消息队列成为构建可扩展和可靠应用的首选架构。有了消息队列，当消费者无法处理消息时，生产者依然可以将消息发布到队列中；就算生产者不可用，消费者也可以从队列中读取消息。

考虑以下用例：你的应用支持修改图像，包括裁剪、锐化、模糊化等，这些任务都需要时间来完成。在图 1-18 中，Web 服务器把图像处理的任务发布到消息队列。图像处理进程或服务（Worker）从消息队列中领取这个任务，并异步执行。生产者和消费者都可以独立地扩展。队列的规模变大以后，可以加入更多的 Worker，以减少处理时间。如果队列在大部分时间中都是空的，就可以减少 Worker 的数量。

---

① 参阅 Netflix 工程博客上的文章“Active-Active for Multi-Regional Resiliency”。

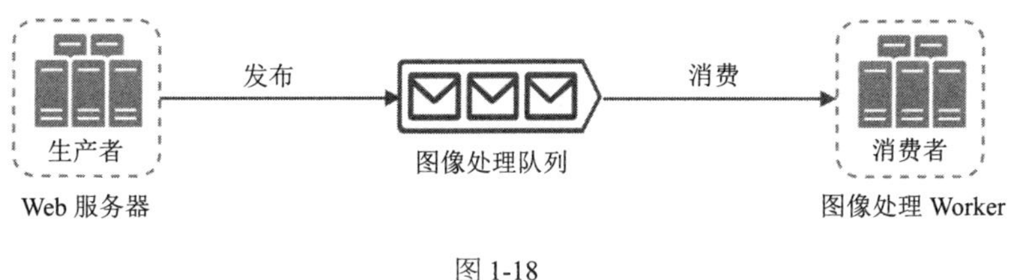

图 1-18

1.11 记录日志、收集指标与自动化

对于一个只有几台服务器的小网站，记录日志、收集指标和自动化只是锦上添花的实践而非必需的工作。但是当网站发展成为大企业提供服务的平台时，这些工作就是必需的了。

记录日志：监控错误日志非常重要，因为它可以帮助识别系统的错误和问题。你可以监控每个服务器的错误日志，也可以用工具把各个服务器的日志汇总到一个中心化的服务中，方便搜索和查看。

收集指标：收集不同类型的指标数据，有助于获得商业洞察力和了解系统的健康状态。

以下几个指标很有用：

- 主机级别指标：CPU、内存、磁盘 I/O 等。
- 聚合级别指标：比如整个数据库层的性能，整个缓存层的性能等。
- 关键业务指标：每日活跃用户数、留存率、收益等。

自动化：当系统变得庞大且复杂时，就需要创建或者使用自动化工具来提高生产力。持续集成是一个很好的做法。在这种做法中，每次代码检入（check in）都需要通过自动化工具的审核，使团队能及时发现问题。同时，将构建、测试和部署等流程自动化，可以显著提高开发人员的生产力。

1.11.1 添加消息队列和各种工具

图 1-19 展示了更新后的系统设计，因为图书版面有限，只画了一个数据中心。

1. 这个系统中包含一个消息队列，它使系统更加松散地耦合且更容易从故障中恢复。

2．它包含了记录日志、监控和收集指标的功能，以及自动化工具。

随着数据与日俱增，你的数据库过载变得越来越严重。是时候扩展数据层了。

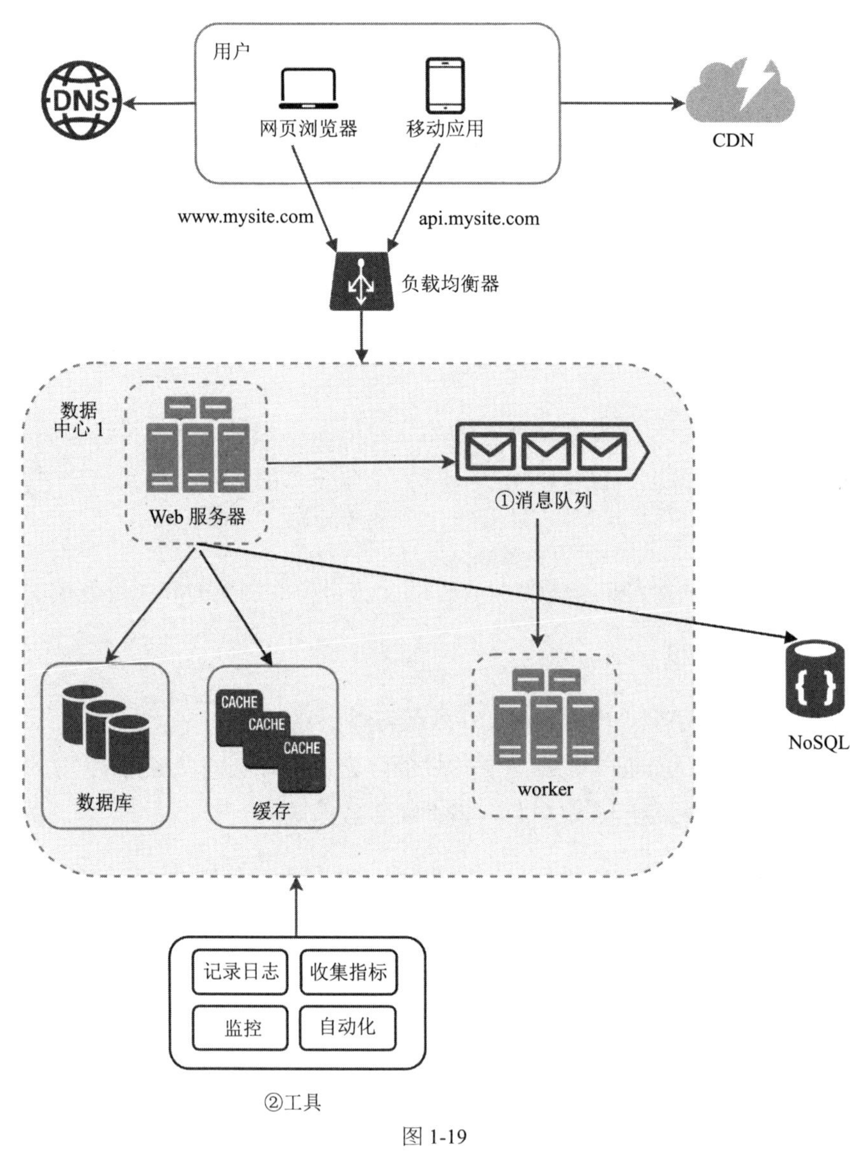

图 1-19

1.12 数据库扩展

数据库的扩展有两种方式：纵向扩展和横向扩展。

1.12.1 纵向扩展

纵向扩展又叫作向上扩展，就是为已有机器增加算力（CPU、内存、硬盘等）。业界有一些非常强劲的数据库服务器。亚马逊的 RDS（关系型数据库服务）[①]可以提供拥有 24 TB 内存的数据库服务器。这种性能强劲的数据库服务器可以存储和处理非常多的数据。举个例子，Stack Overflow 的网站在 2013 年每个月有超过 1000 万的独立用户访问，但是它只有一个主数据库[②]。然而，纵向扩展也有一些重大缺点：

- 尽管可以给数据库服务器添加更多的 CPU、内存等，但是硬件的能力总是有上限的。如果网站的用户基数很大，单服务器是不够的。
- 更大的单点故障风险。
- 总成本很高。强劲的服务器比一般的服务器贵很多。

1.12.2 横向扩展

横向扩展，也叫分片，就是添加更多服务器。图 1-20 对比了纵向扩展和横向扩展。

数据库分片是指把大数据库拆分成更小、更容易管理的部分（这些部分叫作 Shard，分片）。每个 Shard 共享同样的数据库 Schema，但是里面的数据都是这个 Shard 独有的。

图 1-21 展示了一个做了分片的数据库。根据用户 ID，用户数据被分配到其中一个数据库服务器上。每次要访问数据时，就会用一个哈希函数来找对应的 Shard。在我们的例子中，以 user_id（用户 ID）对 4 求余作为哈希函数。如果余数为 0，那么 Shard 0 就被用来存储和获取数据；如果余数为 1，就用 Shard 1，依此类推。

---

① 访问 AWS 网站，了解“Amazon EC2 内存增强型实例”。

② 请参阅 Nick Craver 博客上的文章“What it takes to run Stack Overflow?”。

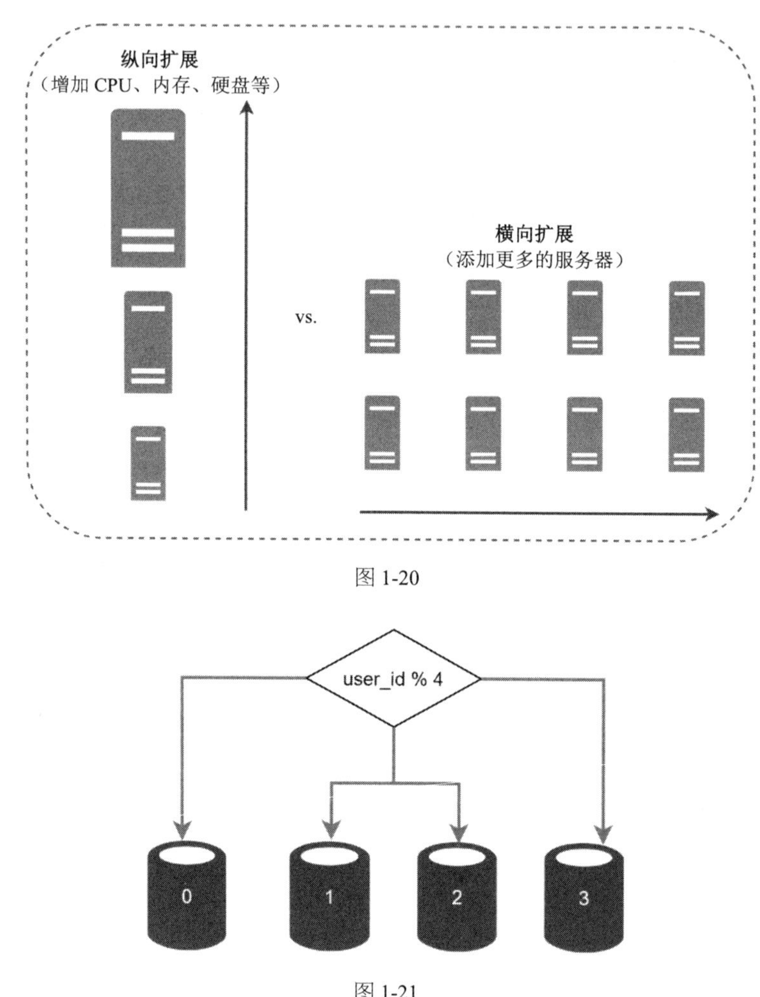

图 1-20

图 1-21

图 1-22 展示了做过分片的数据库中的用户表示例。

实施分片策略时，要考虑的最重要的问题是选择什么分片键（Sharding Key）。分片键（也叫作分区键，Partition Key）由一个或者多个数据列组成，用来决定将数据分到哪个 Shard。在图 1-22 所示的例子中，user_id 被用作分片键。分片键可以把数据库查询路由到正确的数据库，使你高效地检索和修改数据。在选择分片键时，最重要的标准之一是选择一个可以让数据均匀分布的键。

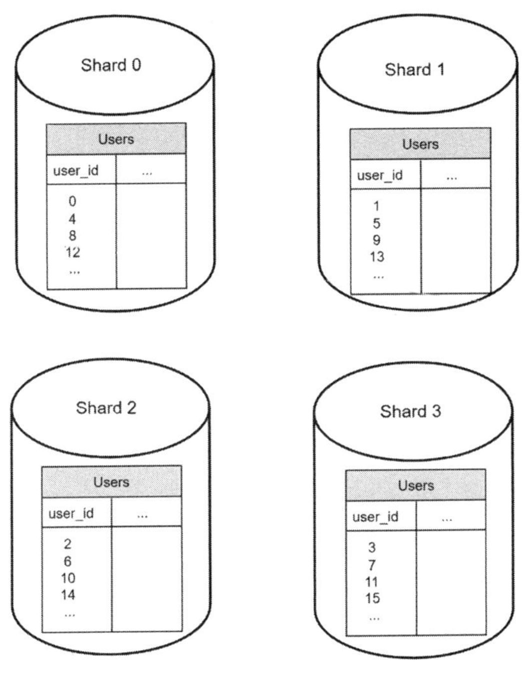

图 1-22

分片是一种不错的扩展数据库的技术，但它还远不是一个完美的解决方案。它为系统引入了复杂性和新的挑战。

重分片数据：出现如下情况时，需要对数据重新分片。第一种是因为数据快速增长，单个 Shard 无法存储更多的数据。第二种是因为数据的分布不均匀，有些 Shard 的空间可能比其他的更快耗尽。当 Shard 被耗尽时，就需要更新用于分片的哈希函数，然后把数据移到别的地方去。我们会在第 5 章介绍一致性哈希算法，它是解决这个问题的常用技术。

名人问题：也叫作热点键问题。过多访问一个特定的 Shard 可能造成服务器过载。想象一下，把 Katy Perry、Justin Bieber 和 Lady Gaga 的数据都放在同一个 Shard 里，对于社交应用而言，这个 Shard 会因读操作太多而不堪重负。为了解决这个问题，我们可能需要为每个名人都分配一个 Shard，而且每个 Shard 可能还需要进一步分区。

连接和去规范化（de-normalization）：一旦数据库通过分片被划分到多个服务器上，就很难跨数据库分片执行连接（join）操作了。解决这个问题的常用方法就是对数据库去规范化，把数据冗余存储到多张表中，以便查询可以在一张表中执行。

在图 1-23 中，我们对数据库做了分片，以支持数据流量的快速增长；同时，将有些非关系型功能迁移到 NoSQL 数据库中，以降低数据库的负载。High Scalability 网站上有一篇文章“What the Heck are You Actually Using NoSQL for?”介绍了很多 NoSQL 数据库的使用案例。

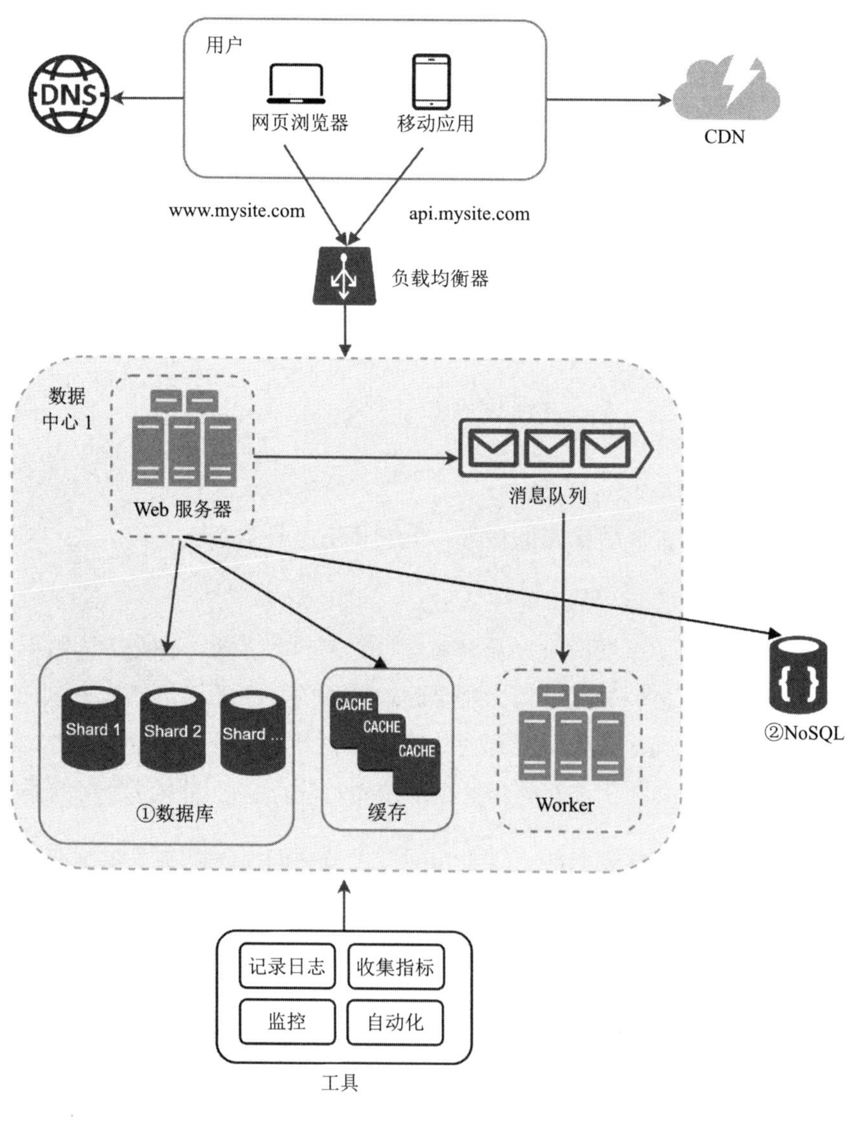

图 1-23

1.13 用户量达到甚至超过了 100 万

系统的扩展是一个迭代的过程，在本章所述内容的基础上继续迭代，可以帮我们走得更远。当网站或应用的用户数量超过 100 万时，就需要进行更多的调整和采用新的策略来扩展网站。比如，你可能需要优化系统，并把它解耦成更小的服务。本章所介绍的技术为你应对新挑战奠定了很好的基础。下面列出扩展系统以支持百万量级用户的几个技术要点，作为本章的总结：

- 让网络层无状态。
- 每一层都要有冗余。
- 尽量多缓存数据。
- 支持多个数据中心。
- 用 CDN 来承载静态资源。
- 通过分片来扩展数据层。
- 把不同架构层分成不同的服务。
- 监控你的系统并使用自动化工具。

恭喜你已经看到这里了。给自己一些鼓励。干得不错！

2 封底估算

在系统设计面试中，有时候你会被要求利用封底估算（Back-of-the-Envelope Estimation）[①]去估计系统能力或者性能要求。根据谷歌高级研究员 Jeff Dean 的说法，“封底估算是你将想象中的实验和常见性能指标数据结合而得出的一些估算值，这些值使你对何种设计可以满足系统需求有初步的概念”[②]。

为了能有效地实施封底估算，你必须掌握可扩展性的基础知识，而且应该充分理解以下概念：2 的幂[③]，以及程序员都应该知道的操作耗时和可用性相关的数据。

2.1 2 的幂

面对分布式系统时，尽管数据量会变得非常庞大，但相关的计算归根结底还是基本的数学运算。为了获得正确的计算结果，了解 2 的幂所代表的数据量单位非常重要。1 字节（byte）是 8 比特（bit）。一个 ASCII 字符占用 1 字节的内存（8 比特）。表 2-1 解释了各

---

① 封底估算意为粗略的计算，它介于猜测与精确的计算之间，在可用的废纸（如信封背面）上即可完成。

② 请参阅 High Scalability 网站上的文章“Google Pro Tip: Use Back-of-the-Envelope-Calculations to Choose the Best Design”。

③ 请参阅 GitHub 上的项目“The System Design Primer”。

种数据量的单位。

表 2-1

2 的幂	近 似 值	全　　称	缩　　写
2^{10}	1000	1 Kilobyte	1 KB
2^{20}	1,000,000	1 Megabyte	1 MB
2^{30}	1,000,000,000	1 Gigabyte	1 GB
2^{40}	1,000,000,000,000	1 Terabyte	1 TB
2^{50}	1,000,000,000,000,000	1 Petabyte	1 PB

2.2　每个程序员都应该知道的操作耗时

谷歌的 Dean 博士在其 2010 年的文章[①]中揭示了典型计算机操作的时长（见表 2-2）。随着计算机的速度越来越快，算力越来越强，有一些数字应该已经过时了。但是，通过它们，我们依然可以了解不同操作的耗时。

表 2-2

操作名称	耗　　时
查询 L1 缓存	0.5 ns
分支预测错误	5 ns
查询 L2 缓存	7 ns
互斥锁定/解锁	100 ns
查询内存	100 ns
用 Zippy 压缩 1 KB 数据	10,000 ns=10 μs
通过带宽为 1Gb/s 的网络发送 2 KB 数据	20,000 ns=20 μs
从内存中顺序读取 1 MB 数据	250,000 ns=250 μs
数据在同一个数据中心往返一次	500,000 ns=500 μs
在硬盘中查找数据	10,000,000 ns=10 ms
从网络中顺序读取 1 MB 数据	10,000,000 ns=10 ms
从硬盘中顺序读取 1 MB 数据	30,000,000 ns=30 ms
将数据包从加利福尼亚发送至荷兰，再从荷兰返回加利福尼亚	150,000,000 ns=150 ms

注：1 ns=10^{-9} s，1 μs=10^{-6} s=1,000 ns，1 ms=10^{-3} s=1,000 μs=1,000,000 ns

① 文章名为“Google Pro Tip: Use Back-of-the-Envelope-Calculations to Choose the Best Design”。

谷歌的软件工程师 Colin Scott 做了一个工具，可视化地展示 Dean 博士的数据。这个工具在展示时还考虑了时间因素。图 2-1 展示了截至 2020 年的操作耗时数据（此图引自 Colin Scott 在 GitHub 上的博客）。

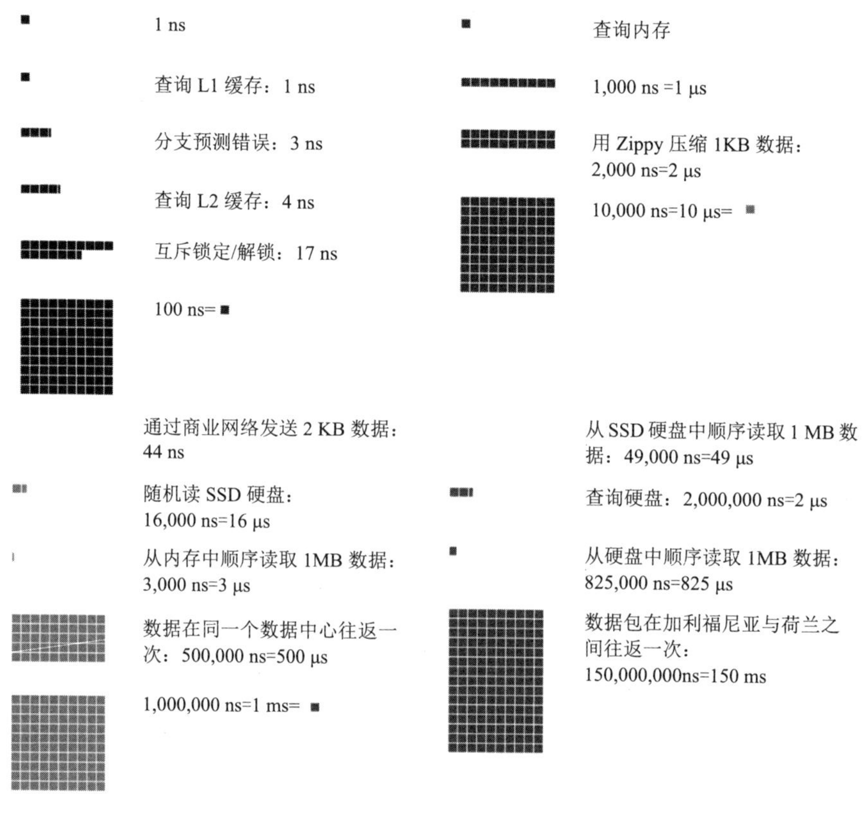

图 2-1

通过分析图 2-1 中的数据，我们得出如下结论：

- 内存的速度快，而硬盘的速度慢。
- 如果有可能，尽量避免在硬盘中查找数据。
- 简单的压缩算法速度快。
- 尽可能将数据压缩之后再通过因特网传输。
- 数据中心通常位于不同的地区，在它们之间传输数据需要时间。

2.3 可用性相关的数字

高可用性是指一个系统长时间持续运转的能力。高可用性一般是用百分比来衡量的，100%意味着服务没有不可用的时间，大部分服务的可用性在 99%到 100%之间。

SLA（服务水平协议）是服务提供商普遍使用的一个术语。它是你（服务提供商）和你的客户之间的协议，正式规定了你提供的服务应该正常运行的时间。云服务提供商亚马逊、谷歌和微软把它们的 SLA 设定为 99.9%或以上①。正常运行时间通常是用小数点后“9”的个数来衡量的。“9”越多则代表可用性越高。表 2-3 列出了“9”的数量与系统预计不可用时长的关系。

表 2-3

可用性（百分比）	每天不可用时长	每年不可用时长
99%	14.40 分钟	3.65 天
99.9%	1.44 分钟	8.77 小时
99.99%	8.64 秒	52.60 分钟
99.999%	864.00 毫秒	5.26 分钟
99.9999%	86.40 毫秒	31.56 秒

2.4 案例：估算推特的 QPS 和存储需求

请注意，下面的数字是针对这个练习而设置的，并非推特②的真实数据。

假设：

- 推特有 3 亿月活用户。
- 50%的用户每天都使用推特。
- 用户平均每天发两条推文。
- 10%的推文包含多媒体数据。
- 数据要存储 5 年。

① 可访问这三家公司的网站，了解其 SLA。

② 现已更名为“X”，本书中仍使用其旧名称。

以下为根据上面的假设而估算出来的一些数据。

（1）估算 QPS（每秒查询量）。

- 每日活跃用户（DAU）= 300,000,000×50% =150,000,000
- 推文 QPS =150,000,000×2÷24 小时÷3600 秒≈3500
- 峰值 QPS = 2 ×推文 QPS ≈ 7000

（2）这里仅估算多媒体数据的存储量。

- 平均推文大小。
  - tweet_id：64 字节。
  - 文本：140 字节。
  - 多媒体文件：1 MB。
- 多媒体数据存储量= 150,000,000×2×10%×1 MB = 30 TB/天
- 5 年的多媒体数据存储量= 30 TB×365×5 ≈ 55 PB

2.5 小技巧

封底估算归根结底是考查过程的。解决问题的过程比获得结果更重要。面试官可能会测试你解决问题的技巧。这里提供几个小技巧。

- 凑整和近似。在面试中很难进行复杂的数学计算。比如，“99,987÷9.1”的结果是多少？没有必要花费宝贵的面试时间去解决复杂的数学问题，不需要算得很精确。尽可能凑整和使用近似数。例如前面的除法问题就可以简化为“100,000÷10”。
- 写下你的假设。写下所做的假设以便之后参考是个很好的主意。
- 标明单位。当你写下“5”时，它是代表 5 KB 还是 5 MB？你可能会把自己搞糊涂。写明单位，比如“5 MB”，就可以消除歧义。
- 面试中经常被问到的封底估算指标有：QPS、峰值 QPS、存储大小、缓存大小、服务器的数量等。你可以在准备面试时练习这些指标的估算，熟能生巧。

恭喜你已经看到这里了。给自己一些鼓励。干得不错！

3 系统设计面试的框架

你刚刚获得心仪公司的现场面试机会。招聘人员给你发送了当天的时间表。扫了一眼这个时间表，你感觉非常好，直到看到其中的这个面试环节——系统设计面试。

系统设计面试往往令人生畏，因为它的题目可能非常模糊，比如让你“设计一个知名的产品 X”。这类问题不明确，听起来宽泛得不可理喻。你感到疲惫是可以理解的。毕竟，怎么可能有人可以在 1 小时内设计出原本需要成百上千个工程师才能创建的受欢迎的产品呢？

好消息是没有人期待你能给出完美的答案。真实世界的系统设计是极其复杂的。举个例子，谷歌搜索看似简单，但其背后有数量惊人的技术在提供支持。如果没有人期待你能在 1 小时里设计出一个真实世界的系统，那么系统设计面试有什么用呢？

系统设计面试模拟现实生活中两个同事一起解决模糊问题的过程。在此过程中，两人共同想出一个满足要求的解决方案。这个问题是开放的，并没有完美答案。与你在设计过程中付出的努力相比，最终的设计结果并不重要。你在这个过程可以展示自己的设计能力，为自己选择的设计方案辩护，建设性地回应反馈。

让我们转换视角，想一想面试官走进会议室与你见面时在想些什么。面试官的主要目标是准确评估你的能力。她最不希望发生的就是，面试进行得不顺利导致她无法获得足够多的信息，而得到一个不确定的评价。那么，面试官在系统设计面试中想看到什么呢？

很多人认为，系统设计面试就是考查一个人的技术设计能力。其实不对，它考查的东西多得多。一次有效的系统设计面试可以给出强烈的信号，表明一个人是否具备如下能力：协作能力、在压力下工作的能力、建设性解决模糊问题的能力。当然，会提问也是必不可少的能力，很多面试官特别想看到这一点。

好的面试官同样也会关注一些危险信号。很多程序员都会有过度设计的毛病，因为他们执着于设计的纯粹性而忽视了权衡。他们往往意识不到过度设计系统所带来的复合成本，很多公司因为忽视这种成本付出了高昂的代价。你当然不希望在系统设计面试中表现出这个倾向。其他的危险信号还有想法狭隘、固执等。

在本章中，我们会先介绍一些有用的小技巧，然后介绍一个简单有效的框架来解决系统设计面试问题。

3.1 有效的系统设计面试的四个步骤

每家公司的系统设计面试都不一样。好的系统设计面试是开放式的，没有万能的解决方案。尽管如此，系统设计面试还是有一些通用步骤和常见套路的。

3.1.1 第一步：理解问题并确定设计的边界

“为什么老虎要吼叫？”

在教室后面，有一只手举起来。

“好的，吉米，你来回答。”老师回应道。

“因为它饿了。”

“很好，吉米。”

在整个童年时期，吉米总是班里第一个回答问题的人。无论老师何时提问题，教室里总有一个孩子尝试回答，不管她知不知道答案。那个孩子就是吉米。

吉米是一个非常优秀的学生。她能快速回答所有问题，并引以为豪。在考试中，她通常是第一个做完题交卷的人。她是老师心目中学术竞赛候选人的首选。

不要像吉米那样。

在系统设计面试中，不假思索快速给出答案并不会为你加分。在没有彻底了解需求之前就回答问题是面试中的大忌，因为面试不是知识问答竞赛，它没有正确答案。

所以，别急着给出解决方案，慢一点。深入思考并提几个问题来厘清需求和假设。这一点非常重要。

作为工程师，我们总喜欢解决难题并给出最终设计方案，但是这种方式可能导致你设计出错误的系统。工程师最重要的技能之一就是问正确的问题，做合适的假设，并收集构建系统需要的所有信息。所以，不要害怕提问。

当你提出一个问题时，面试官要么直接回答你的问题，要么让你做出自己的假设。如果是后者，请把你的假设写在白板或者纸上。之后你可能会需要用到它们。

问什么样的问题呢？问问题是为了准确理解需求。你可以从下面这些问题开始：

- 我们要构建什么样的具体功能？
- 该产品有多少用户？
- 公司预计多久需要扩展系统？预计 3 个月、6 个月和 1 年后的系统规模是怎样的？
- 公司的技术栈是什么？有哪些现有服务可以直接用来简化设计？

示例

如果你被要求设计一个 news feed（新鲜事信息流）系统，你想问几个问题来弄清楚需求，那么你和面试官之间的对话可能是下面这样的。

候选人：这是一个移动应用，还是一个网页应用？或者都是？

面试官：都是。

候选人：这个产品最重要的功能是什么？

面试官：可以发布帖子，并且可以看到朋友的动态。

候选人：这个 news feed 系统中的帖子是按时间倒序排列的，还是按其他特定顺序排列的？特定顺序指的是每个帖子都有不同的权重。比如，和你亲近的伙伴的帖子比其他人的帖子更重要。

面试官：简单点吧，我们假定是按时间倒序排列的。

候选人：一个用户最多可以有多少个好友？
面试官：5000。

候选人：网络流量有多少？
面试官：日活用户（DAU）为 1000 万。

候选人：帖子中包含图像、视频吗？还是只有文字？
面试官：可以包含多媒体文件，包括图像和视频。

以上是你可以问面试官的一些样例问题。理解需求并厘清不明确的地方很重要。

3.1.2 第二步：提议高层级的设计并获得认同

在这一步，我们的目标是制定高层级的设计，并与面试官就这个设计达成一致。在此过程中，与面试官协作是个好主意。

- 为设计制定一个初始蓝图。可以征求面试官的反馈，把面试官当作自己的队友，一起工作。很多优秀的面试官是愿意参与讨论的。
- 在白板或者纸上用关键组件画出框图，可能包括客户端（移动端/Web 端）、API、Web 服务器、数据存储、缓存、CDN、消息队列等。
- 做封底估算，评估你的初步设计是否满足系统需求。你需要表达出自己的思考过程，将思考过程公开。在深入研究之前，如果有必要做封底估算，要先就此和面试官进行沟通。

如果可以，请思考一些具体的用例。这将帮你制定高层级的设计框架。也有可能这些用例会帮你发现一些之前没考虑到的极端场景。

在这一步提出的设计方案中应该包含 API 端点和数据库 Schema 的设计吗？这取决于具体的面试问题。如果要求你设计一个很大的系统，比如“设计一个谷歌搜索引擎”，这些内容的层级就太细了。如果是设计一个多人扑克游戏的后端，那么这些内容就是合适的。可以与面试官沟通，确认是否需要包含这些内容。

示例

我们用“设计一个 news feed 系统”来演示怎样完成高层级设计。这里你不需要理解系统实际是如何工作的，所有的细节会在第 11 章中解释。

从高层级来看，系统的设计分为两个流程：发布 feed 和创建 news feed。

- 发布 feed：用户发布一篇帖子，对应的数据就被写入缓存/数据库中，并且该帖子会被推送到好友的 news feed 中。
- 创建 news feed：news feed 是将好友的帖子按照时间倒序的方式聚合而成的。

图 3-1 和图 3-2 分别展示了 feed 发布和 news feed 构建流程的高层级设计。

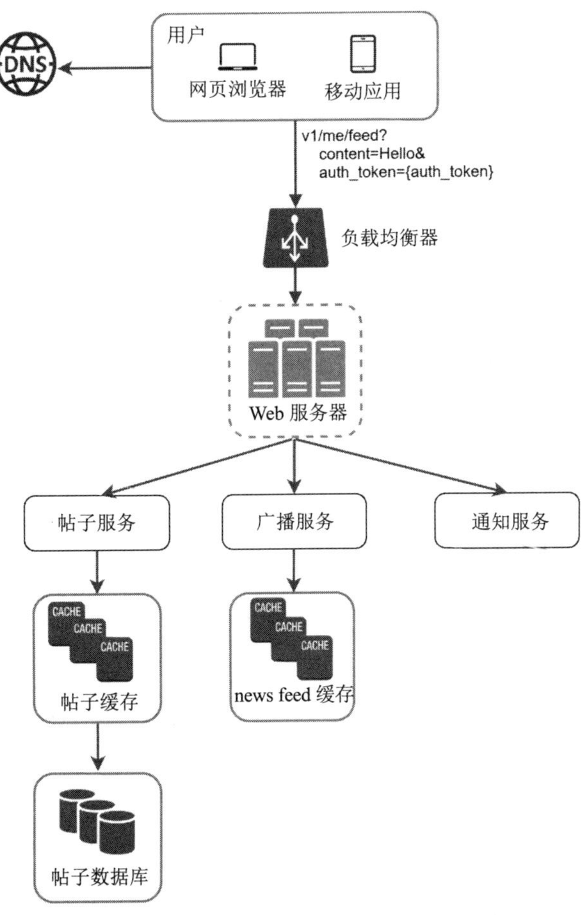

图 3-1

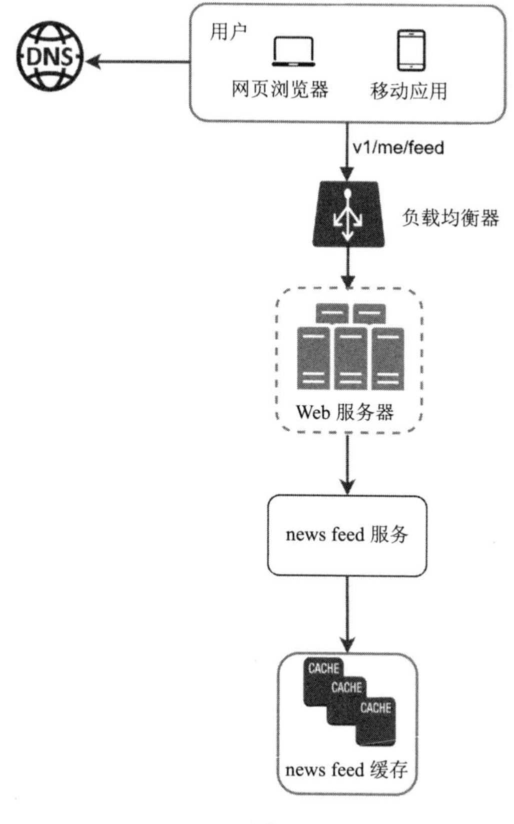

图 3-2

3.1.3 第三步：设计继续深入

到了这一步，你应该已经达成了下面的目标。

- 就系统的整体目标和功能范围，与面试官达成一致。
- 勾画出系统整体设计的高层级蓝图。
- 从面试官那里得到关于系统高层级设计的反馈。
- 基于面试官的反馈，大概知道自己需要在哪些地方继续深入研究。

你应该和面试官一起识别架构中的组件并对它们划出优先级顺序。值得强调的是，每次面试都是不同的。有时，面试官可能会透露她想要专注于高层级设计。有时，在高级候选人的面试中，讨论可能会集中在系统性能特征上，重点关注系统瓶颈和资源估计。在大部分情况下，面试官可能希望你深入探讨一些系统组件设计的细节。例如，对于 URL 缩短器，深入研究把长 URL 转换成短 URL 的哈希函数的设计会很有趣；对于一个聊天系统，如何减少延时、如何管理和显示用户在线/离线状态会是两个有趣的话题。

面试中的时间管理是至关重要的，因为你很容易就会陷入一些无法证明自己能力的小细节中。你必须向面试官展示自己的能力。尽量不要陷入不必要的细节讨论。比如，在系统设计面试中，详细谈论 Facebook 的 feed 排名所用的 EdgeRank 算法并不是理智的做法，因为这会占用你许多宝贵的时间，而且无法展示你设计可扩展系统的能力。

示例

到这个节点，我们已经讨论过 news feed 系统的高层级设计，并且面试官对你的提议是满意的。接下来，我们探讨两个最重要的用例：

1. feed 发布。

2. news feed 获取。

图 3-3 和图 3-4 展示了这两个用例的设计细节，我们会在第 11 章详细讲解。

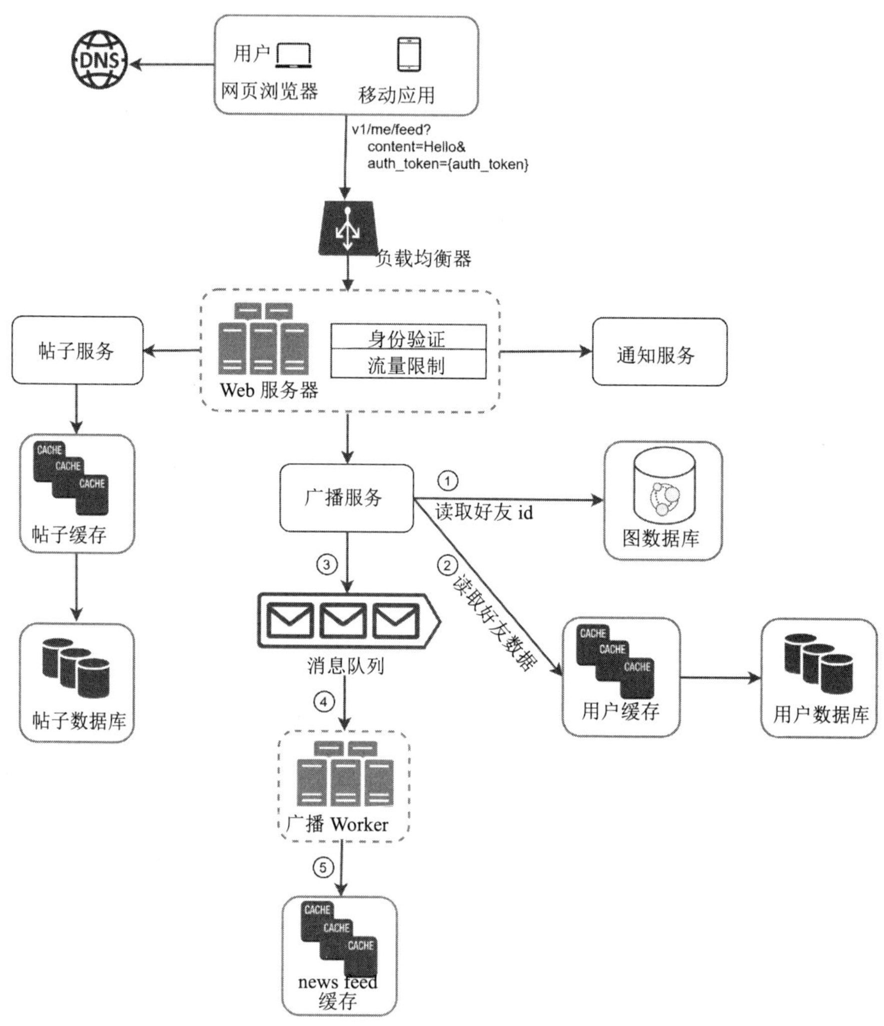
用户
网页浏览器
移动应用
DNS
v1/me/feed?
content=Hello&
auth_token={auth_token}
负载均衡器
帖子服务
身份验证
流量限制
Web 服务器
通知服务
CACHE
帖子缓存
广播服务
① 读取好友 id
图数据库
③
② 读取好友数据
消息队列
帖子数据库
用户缓存
用户数据库
④
广播 Worker
⑤
news feed
缓存

图 3-3

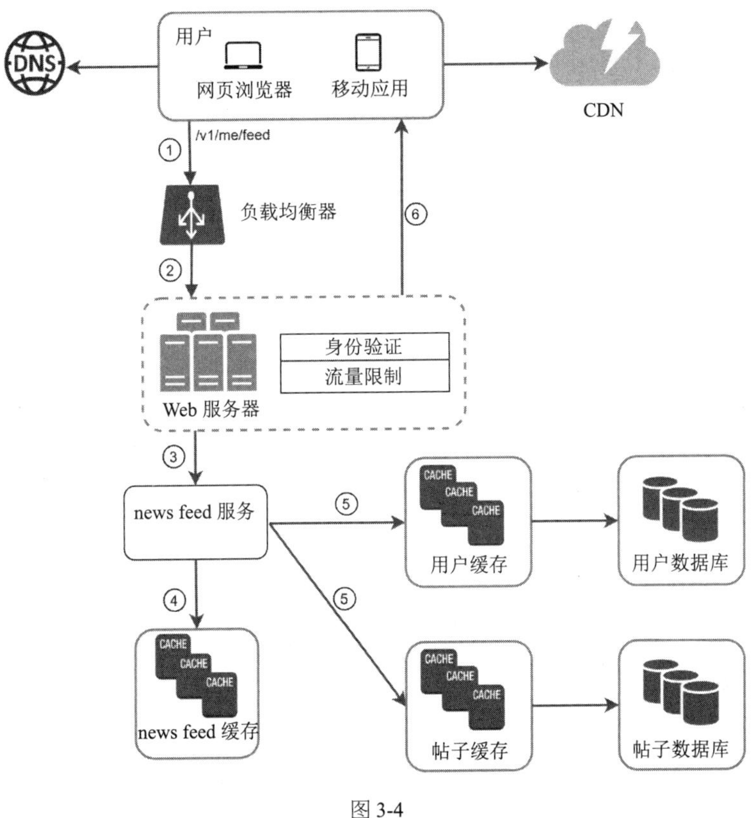

图 3-4

3.1.4 第四步：总结

在最后一步，面试官可能会对你之前的回答进一步追问，或者让你自由讨论一些其他问题。下面是一些你可以尝试的方向。

- 面试官可能想让你识别出系统的瓶颈并讨论潜在的改进方案。永远不要说你的设计是完美的，不需要改进。总有一些地方可以改进。这是一个好机会，你可以展示批判性思维，给面试官留下好的最终印象。
- 给面试官扼要复述你的设计方案是有用的。如果你提出了几个设计方案，那么这一点就特别重要。在一个很长的会谈后，重新唤起面试官的记忆是对面试的最终结果有帮助的。
- 故障场景（服务器故障、数据包丢失等）值得讨论。

- 运维问题值得讨论。比如，怎样监控指标和错误日志？如何发布系统？
- 怎样应对下一次扩展也是一个重要话题。举个例子，如果你现在的设计支持 100 万用户，你需要改变什么才能支持 1000 万用户？
- 如果还有时间，你可以提出其他的改进点。

下面是两个列表，总结了面试中的正确操作和禁忌。

正确的操作

- 总是向面试官寻求明确的解释。不要认为你的假设是对的。
- 理解问题的要求。
- 没有正确的答案或者最佳答案。为了解决年轻创业公司的问题而设计的方案与为了解决拥有数百万用户的成熟公司的问题而设计的方案是不相同的。要确保你理解了需求。
- 让面试官知道你在想什么。与面试官持续沟通。
- 如果有可能，请提出多个方案。
- 一旦你和面试官就设计蓝图达成了一致，接下来就要深入讨论每个组件的细节。先设计最重要的组件。
- 试探面试官的想法。一个好的面试官可以和你做队友一起来解决问题。
- 永不放弃。

禁忌

- 对于常见的面试问题没有做好准备。
- 在没有弄清需求和假设之前就给出解决方案。
- 在面试一开始就讨论关于某一组件的大量细节。请先给出高层级设计后再深入讨论细节。
- 思路卡住的时候，自己干着急。如果你一时找不到解题的突破口，去找面试官要点提示，不要犹豫。
- 不沟通。再说一次，一定要沟通。别在那里一个人默默思考。
- 认为给出设计方案后面试就结束了。记住，面试官说结束才是真的结束。要尽早且尽量频繁地征求面试官的反馈。

3.2 面试中每一步的时间分配

系统设计面试的问题非常宽泛，45 分钟或者 1 小时的面试往往不够讲完整个设计。因此，时间管理很重要。每一步应该花多少时间呢？下面给出了在 45 分钟的面试中如何分配时间的非常粗略的指导。请记住，这是一个简单的预估，为每一步实际分配的时间取决于问题的复杂程度和面试官的要求。

第一步：理解问题并确定设计的边界（3~10 分钟）。

第二步：提议高层级的设计并获得认同（10~15 分钟）。

第三步：设计继续深入（10~25 分钟）。

第四步：总结（3~5 分钟）。

4 设计限流器

在网络系统中，限流器用于控制客户端或者服务端发送的流量的速率。在 HTTP 的世界里，限流器限制的是客户端在一定时间内被允许发送的请求数量。如果 API 请求数超过了限流器设定的阈值，所有超出阈值的请求就会被拦截。下面是一些例子。

- 一个用户每秒只能发布不超过两篇帖子。
- 同一个 IP 地址每天最多可以创建 10 个账号。
- 在同一个设备上每周可以兑奖不超过 5 次。

在本章中，你被要求设计一个限流器。在开始设计之前，我们先来看看使用 API 限流器的好处。

- 预防由拒绝服务攻击（Denial of Service，DoS）[①]引起的资源耗尽问题。大型科技公司发布的所有 API 几乎都强制执行某种形式的限流操作。例如，推特限制每个用户每 3 小时最多发 300 条推文[②]。谷歌文档 API 的默认限制是每个用户每 60 秒最多发出 300 个读请求[③]。限流器通过有意或者无意地拦截超额的请求来预防 DoS 攻击。
- 降低成本。限制过量的请求意味着需要的服务器更少，并且可以把更多的资源分配

---

① 请参阅 Google Cloud 文档“Rate-limiting Strategies and Techniques”。

② 请参阅推特文档“Rate limits: Standard v1.1”。

③ 请参阅谷歌文档“Google Docs Usage Limits”。

给优先级更高的 API。限流器对于使用付费的第三方 API 的公司来说极为重要。比如，对于外部 API，如检查信用值、请求付款、获取健康记录等，你需要按照请求次数付费。限制这些请求的数量对于降低成本很重要。

- 预防服务器过载。为了降低服务器负载，可以使用限流器来过滤机器人或者用户不当操作所造成的过量请求。

4.1 第一步：理解问题并确定设计的边界

限流器可以使用不同的算法来实现，每种算法都有其优缺点。与面试官沟通可以帮助厘清你应该创建何种限流器。

候选人：我们要设计什么样的限流器？是客户端限流器还是服务器端 API 限流器？

面试官：好问题。我们重点讨论服务器端 API 限流器。

候选人：这个限流器是基于 IP 地址、用户 ID 还是其他属性来限制 API 请求速率的？

面试官：限流器需要足够灵活来支持不同的限流规则。

候选人：这个系统的规模如何？是为初创公司还是为有大量用户的大公司创建的？

面试官：该系统必须能处理大量请求。

候选人：这个系统是在分布式环境中运行的吗？

面试官：是的。

候选人：限流器需要作为一个独立服务还是应该在应用程序的代码里实现？

面试官：这取决于你如何设计。

候选人：我们需要通知被限流的用户吗？

面试官：是的。

系统需求总结如下：

- 准确限制过量的请求。
- 低延时。限流器不能拖慢 HTTP 响应时间。
- 尽量占用较少的内存。
- 这是一个分布式限流器，可以在多个服务器或者进程之间共享。
- 需要处理异常。当用户的请求被拦截时，给用户展示明确的异常信息。
- 高容错性。如果限流器出现任何问题（比如某个缓存服务器宕机），不能影响整个系统。

4.2 第二步：提议高层级的设计并获得认同

我们从简单的情形入手，采用基本的客户—服务器通信模式。

4.2.1 在哪里实现限流器

直观地说，既可以在客户端也可以在服务器端实现限流器。

- 在客户端实现。一般而言，客户端不是一个强制实行限流的可靠位置，因为客户端请求很容易被恶意伪造。此外，我们也可能无法控制客户端的实现。
- 在服务器端实现。图 4-1 展示了一个服务器端的限流器。

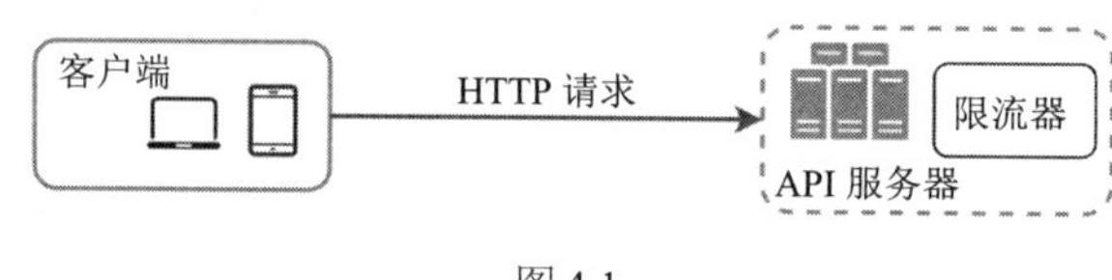

图 4-1

除了在客户端和服务器端实现，还有一种方案。我们可以创建一个中间件作为限流器，用它来限制对 API 的请求，而不是把限流器放在 API 服务器上，如图 4-2 所示。

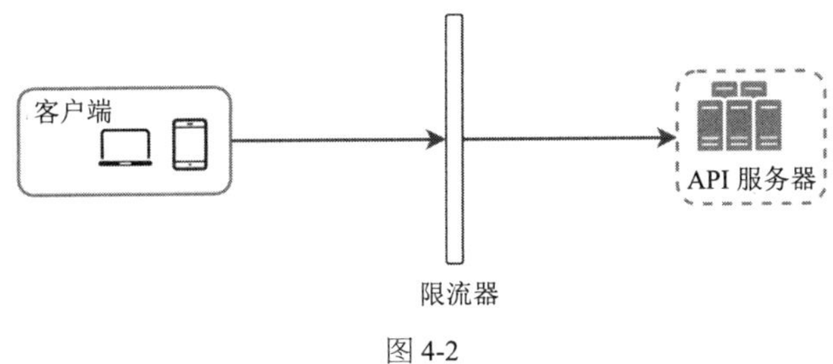

图 4-2

我们用图 4-3 作为例子来讲解限流器在我们的设计中是怎样工作的。假设我们的 API 服务器允许客户端每秒发送两次请求，而客户端在 1 秒之内向服务器发送了 3 个请求，那么头两个请求被转发到 API 服务器上，限流器中间件会拦截第 3 个请求并返回 HTTP 状态码 429，表示用户发送的请求太多。

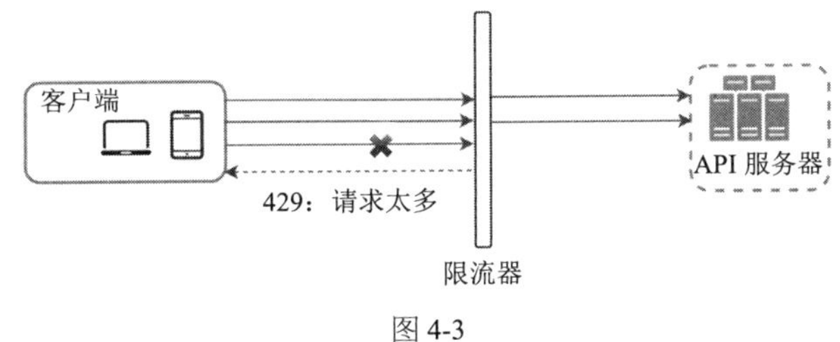

图 4-3

云微服务[①]已经非常流行，限流器通常在一个叫作 API 网关的组件中实现。API 网关是一个完全托管的服务，支持流量限制、SSL 终止、身份验证、IP 地址白名单、静态内容服务等功能。现在，我们只需要知道 API 网关是一个支持流量限制的中间件即可。

在设计限流器的时候，我们要问自己一个很重要的问题：这个限流器应该在哪里实现？是在服务器端还是在网关中实现？这个问题没有唯一的答案，而是取决于你公司现在的技术栈、工程资源、优先级、目标等因素。以下是一些一般性的指导原则。

- 评估公司现在的技术栈，比如编程语言、缓存服务等。确保你现在用的编程语言能高效地在服务器端实现流量限制。
- 找到适合业务需求的流量限制算法。如果把所有功能或模块都放在服务器端实现，你就可以自由地选择算法。如果使用第三方网关，你的算法选择就有可能受到限制。
- 如果你已经使用了微服务架构，并且在设计中包含了 API 网关以实现身份验证、IP

---

① 请参阅 IBM 网站上的文档“What are Microservices?”。

地址白名单等功能，那么你可以把限流器加在 API 网关上。

- 创建自己的限流器是很花时间的。如果你没有足够的工程资源去实现限流器，使用商业版的 API 网关是更好的选择。

4.2.2 流量限制算法

流量限制可以通过不同的算法来实现，每种算法都有不同的优点和缺点。本章虽然并不重点讨论算法，但是大概了解一下它们有助于为我们的场景选择最适合的算法或者算法组合。下面是流行算法的列表。

- 代币桶算法（Token Bucket）。[①]
- 漏桶算法（Leaking Bucket）。
- 固定窗口计数器算法（Fixed Window Counter）。
- 滑动窗口日志算法（Sliding Window Log）。
- 滑动窗口计数器算法（Sliding Window Counter）。

代币桶算法

代币桶算法被广泛用于限制流量。它很简单、容易理解，并被互联网公司广泛使用。亚马逊[②]和 Stripe[③]都使用此算法来对它们的 API 请求限流。

代币桶算法的工作原理如下：

- 代币桶是一个有预定义容量的容器。代币按照预定的速率被放入桶中。一旦桶被装满，就不再往里面添加代币。如图 4-4 所示，代币桶的容量是 4 个代币。重新注入装置每秒将两个代币放入桶中。如果桶满了，多出来的代币就会溢出。

---

① 也有人将“Token Bucket”译为“令牌桶”，本书中采用“代币桶”的译法。

② 请参阅 AWS 文档“Throttle API Requests for Better Throughput”。

③ 请参阅 Stripe 工程博客上的文章“Scaling Your API with Rate Limiters”。

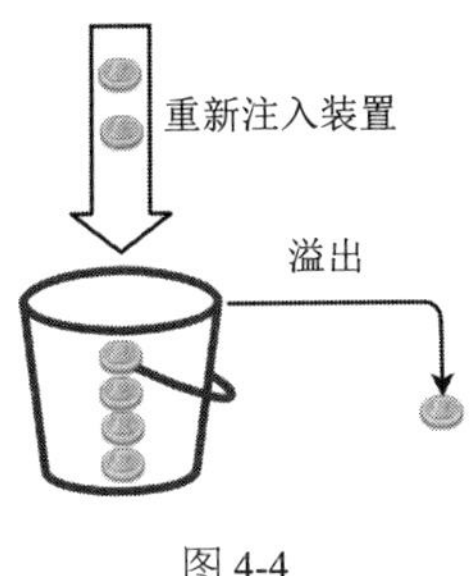

图 4-4

- 每个请求消耗一个代币。当一个请求到达时，我们检查桶里有没有足够的代币。图 4-5 解释了它是如何工作的。
  - 如果有足够的代币，每次请求到达时，我们就取出一个代币，然后这个请求就可以通过。
  - 如果没有足够的代币，这个请求将被丢弃。

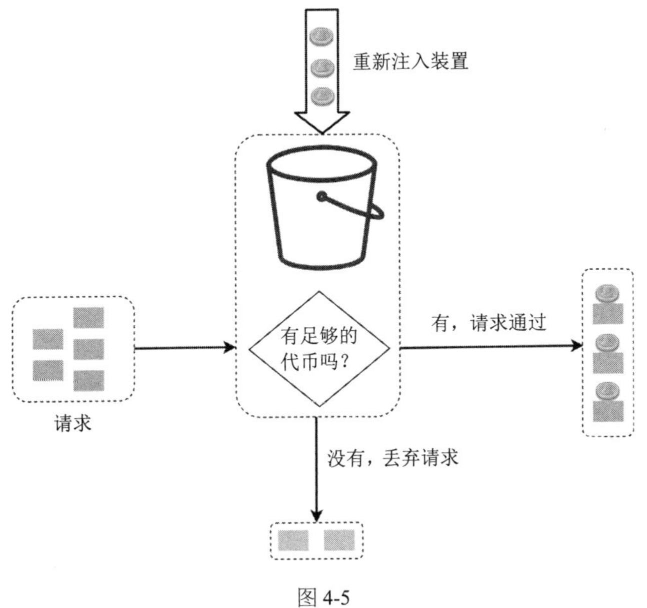

图 4-5

图 4-6 描述了代币消耗、重新注入和流量限制的工作原理。在这个例子中，代币桶的容量是 4 个代币，重新注入代币的速度是每分钟 4 个。

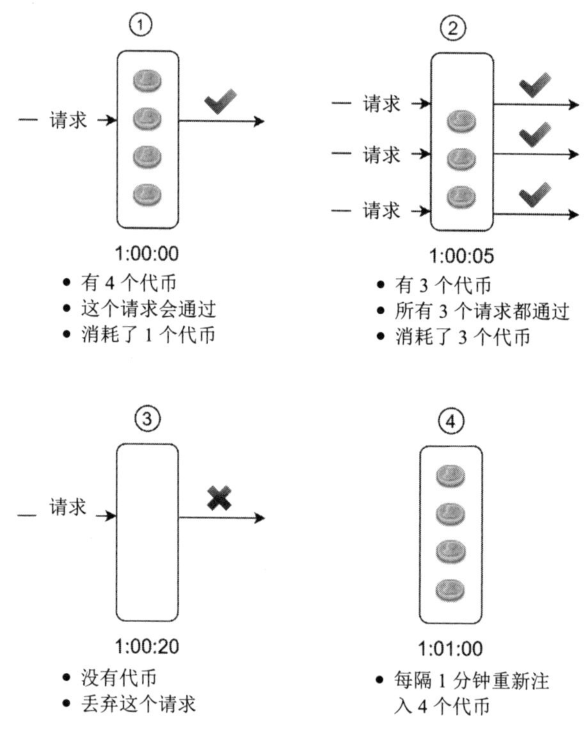

图 4-6

代币桶算法有两个参数。

- 桶大小：桶内最多允许有多少个代币。
- 重新注入代币的速度：每秒放进桶里的代币数量。

我们需要多少个桶呢？说不准，这取决于流量限制规则。下面是一些例子。

- 通常，不同的 API 端点需要使用不同的桶。比如，如果允许用户每秒发 1 篇帖子，每天添加 150 个好友，每秒点赞 5 篇帖子，那么每个用户就需要 3 个桶。
- 如果我们需要基于 IP 地址来对请求限流，则每个 IP 地址需要一个桶。
- 如果系统最多允许每秒发送 10,000 个请求，那么所有请求理应共享一个全局桶。

代币桶算法有不少优点。

- 算法容易实现。
- 内存的使用效率高。

- 允许在很短时间内出现突发流量。只要还有代币，请求就可以通过。

代币桶算法也有缺点。尽管该算法只需要两个参数，但是要把这两个参数调校好，可能很具有挑战性。

漏桶算法

漏桶算法跟代币桶算法很相似，只不过它对请求是按照固定速率处理的。漏桶算法通常采用先进先出（First-In-First-Out，FIFO）队列来实现。该算法的工作原理如下所述。

- 当一个请求到达时，系统先检查桶是否已满。如果没有，就将请求添加到队列中。
- 否则，丢弃请求。
- 定期从队列中取出请求并进行处理。

图 4-7 解释了该算法是如何工作的。

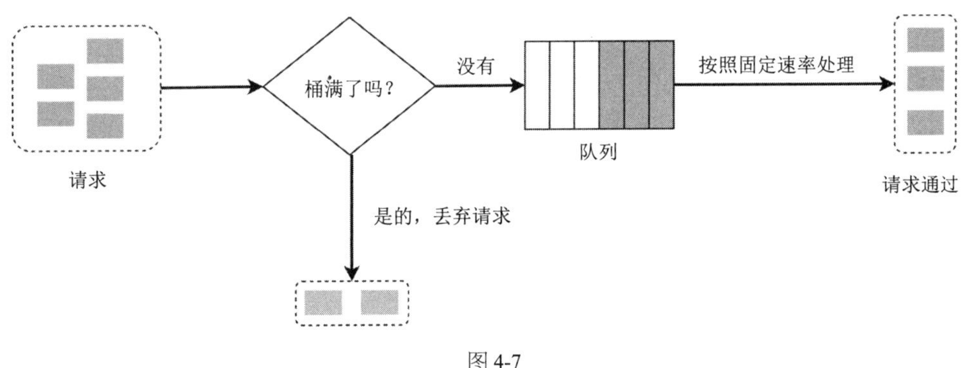

图 4-7

漏桶算法有如下两个参数。

- 桶大小：它等于队列大小。队列中保存了要按固定速率处理的请求。
- 出栈速度：它定义了每秒可以处理多少个请求，通常以秒为时间单位。

Shopify 是一个电商公司，它使用漏桶算法来进行流量限制[①]。

漏桶算法的优点：

- 因为队列大小是有限的，所以内存的使用更高效。

① 请参阅 Shopify 的文档“Shopify API rate limits”。

- 因为对请求是按固定速率来处理的，所以漏桶算法很适合要求出栈速度稳定的场景。

漏桶算法的缺点：

- 突发流量会使队列中积压大量旧的请求，如果这些请求不能被及时处理，最新的请求会被限流。
- 该算法有两个参数，要调校好它们可能不那么容易。

固定窗口计数器算法

固定窗口计数器算法的工作原理如下所述。

- 将时间轴分成固定大小的时间窗口，并给每个时间窗口分配一个计数器。
- 每到达一个请求，计数器的值都会加 1。
- 一旦计数器到达预先设定的阈值，新请求就会被丢弃，直到开始一个新的时间窗口。

我们用一个具体的例子来看看它到底是怎么工作的。在图 4-8 中，时间单位是秒，系统允许每秒最多通过 3 个请求。在每个 1 秒的时间窗口中，如果收到超过 3 个请求，超出的请求会如图 4-8 所示的那样被丢弃。

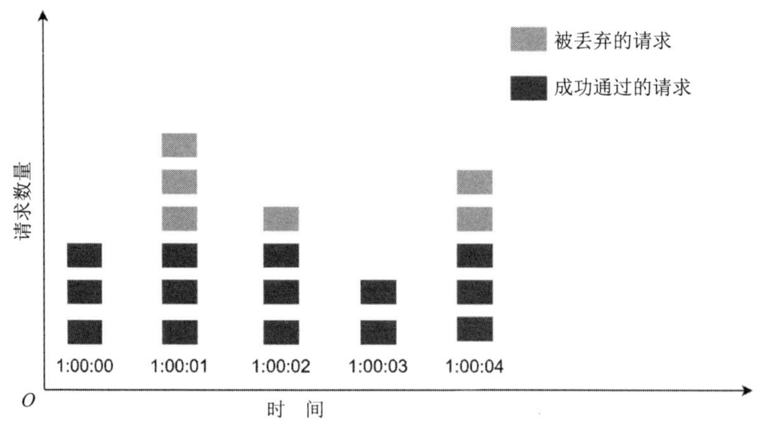

图 4-8

这个算法的一个主要问题是，如果在时间窗口的边界上出现流量的爆发，则有可能会导致通过的请求数超出阈值。

我们来看下面这个例子。如图 4-9 所示，系统每分钟最多只允许通过 5 个请求，并且可用配额（阈值）在整分钟时会重置。在 2:00:00 和 2:01:00 之间有 5 个请求，在 2:01:00 和 2:02:00 之间又有 5 个请求。对于 2:00:30 至 2:01:30 这 1 分钟的时间窗口，有 10 个请求通过，而这是允许通过的请求数量的两倍。

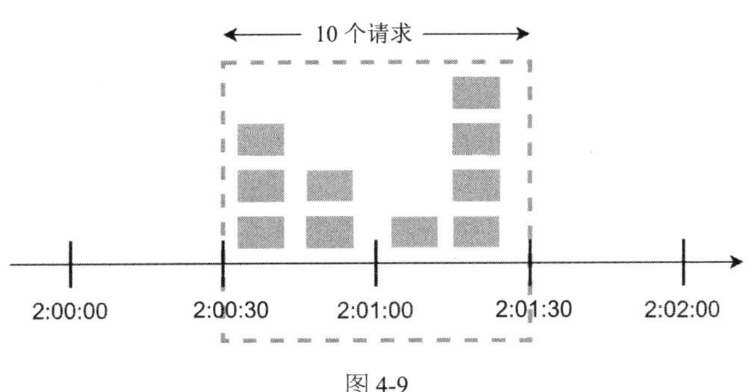

图 4-9

固定窗口计数器算法的优点：

- 内存的使用效率高。
- 容易理解。
- 在每个单位时间窗口结束时重置请求数阈值，这种设计适用于某些特定场景。

固定窗口计数器算法的缺点是，如果在时间窗口的边界上流量激增，会导致通过的请求数超过设定的阈值。

滑动窗口日志算法

前面讨论过，固定窗口计数器算法有一个重大问题：在时间窗口的边界上，它允许更多的请求通过。滑动窗口日志算法解决了这个问题。它的工作原理如下所述。

- 算法记录每个请求的时间戳。时间戳数据通常保存在缓存中，比如 Redis 中的有序集合[①]。
- 当新请求到达时，移除所有过时的时间戳。过时时间戳是指那些早于当前时间窗口起始时间的时间戳。
- 将新请求的时间戳添加到日志中。
- 如果日志的条数等于或者少于允许的请求数，则请求通过，否则请求被拒绝。

① 请参阅 ClassDojo 工程博客上的文章“Better Rate Limiting with Redis Sorted Sets”。

我们用一个例子来解释这个算法，如图 4-10 所示。

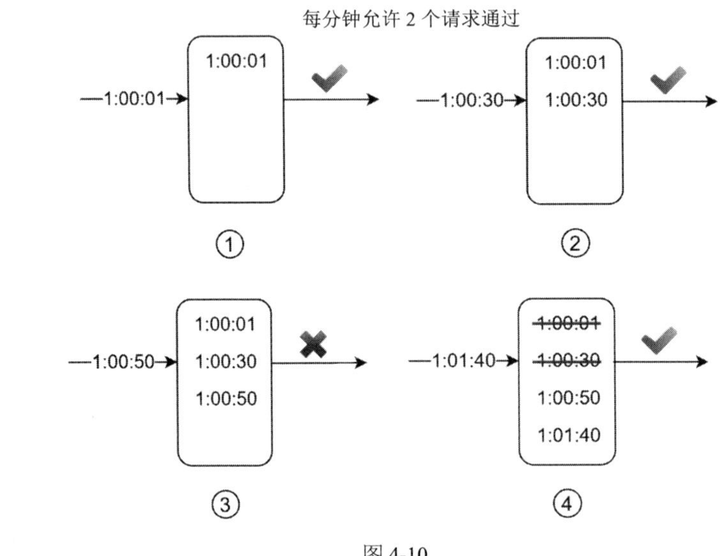

图 4-10

在这个例子中，限流器每分钟允许 2 个请求通过。通常 Linux 时间戳会被存储在日志中。但是为了使可读性更高，我们在这里使用了人类可读的时间表示。

- 当一个新请求在 1:00:01 到达时，日志是空的。因此，该请求被允许通过。
- 当一个新请求在 1:00:30 到达时，1:00:30 这个时间戳被添加到日志中。添加后，日志条数变为 2，没有超过允许通过的请求数量。因此这个请求也被允许通过。
- 当一个新请求在 1:00:50 到达时，时间戳被插入日志。在插入后，日志条数变为 3，大于允许通过的最大请求数。因此该请求被拒绝，但是它的时间戳留在了日志中。
- 当一个新请求在 1:01:40 到达时，所有在[1:00:40, 1:01:40)范围内的请求都在最近的时间窗口中，所有早于 1:00:40 发送的请求都已过时。两个过时的时间戳 1:00:01 和 1:00:30 从日志中被删除。删除后，日志的条数变成 2；因此，这个请求被允许通过。

滑动窗口日志算法的优点是，其实现的流量限制非常准确，在任何滑动的时间窗口中，请求的数量都不会超过阈值。但是其消耗的内存过多，因为即使一个请求已被拒绝，它的时间戳依然被保存在内存中。

滑动窗口计数器算法

滑动窗口计数器算法是组合了固定窗口计数器算法和滑动窗口日志算法的方法。这个算法有两种不同的实现方法，这里会解释其中的一种。图 4-11 展示了这个算法是怎么工作的。

假设限流器每分钟最多允许通过 7 个请求，然后前一分钟有 5 个请求，当前分钟有 3 个请求。当一个新请求出现在当前分钟的 30%的位置时，滑动窗口所允许的请求数量通过下面的公式来计算：

当前窗口的请求数 + 之前窗口的请求数 × 滑动窗口和之前窗口的重合率

用这个公式，我们可以算出滑动窗口所允许的请求数量为 6.5 个（3+ 5× 0.7=6.5）。基于不同的用户场景，对这个数字可以向上或者向下取整。在我们的例子中，将它向下取整为 6。

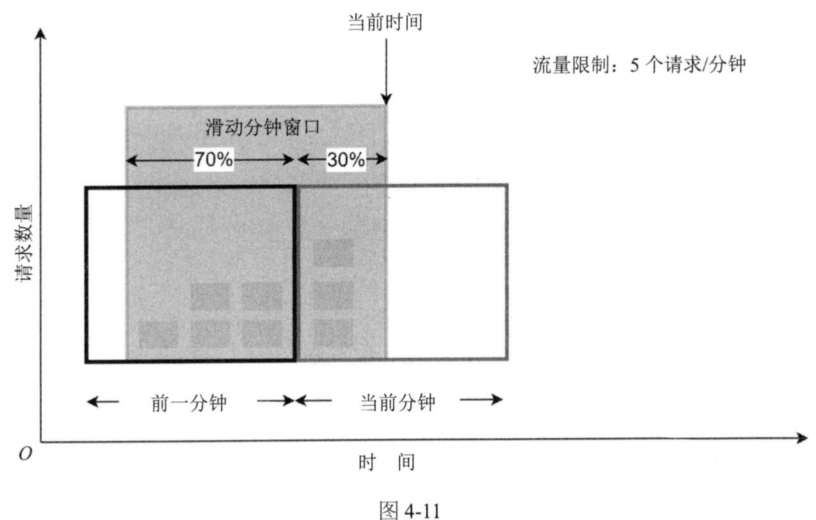

图 4-11

因为限流器每分钟最多允许通过 7 个请求，所以现在的请求可以通过。但是，再多接收一个请求就会超过阈值。

受篇幅所限，我们不讨论另一种实现方式，感兴趣的读者可以阅读 Medium 网站上的文章“System Design—Rate limiter and Data Modelling”。滑动窗口计数器算法也不是完美的。它也有优点和缺点。

滑动窗口计数器算法优点：

- 它平滑了流量中的波动，因为当前时间窗口内请求的速率是基于前一个时间窗口内请求的平均速率计算出来的。
- 对内存的使用很高效。

滑动窗口计数器算法的缺点是，它只对不那么严格的回溯窗口起作用。该算法只是对真实流量速率进行了近似估计，因为它假设前一个窗口中的请求是均匀分布的。尽管如此，这个问题可能并没有看起来那么严重。根据 Cloudflare 的实验①，在 4 亿个请求中，只有 0.003%的请求被错误地允许通过或被限流。

4.2.3 高层级架构

流量限制算法的基本理念是简单的。从高层级来看，我们需要一个计数器来记录有多少请求是由同一个用户、同一个 IP 地址等发来的。如果计数器的值超出设定的阈值，请求就不允许通过。

那么，我们应该在哪里存储计数器呢？使用数据库并不是一个好主意，因为硬盘的访问速度很慢。内存上的缓存速度快且支持基于时间的过期策略，因此可以选它。比如，Redis 就是一个很受欢迎的选项②。Redis 是一个内存存储系统，它提供了两个命令：INCR 和 EXPIRE。

- INCR：把存储的计数器值加 1。
- EXPIRE：为计数器设置一个超时时间。如果超时时间到期，计数器会被自动删除。

图 4-12 展示了限流器的高层级架构，它按如下方式工作。

- 客户端将请求发送给限流器中间件。
- 限流器中间件在 Redis 对应的桶中获取计数器并检查其值是否达到了阈值。
  - 如果达到阈值，请求将被拒绝。
  - 如果没有，请求将被发送给 API 服务器。同时，系统增加计数器的值并把它保存到 Redis 中。

① 请参阅 Cloudflare 博客上的文章“How We Built Rate Limiting Capable of Scaling to Millions of Domains”。
② 可访问 Redis 官网，了解更多详情。

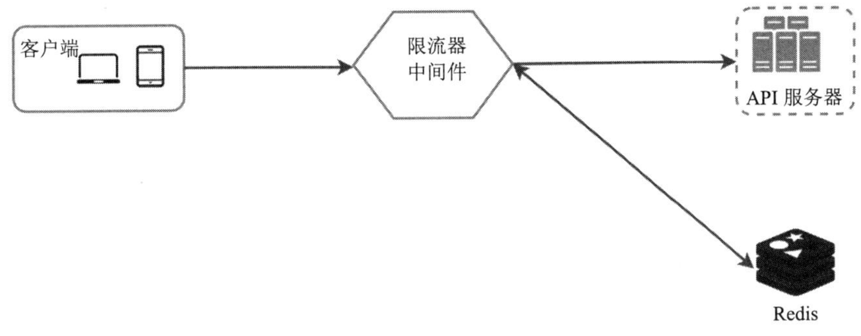

图 4-12

4.3 第三步：设计继续深入

图 4-12 所示的高层级设计并没有回答下面的问题：

- 流量限制规则是如何创建的？这些规则存储在哪里？
- 如何处理被限流的请求？

在本节中，我们先回答关于流量限制规则的问题，然后讨论处理被限流请求的策略，最后讨论如何在分布式系统中进行流量限制。我们会给出一个详细的设计并探讨性能优化和监控方面的问题。

4.3.1 流量限制规则

Lyft 开源了它的流量限制组件[①]。我们来看两个使用这个组件编写的流量限制规则的例子。在下面的例子中，系统设置了每天最多允许有 5 条营销消息。

```
domain: messaging
descriptors:
  - key: message_type
    Value: marketing
    rate_limit:
      unit: day
      requests_per_unit: 5
```

① 请访问在 Github 上的 Envoy Proxy 页面，了解更多详情。

下面是另一个例子。

```
domain: auth
descriptors:
  - key: auth_type
    Value: login
    rate_limit:
      unit: minute
      requests_per_unit: 5
```

这个规则是在 1 分钟之内客户端登录不允许超过 5 次。这些规则一般都写在配置文件中并保存在硬盘上。

4.3.2 超过流量的限制

如果一个请求被限流，API 会给客户端返回 HTTP 响应码 429（请求过多）。根据应用场景，我们有可能会把超过阈值的请求放入队列，之后再处理。比如，一些订单请求因为系统过载被限流了，我们可以保存这些订单以便稍后处理。

限流器返回的 HTTP 头

客户端如何知道请求有没有被限流呢？客户端如何在请求被拦截之前知道允许通过的请求数还剩多少？答案藏在 HTTP 头里。限流器会返回下面的 HTTP 头给客户端。

- X-Ratelimit-Remaining：在当前时间窗口内剩余的允许通过的请求数量。
- X-Ratelimit-Limit：客户端在每个时间窗口内可以发送多少个请求。
- X-Ratelimit-Retry-After ：在被限流之后，需要等待多少秒才能继续发送请求而不被拦截。

当用户发送的请求过多时，限流器将向客户端返回 HTTP 响应码 429（表示请求太多）和 X-Ratelimit-Retry-After 响应头。

4.3.3 详细设计

图 4-13 展示了系统的详细设计。

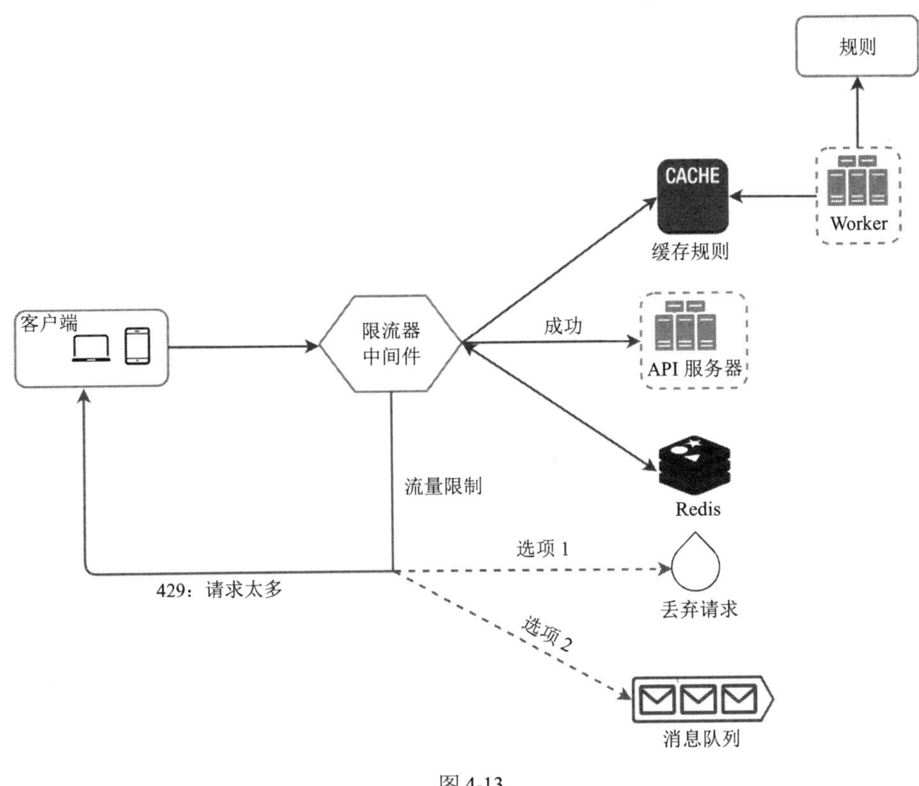

图 4-13

- 流量限制规则存储在硬盘上。工作进程（Worker）经常从硬盘中获取规则并将其存储到缓存中。
- 当客户端向服务器发送请求时，请求会首先被发给限流器中间件。
- 限流器中间件从缓存中加载规则。它从 Redis 缓存中获取计数器和上一次请求的时间戳。基于响应，限流器中间件做出以下决定：
  - 如果请求没有被限流，就将其转发给 API 服务器。
  - 如果请求被限流，限流器会向客户端返回 429 响应码（请求太多）来报错。同时，请求要么被丢弃，要么被转发到队列中。

4.3.4　分布式系统中的限流器

在单服务器环境中创建一个限流器并不难。但是，要将限流器系统扩展，以支持多个服务器和并发线程，那就是另一回事了。其中存在两个挑战：

- 竞争条件（Race Condition）。
- 同步问题。

竞争条件

如前所述，限流器大体上是按如下方式工作的：

- 从 Redis 中读取计数器的值。
- 检查计数器值加 1 后是否超过了阈值。
- 如果没有，就把计数器的值在 Redis 中加 1。

竞争条件可能会发生在一个高并发的环境中，如图 4-14 所示。

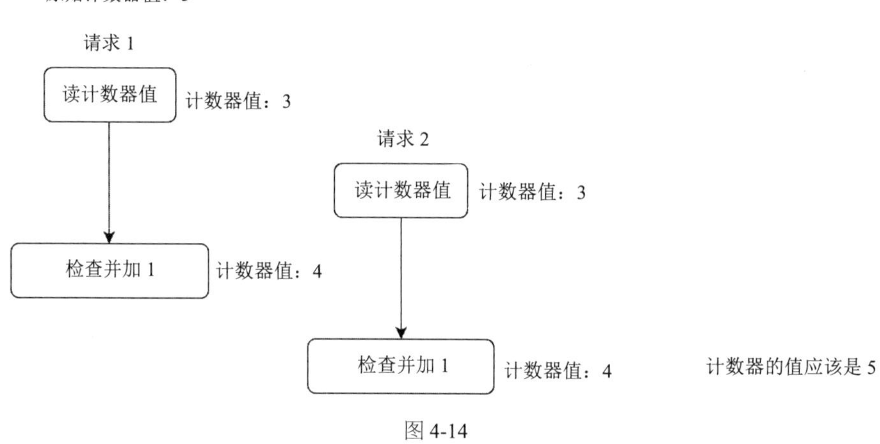

图 4-14

假设在 Redis 中计数器的值是 3。如果两个请求同时读计数器的值，它们中的任何一个在将值写回 Redis 之前，都会把计数器的值加 1，而不检查其他线程的情况。这样，两个请求（线程）都认为它们拥有正确的计数器值——4，但是正确的计数器值应该是 5。

锁是竞争条件最直观的解决方案，但是它会显著地拖慢系统。通常我们使用以下两种策略用来解决这个问题：Lua 脚本和 Redis 的有序集合数据结构。感兴趣的读者可以阅读 ClassDojo 的工程博客文章“Better Rate Limiting With Redis Sorted Sets”，以及 Paul Tarjan（ptarjan）在 GitHub Gist 上的相关代码片段“Scaling Your API with Rate Limiters”。

同步问题

同步是分布式系统中需要考虑的另一个重要因素。为了支持百万量级的用户，一个限流器有可能不足以处理所有的流量。当使用多个限流器时，限流器之间就必须同步。举个例子，如图 4-15 所示，在左图中，客户端 1 向限流器 1 发送请求，客户端 2 向限流器 2 发送请求。但因为网络层是无状态的，所以客户端也可以把请求发给别的限流器，如图 4-15 的右图所示。如果没有同步，则限流器 1 将不包含任何关于客户端 2 的数据，因此限流器 1 就无法正常工作。

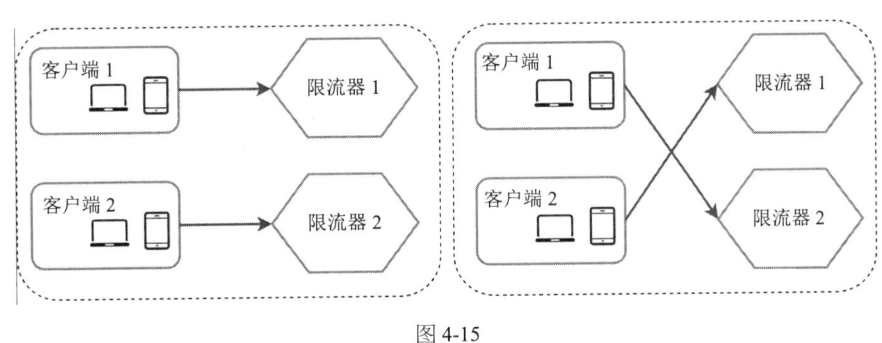

图 4-15

一个可行的解决方案是使用黏性会话（Sticky Session），允许客户端将请求发往同一个限流器。但是，这个解决方案既不可扩展也不灵活，因此不建议使用。更好的方法是使用中心化的数据存储，比如 Redis。该设计如图 4-16 所示。

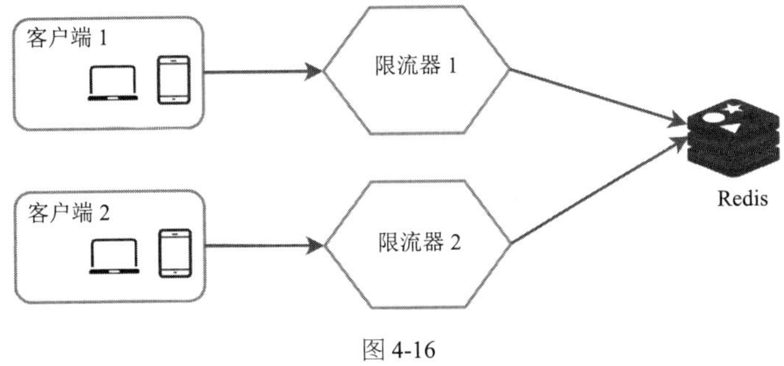

图 4-16

4.3.5 性能优化

性能优化是系统设计面试中常见的主题。我们会针对两个方面来做优化。

第一，对限流器而言，设置多数据中心是至关重要的，因为离数据中心越远，响应延时越高。大多数云服务提供商在全球设置了很多边缘服务器。比如，截至 2020 年 5 月 20 日，Cloudflare 有 194 个在地理上广泛分布的边缘服务器[①]。流量会被自动转发到最近的边缘服务器以降低延时（如图 4-17 所示）。

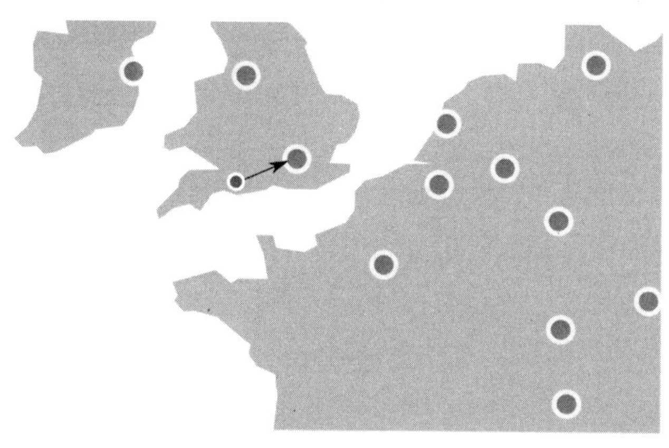

图 4-17[②]

第二，通过最终一致模型来同步数据。如果你不清楚什么是最终一致模型，可以参考第 6 章的 6.3.5 节。

4.3.6 监控

在设置好限流器之后，收集数据来检查限流器是否有效是很重要的。我们主要想确保：

- 流量限制算法有效。
- 流量限制规则有效。

举个例子，如果流量限制规则太严格，就会导致很多有效请求被丢弃。在这种情况下，我们希望稍微放宽限制。另一个例子是，我们发现，在限时促销这种流量激增的场景下，限流器变得无效了。因此，可能需要换一种流量限制算法来应对突发的流量。这时候，代

① 请参阅 Cloudfare 网站上的文档“What is Edge Computing?”。

② 图片来自 Julien Desgats 发表在 Cloudfare 博客上的文章“How We Built Rate Limiting Capable of Scaling to Millions of Domains?”。

币桶就是一个合适的替代算法。

4.4 第四步：总结

在本章中，我们讨论了不同的流量限制算法及其优缺点。这些算法包括：

- 代币桶算法。
- 漏桶算法。
- 固定窗口计数器算法。
- 滑动窗口日志算法。
- 滑动窗口计数器算法。

然后，我们讨论了系统架构、分布式系统中的限流器、性能优化和监控。同任何其他系统设计面试题类似，如果有时间，你还可以谈一谈下面的话题。

- 硬流量限制与软流量限制。硬流量限制是指请求数量不能超过阈值。软流量限制是指请求数量可以在短时间内超过阈值。
- 在不同层级做流量限制。在本章中，我们只讨论了在应用层（HTTP 层，第 7 层）做流量限制。流量限制也可以用在其他层。例如，你可以使用 Iptables[①]（IP 层，第 3 层）并根据 IP 地址来限流。注意：开放系统互联模型（Open Systems Interconnection，OSI 模型）有 7 层[②]，其中，第 1 层为物理层，第 2 层为数据链路层，第 3 层为网络层，第 4 层为传输层，第 5 层为会话层，第 6 层为表示层，第 7 层为应用层。
- 避免被限流。用以下最佳实践来设计你的客户端：
    - 使用客户端缓存，避免频繁地调用 API。
    - 理解流量限制，不要在短时间内发送太多请求。
    - 添加代码以捕获异常或错误，使客户端可以优雅地从异常中恢复。
    - 在重试逻辑中添加足够的退避时间。

恭喜你已经看到这里了。给自己一些鼓励。干得不错！

---

① 请参阅博客网站 Programster 上的文章“Rate Limit Requests with Iptables”。

② 请参阅维基百科上的词条“OSI Model”。

5 设计一致性哈希系统

为了实现横向扩展，在服务器之间高效和均匀地分配请求/数据是很重要的。一致性哈希是为了达成这个目标而被广泛使用的技术。首先，我们看一下什么是重新哈希问题。

5.1 重新哈希的问题

如果你有 n 个缓存服务器，常见的平衡负载的方法是使用如下哈希方法：

服务器序号 = hash(key) % N（N 代表服务器池的大小）

我们用一个示例来说明它是如何工作的。如表 5-1 所示，我们有 4 个服务器，有 8 个字符串型的键（key）及其对应的哈希值（hash）。

表 5-1

键	哈希值	哈希值%4
key0	18358617	1
key1	26143584	0
key2	18131146	2
key3	35863496	0
key4	34085809	1
key5	27581703	3

续表

键	哈 希 值	哈希值%4
key6	38164978	2
key7	22530351	3

为了获取存储了某个键的服务器的序号，我们需要做求余运算 *f*(key) % 4。比如，hash(key0) % 4=1，表示客户端必须联系 server1 以获取缓存的数据。图 5-1 基于表 5-1 展示了键的分布。

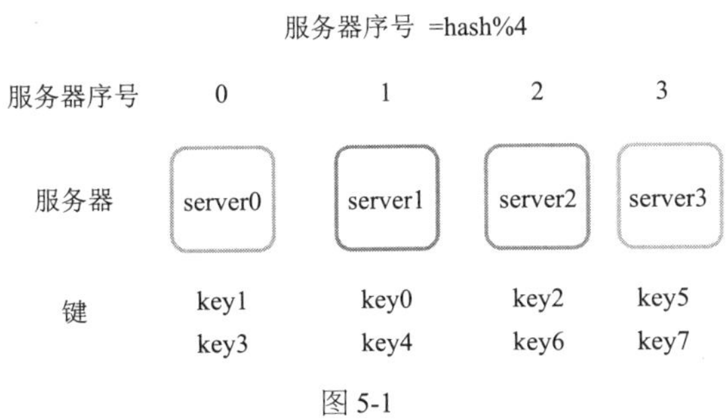

图 5-1

这个方法在服务器池的大小固定不变的时候效果很好，并且数据的分布是均匀的。但是，当添加服务器或现有服务器被移除时问题就产生了。举个例子，如果 server1 下线，服务器池的大小就变成 3。使用同样的哈希函数，对于同一个键，我们得到的哈希值不变。但是因为服务器数量减 1，通过求余操作计算出的服务器序号就与之前的不同了。这可能会导致数据分布不均匀或错误地分配给错误的服务器。“哈希值% 3”得到的结果如表 5-2 所示。

表 5-2

键	哈 希 值	哈希值%3
key0	18358617	0
key1	26143584	0
key2	18131146	1
key3	35863496	2
key4	34085809	1
key5	27581703	0
key6	38164978	1
key7	22530351	0

图 5-2 展示了表 5-2 中键的分布。

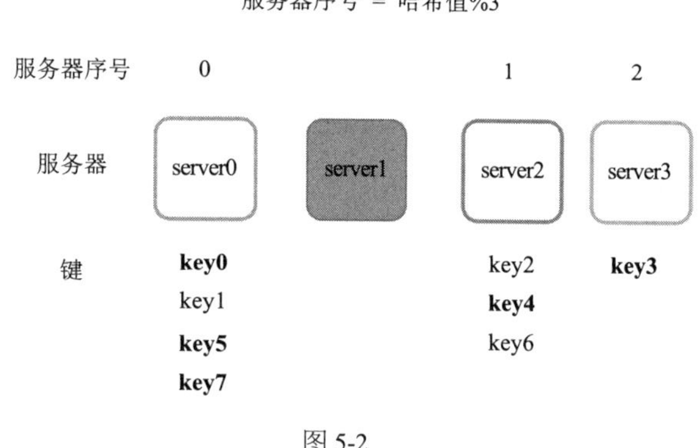

图 5-2

如图 5-2 所示，大部分的键都被重新分配了，不仅仅是原来存储在宕机服务器（server1）中的那些键。这意味着当 server1 宕机时，大部分缓存客户端都会连接错误的服务器来获取数据。这会导致大量的缓存未命中（Cache Miss）。一致性哈希是缓解这个问题的有效技术。

5.2 一致性哈希

根据维基百科中的定义，"一致性哈希是一种特殊的哈希。如果一个哈希表被调整了大小，那么使用一致性哈希，则平均只需要重新映射 k/n 个键，这里 k 是键的数量，n 是槽（Slot）的数量。对比来看，在大多数传统的哈希表中，只要槽的数量有变化，几乎所有的键都需要重新映射一遍"①。

5.2.1 哈希空间和哈希环

现在我们了解了一致性哈希的定义，接下来看看它是如何工作的。假设我们使用 SHA-1 作为哈希函数 f，哈希函数的输出值范围是：x0，x1，x2，x3，…，xn。在密码学里，SHA-1 的哈希空间是 0 到 $2^{160}-1$。这意味着 x0 对应 0，xn 对应 $2^{160}-1$。图 5-3 展示了哈希空间。

连接 x0 和 xn 两端，我们可以得到一个如图 5-4 所示的哈希环。

① 请参阅维基百科网站上的词条"Consistent Hashing"。

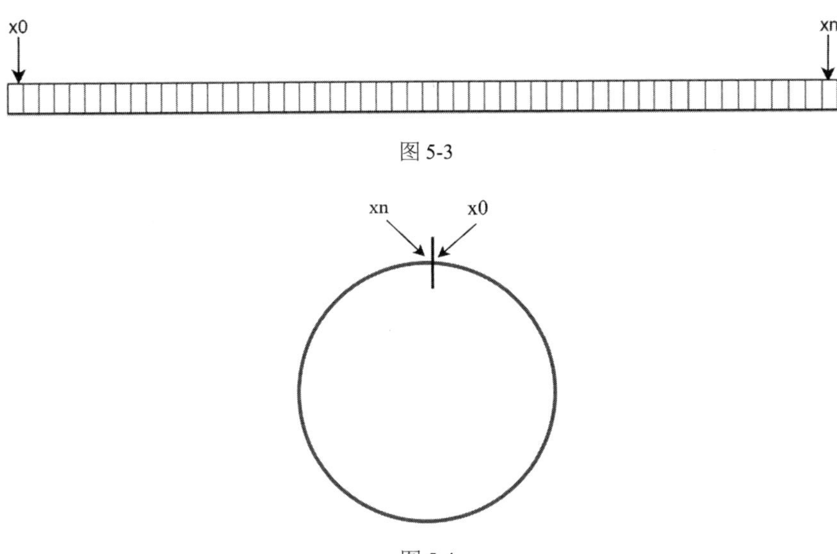

图 5-3

图 5-4

5.2.2 哈希服务器

使用同样的哈希函数 *f*，我们根据服务器的 IP 地址或者名字将其映射到哈希环上。图 5-5 展示了 4 个服务器被映射到哈希环上的情况。

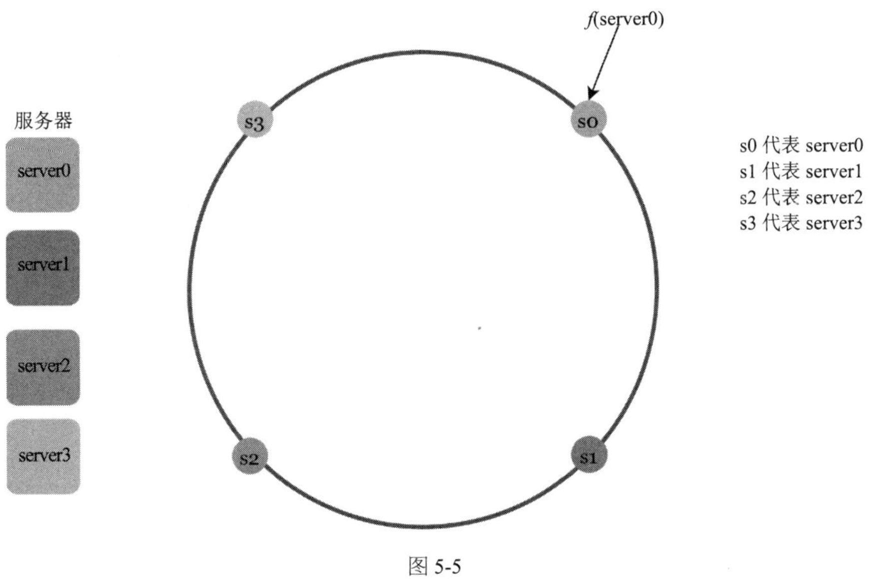

图 5-5

5.2.3 哈希键

值得一提的是，这里使用的哈希函数跟 5.1 节中的不一样，这里没有求余运算。如图 5-6 所示，4 个键（key0、key1、key2 和 key3）被映射到哈希环上。

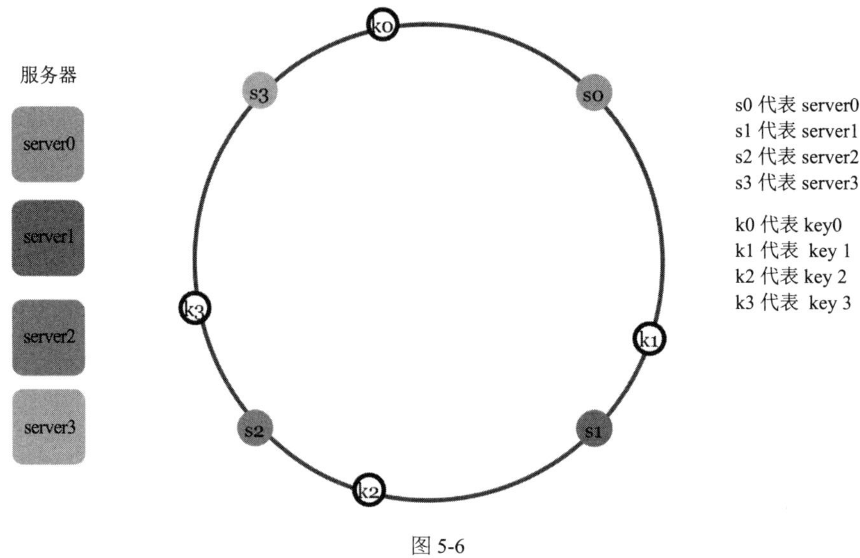

图 5-6

5.2.4 查找服务器

为了确定某个键存储在哪个服务器上，我们从这个键在环上的位置开始顺时针查找，直到找到一个服务器为止。图 5-7 解释了这个过程，通过顺时针查找可知：key0 存储在 server0 上；key1 存储在 server1 上；key2 存储在 server2 上；key3 存储在 server3 上。

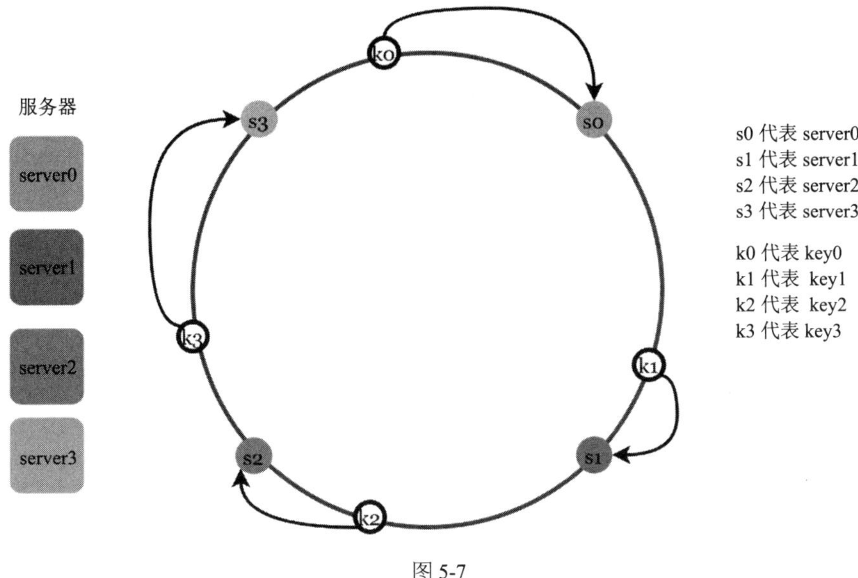

图 5-7

5.2.5 添加服务器

按照上面描述的逻辑，如果要在哈希环中添加一个新的服务器，只有少部分键需要被重新映射到新的服务器上，大部分键的位置保持不变。

如图 5-8 所示，添加新的服务器后（server4），只有 key0 需要重新分配位置。key1、key2 和 key3 都保留在原来的服务器上。我们仔细看一下这个逻辑。在添加 server4 之前，key0 存储在 server0 上。现在，因为 server4 是从 key0 在哈希环上的位置开始顺时针查找时遇到的第一个服务器，所以 key0 会被存储到 server4 上。根据一致性哈希算法，其他的键不需要重新分配位置。

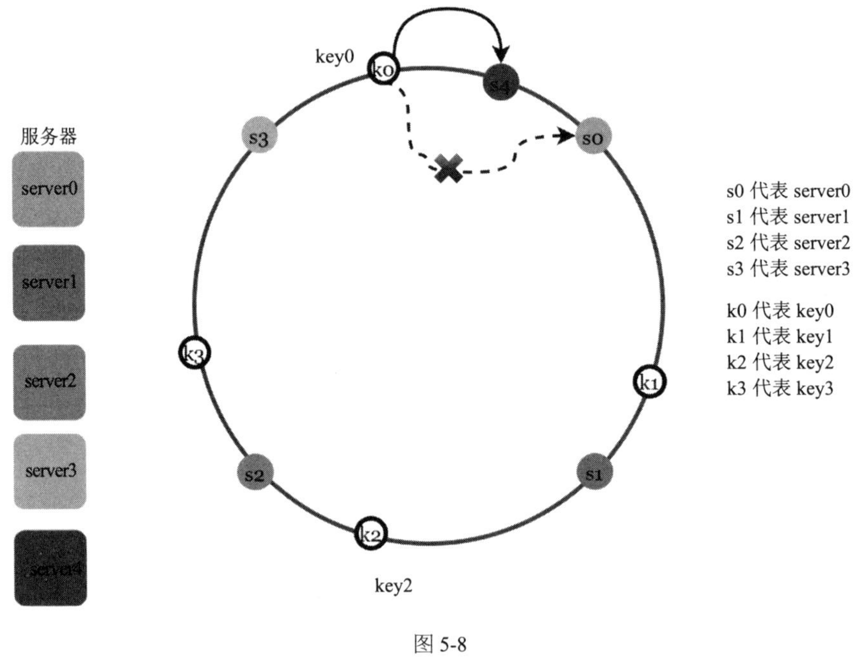

图 5-8

5.2.6 移除服务器

当一个服务器被移除时，如果使用一致性哈希，就只有一小部分键需要重新分配位置。如图 5-9 所示，当移除 server1 时，只有 key1 需要重新映射到 server2 上，其他键则不受影响。

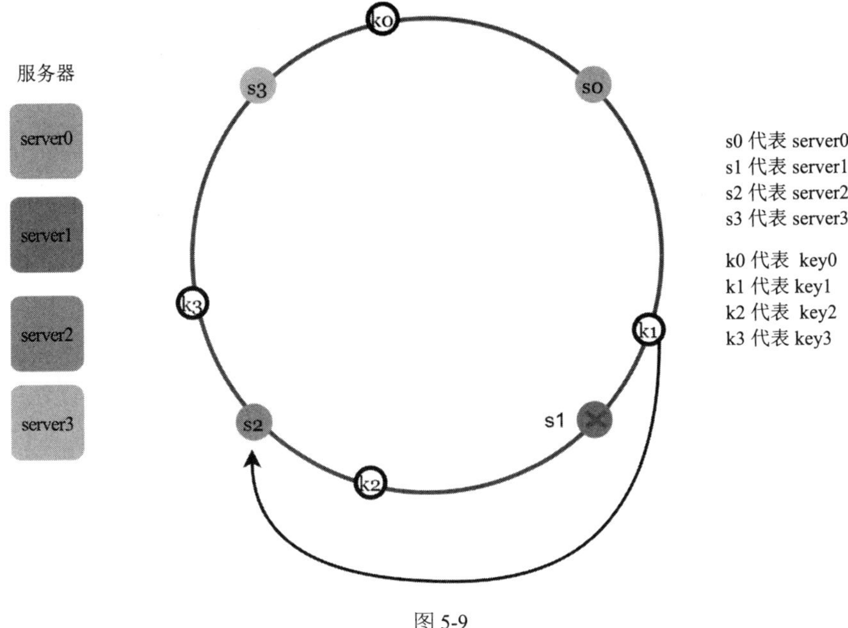

图 5-9

5.2.7 两个问题

一致性哈希算法是麻省理工学院的 David Karger 等人[①]首先提出的。它的基本步骤如下：

- 使用均匀分布的哈希函数将服务器和键映射到哈希环上。
- 要找出某个键被映射到了哪个服务器上，就从这个键的位置开始顺时针查找，直到找到哈希环上的第一个服务器。

这里有两个问题。第一，考虑到可以添加或移除服务器，所以很难保证哈希环上所有服务器的分区大小相同。分区是相邻服务器之间的哈希空间。在哈希环上分配给每个服务器的分区可能很小，也可能很大。如图 5-10 所示，如果 server1 被移除，server2 的分区（用双向箭头标记）就是 server0 和 server3 的两倍大。

① 参见维基百科上的词条“Consistent Hashing”。

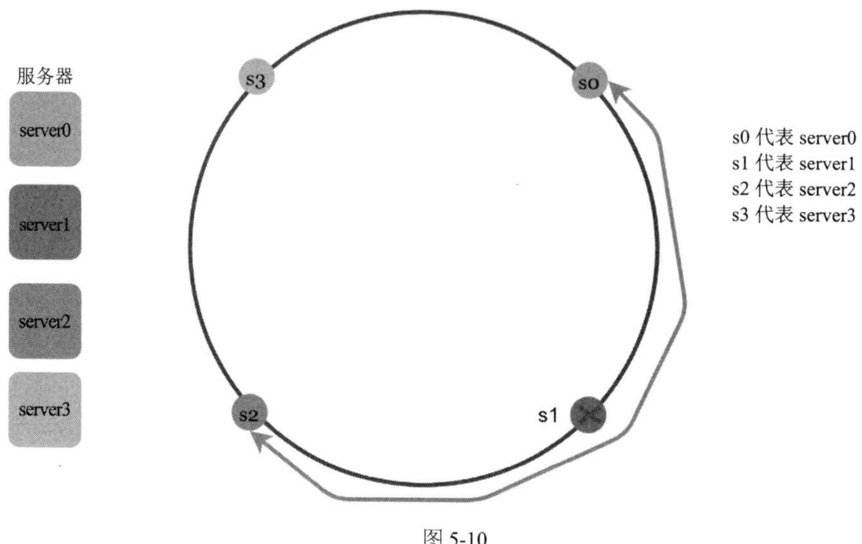

图 5-10

第二，有可能键在哈希环上是非均匀分布的。举个例子，如果服务器映射的位置如图 5-11 所示，则大部分键都会被存储在 server2 上，而 server1 和 server3 上没有数据。

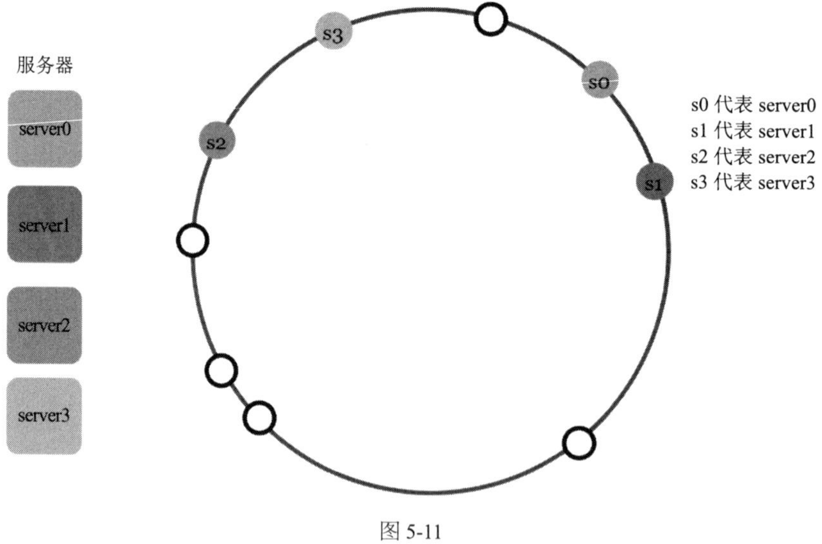

图 5-11

一种称为虚拟节点或者副本的技术被用来解决这些问题。

5.2.8 虚拟节点

虚拟节点是实际节点在哈希环上的逻辑划分或映射。每个服务器都可以用多个虚拟节点来表示。如图 5-12 所示，服务器 server0 和 server1 都有 3 个虚拟节点。“3”这个数字是任意选的，在真实世界中，虚拟节点的数量要大得多。这里，我们不用 s0 而是改用 s0_0、s0_1 和 s0_2 来表示哈希环上的 server0；用 s1_0、s1_1 和 s1_2 来表示哈希环上的 server1。通过虚拟节点，每个服务器都对应多个分区。标记为 s0 的分区（边缘）是由 server0 来管理的。标记为 s1 的分区是由 server1 来管理的。

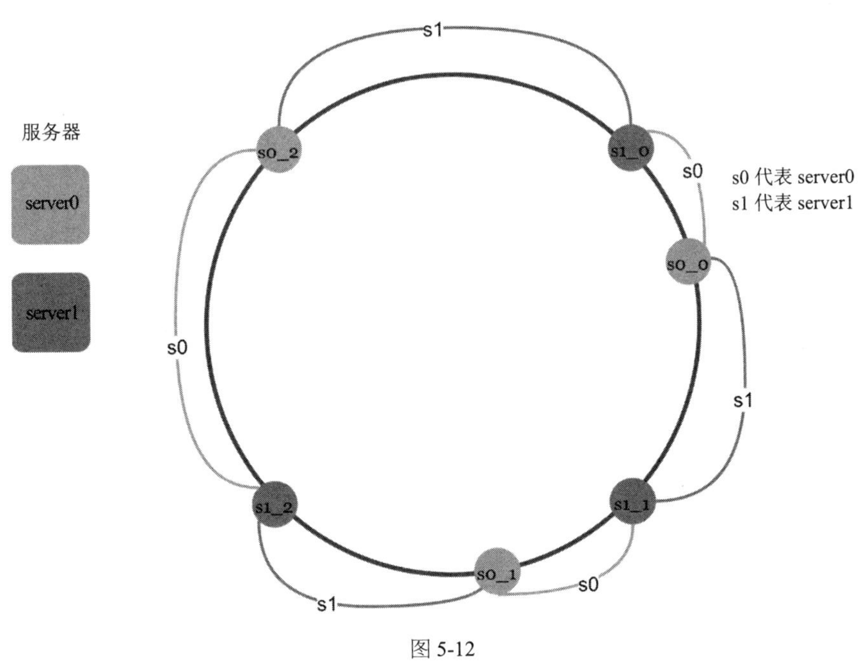

图 5-12

为了找到某个键存储在哪个服务器上，我们从这个键所在的位置开始，顺时针找到第一个虚拟节点。如图 5-13 所示，为了确定 key0 键存储在哪个服务器上，我们从 key0 所在的位置出发，顺时针查找并找到虚拟节点 s1_1，它对应的是 server1。

当虚拟节点的数量增加时，键的分布就会变得更均匀。这是因为有更多虚拟节点以后，标准差会变小，从而导致数据分布更均匀。标准差衡量的是数据的分散程度。一个线上研究[①]所做的实验显示：使用 100 个或 200 个虚拟节点时，标准差的均值约为 10%（100 个虚拟节点）和 5%（200 个虚拟节点）。当我们增加虚拟节点的数量时，标准差会更小。但是，这也意味着需要更多的空间来存储虚拟节点的数据。这需要权衡，我们可以调整虚拟节点的数量来满足系统的需求。

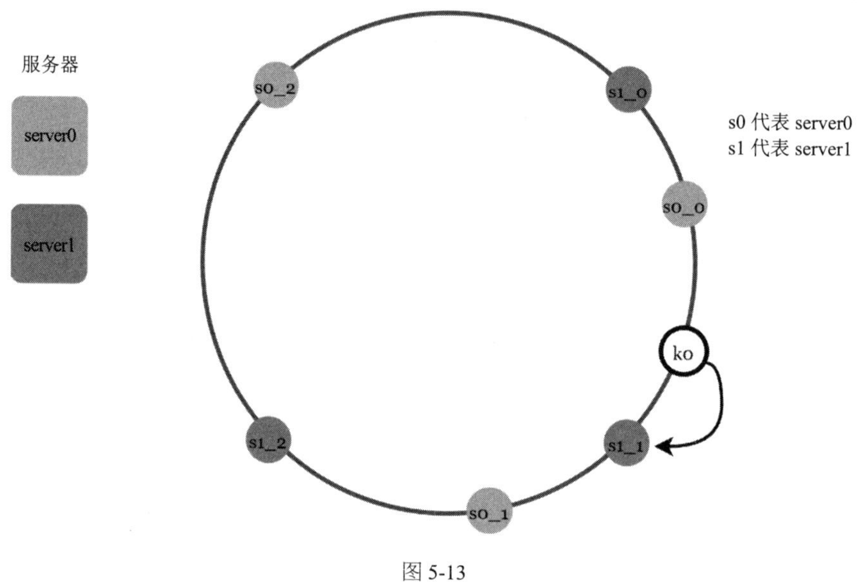

图 5-13

5.2.9 找到受影响的键

当添加或移除服务器时，有一部分键需要重新分配位置。如何找到受影响的键的范围并重新为它们分配位置呢？

如图 5-14 所示，服务器 server4 被添加到哈希环上。从 server4（新添加的节点）开始，沿着哈希环逆时针移动，直到遇到另一个服务器（图中为 server3）为止，这就是受影响的键的范围。从图 5-14 可以看出，位于 server3 和 server4 之间的键需要重新分配给 server4。

如图 5-15 所示，服务器 server1 被移除。从 server1（被移除的节点）开始，沿着哈希环逆时针移动，直到遇到另一个服务器（图中为 server0）为止，这就是受影响的键的范围。从图 5-15 可以看出，位于 server0 和 server1 之间的键需要重新分配给 server2。

① 请参阅 Tom White 在其个人网站上发表的文章“Consistent Hashing”。

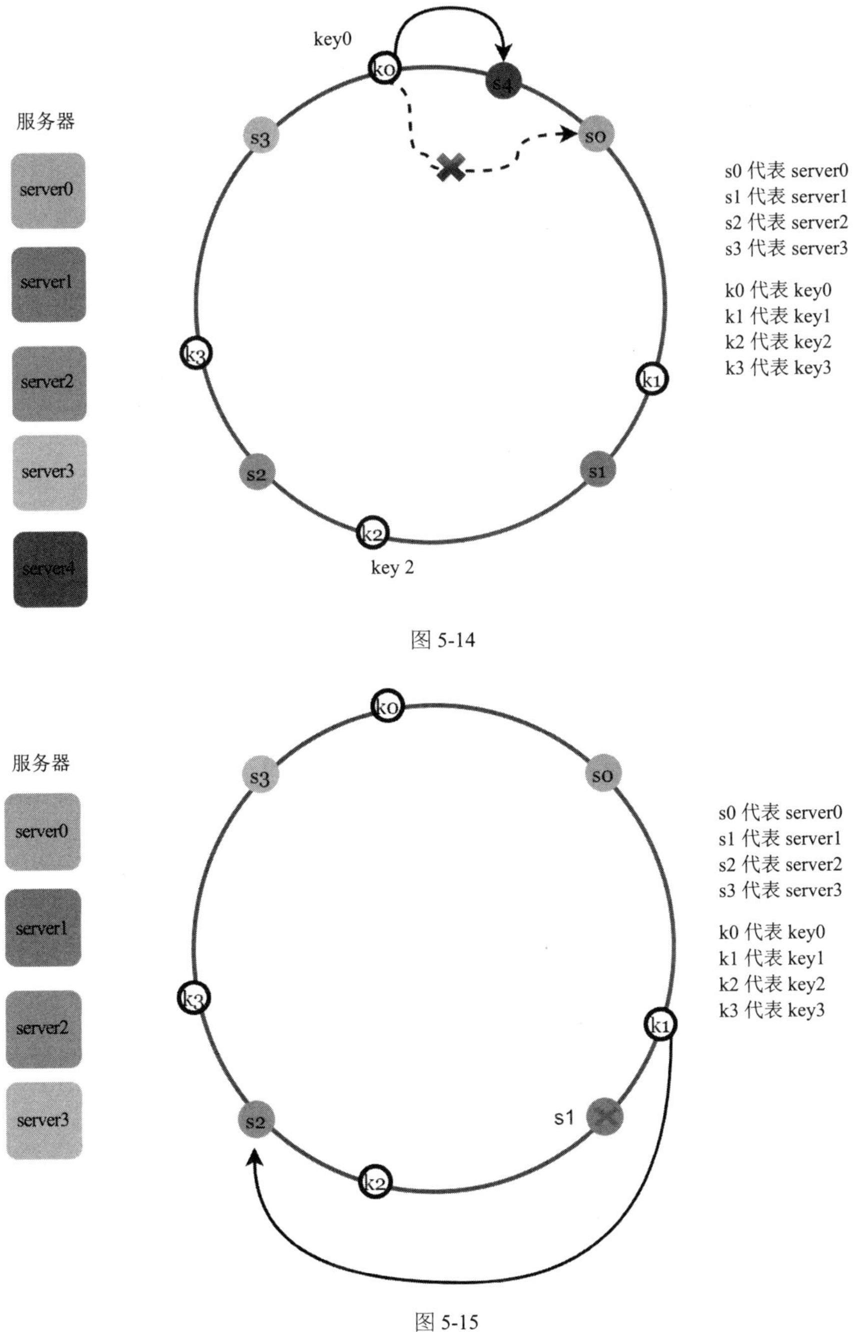
key0
k0
s4
服务器
s3
s0
server0
server1
server2
server3
server4
s0 代表 server0
s1 代表 server1
s2 代表 server2
s3 代表 server3
k0 代表 key0
k1 代表 key1
k2 代表 key2
k3 代表 key3
k3
k1
s2
s1
k2
key 2

图 5-14

k0
服务器
s3
s0
server0
server1
server2
server3
s0 代表 server0
s1 代表 server1
s2 代表 server2
s3 代表 server3
k0 代表 key0
k1 代表 key1
k2 代表 key2
k3 代表 key3
k3
k1
s1
s2
k2

图 5-15

5.3 总结

在本章中，我们对一致性哈希进行了深入的讨论，包括为什么需要进行一致性哈希和它是怎么工作的。一致性哈希有如下好处：

- 添加或者移除服务器的时候，需要重新分配的键最少。
- 更容易横向扩展，因为数据分布得更均匀。
- 减轻了热点键问题。过多访问一个特定分区可能会导致服务器过载。想象一下，如果 Katy Perry、Justin Bieber 和 Lady Gaga 的数据都被存储在同一个分区上会是什么情形。一致性哈希通过使数据更均匀地分布来减轻这个问题。

一致性哈希被广泛地应用于现实世界的系统中，包括一些非常出名的系统，例如：

- 亚马逊 Dynamo 数据库的分区组件[①]。
- Apache Cassandra 集群的数据分区[②]。
- Discord 聊天应用[③]。
- Akamai 内容分发网络[④]。
- Maglev 网络负载均衡器[⑤]。

恭喜你已经看到这里了。给自己一些鼓励。干得不错！

---

① 请参阅亚马逊的论文“Dynamo: Amazon’s Highly Available Key-value Store”。

② 请参阅 Facebook 的论文“Cassandra: A Decentralized Structured Storage System”。

③ 请参阅 Discord 博客上的文章“How Discord Scaled Elixir to 5,000,000 Concurrent Users?”。

④ 请参阅斯坦福大学课程 CS168“The Modern Algorithmic Toolbox”的讲义，作者为 Tim Roughgarden、Gregory Valiant。

⑤ 请参阅谷歌工程师的论文“Maglev: A Fast and Reliable Software Network Load Balancer”。

6 设计键值存储系统

键值存储也称为键值数据库，是一种非关系型数据库。每个唯一的标识符作为键（key）与其相关联的值（value）存储在一起。这种数据对也叫作“键值对”。

在一个键值对中，键必须是唯一的，通过键可以访问与其相关联的值。键可以是纯文本数据或者哈希值。出于性能上的考虑，较短的键更好。下面是一些键的例子。

- 纯文本键：“last_logged_in_at”
- 哈希键：253DDEC4

键值对中的值可以是字符串、列表、对象等。在键值存储中，比如 Amazon Dynamo、Memcached、Redis 等[①]，值通常被当作不透明对象。

表 6-1 展示的是键值存储中的一个数据片段。

表 6-1

键	值
145	john
147	bob
160	Julia

① 访问 AWS、Memcached 及 Redis 官网，可了解更多详情。

在本章中，你被要求设计一个键值存储系统来支持下面的操作：

- `put(key, value)` // 插入值，并与键相关联
- `get(key)` // 获取与键关联的值

6.1 理解问题并确定设计的边界

世上没有完美的设计。每一个键值存储系统的设计都是在读操作、写操作及内存使用之间进行权衡以达到某种平衡。另一种权衡则在一致性和可用性之间进行。在本章，我们设计一个键值存储系统，其具有如下特点：

- 每个键值对都不大，小于 10 KB。
- 可以存储大数据。
- 高可用性。即使发生故障，系统也能迅速响应。
- 高可扩展性。系统可以扩展以支持大数据集。
- 自动伸缩。可以基于流量自动添加/移除服务器。
- 可调节的一致性。
- 低延时。

6.2 单服务器的键值存储

开发一个运行在单服务器上的键值存储系统是容易的。一个直观的方法是把键值对存储在哈希表中，将所有的数据都保存到内存里。虽然内存访问起来很快，但因为空间有限，可能无法将所有数据都放在里面。为了在单服务器上存储更多的数据，可以从以下两个方面进行优化：

- 压缩数据。
- 只把频繁使用的数据存储在内存里，其他的则放在硬盘上。

然而，即使进行了这些优化，依然会很快达到单服务器容量的上限。这时就需要通过分布式键值存储系统来支持大数据了。

6.3 分布式键值存储

分布式键值存储也称为分布式哈希表，它将键值对分布到很多服务器上。

6.3.1 CAP 理论

在设计分布式系统时，理解 CAP 理论是很重要的。CAP 理论提出，一个分布式系统最多只能同时满足下面三个特性中的两个：一致性（Consistency）、可用性（Availability）和分区容错性（Partition Tolerance）。我们来看下面的定义。

一致性：指的是所有的客户端在相同的时间点看到的是同样的数据，而不管它们连接的是哪个节点（服务器）。

可用性：指的是即便有节点发生故障，任意客户端发出的请求都能被响应。

分区容错性：分区意味着两个节点之间的通信中断。分区容错性的意思是尽管网络被分区，系统依然可以继续运行。

CAP 理论提出，如果要支持上述三个特性中的两个，就必须牺牲剩下的那一个，如图 6-1 所示。

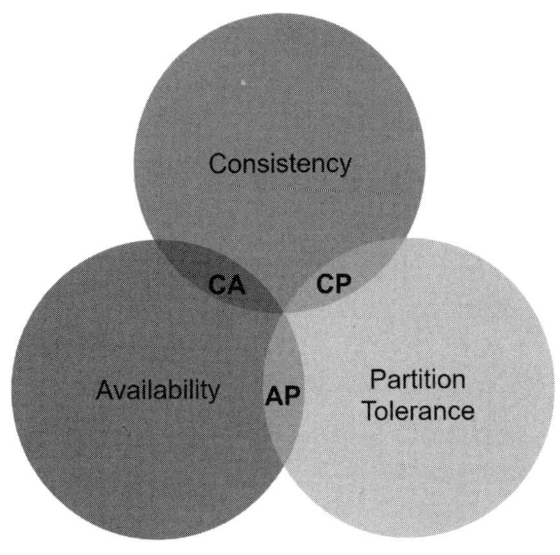

图 6-1

基于所支持的两种特性，键值存储系统现在有如下分类：

CP（一致性和分区容错性）系统：支持一致性和分区容错性，但牺牲了可用性。

AP（可用性和分区容错性）系统：支持可用性和分区容错性，但牺牲了一致性。

CA（一致性和可用性）系统：支持一致性和可用性，但牺牲了分区容错性。因为网络故障是无法避免的，所以分布式系统必须容忍网络分区。因此，在现实世界中 CA 系统不可能存在。

为了更好地理解以上定义，我们来看几个具体的例子。在分布式系统中，数据通常会被复制多次。假设数据在 3 个副本节点上（n1、n2 和 n3）被复制，如图 6-2 所示。

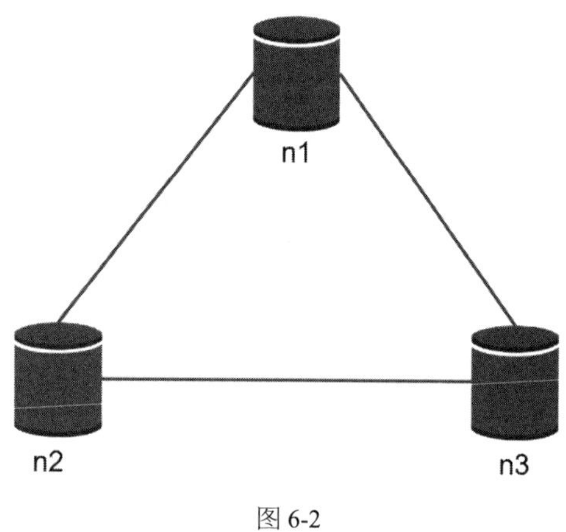

图 6-2

在理想世界里，网络分区从来不会发生。写入节点 n1 的数据会被自动复制到节点 n2 和 n3 上，这样一致性和可用性就都满足了。

而在真实世界的分布式系统中，分区是无法避免的。发生分区时，我们必须在一致性和可用性之间做出选择。在图 6-3 中，节点 n3 宕机，并且无法与节点 n1 和 n2 通信。如果客户端往 n1 或者 n2 中写数据，那么数据是无法传递到 n3 的。如果数据被写入 n3 但还没有被传递给 n1 和 n2，那么 n1 和 n2 上的数据就可能是旧的。

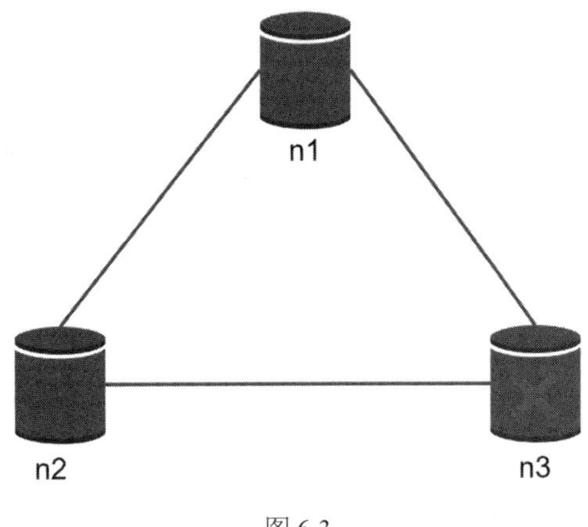

图 6-3

如果我们在一致性和可用性之间选择一致性（CP 系统），就必须阻止所有向节点 n1 和 n2 的写操作，进而避免三个服务器之间的数据不一致，但这也导致系统不可用。银行系统通常对一致性有极高的要求。例如，对银行系统来说，展示最新的账户余额信息是至关重要的。如果因为网络分区导致不一致性问题发生，那么银行系统在不一致性问题被解决之前会一直返回错误。

但是如果我们在一致性和可用性之间选择可用性（AP 系统），系统就可以继续接受读操作，尽管它返回的有可能是旧数据。节点 n1 和 n2 会继续接受写操作，当网络分区问题被解决后，数据会被同步到节点 n3。

选择适合你的使用场景的 CAP 保证是构建分布式键值存储系统的重要步骤。你可以和面试官讨论这个问题，并根据讨论结果来设计系统。

6.3.2 系统组件

在本节中，我们会讨论下面这些用来构建键值存储系统的核心组件和技术：

- 数据分区。
- 数据复制。
- 一致性。
- 不一致性的解决方案。
- 处理故障。

- 系统架构图。
- 写路径。
- 读路径。

下面的内容大部分基于三种流行的键值存储系统：Dynamo[①]、Cassandra[②]和 BigTable[③]。

6.3.3 数据分区

对于大应用来说，把全部数据集放到单服务器上是不现实的。最简单的方法是把数据分割为小的分区并把它们存储在多个服务器中。对数据分区时会有两个挑战：

- 将数据均匀地分布在多个服务器上。
- 添加或者移除节点时，尽量减少数据的迁移。

我们在第 5 章讨论过的一致性哈希是解决这些问题的好方法。我们重温一下一致性哈希是如何工作的。

- 首先，将服务器放在一个哈希环上。在图 6-4 中，8 个服务器被放在哈希环上，用 s0，s1，…，s7 表示。
- 接下来，键被哈希映射到同一个环上，并存储在按顺时针方向移动时遇到的第一个服务器上。比如，依照这种逻辑，key0 存储在 s1 上。

使用一致性哈希来进行数据分区有如下好处。

- 自动伸缩：可以基于负载自动添加和移除服务器。
- 异质性：服务器的虚拟节点数量可以与服务器的性能成比例。比如，可以为性能高的服务器分配更多的虚拟节点。

---

① 请参阅亚马逊的论文“Dynamo: Amazon’s Highly Available Key-value Store”。

② 可访问 Cassandra 官网了解更多内容。

③ 请参阅谷歌的论文“Bigtable: A Distributed Storage System for Structured Data”。

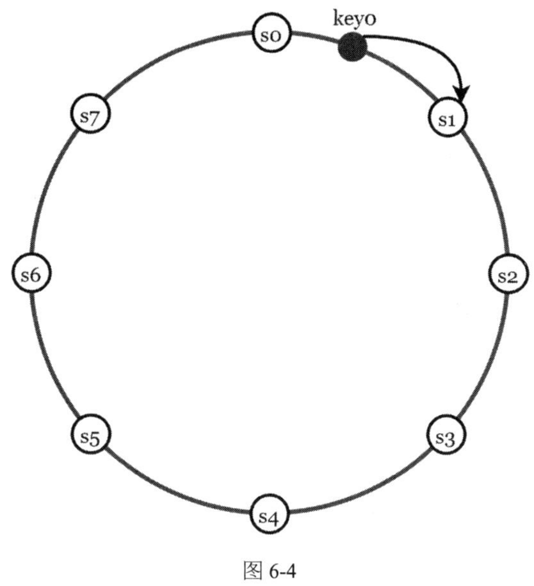

图 6-4

6.3.4 数据复制

为了实现高可用性和可靠性，数据必须在 N 个服务器上异步复制，这里的 N 是一个可配置的参数。这 N 个服务器是基于下面的逻辑来挑选的：当一个键被映射到哈希环上的某个位置后，从这个位置开始顺时针遍历哈希环，找到先遇到的 N 个服务器来存储数据副本。如图 6-5 所示（N=3），key0 被复制到 s1、s2 和 s3 上。

使用虚拟节点时，在哈希环上最先找到的 N 个节点对应的物理服务器数量可能少于 N。为了解决这个问题，当执行顺时针遍历逻辑时，我们只选择不重复的服务器。

同一个数据中心内的节点经常会因为电力中断、网络故障、自然灾害等原因同时出现故障。为了提高可靠性，数据副本被存储在不同的数据中心，并且数据中心之间通过高速网络连接。这样即使一个数据中心发生故障，其他数据中心仍然可以提供服务，确保系统的可用性和容错性。

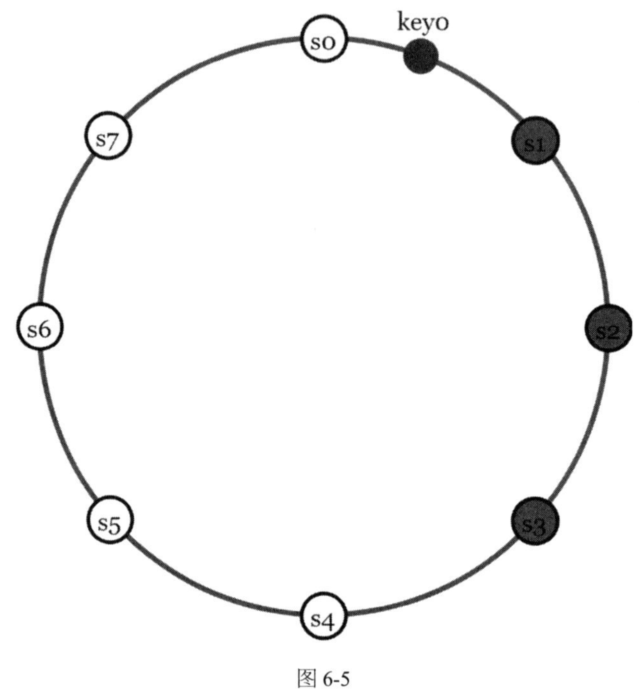

图 6-5

6.3.5 一致性

因为数据被复制到多个节点上，所以副本之间必须同步。仲裁一致性（Quorum Consensus）[①]可以保证读写操作的一致性。我们先定义一些东西。

N：代表副本的数量。

W：代表写操作的 Quorum 大小。一个写操作要被认为是成功的，必须获得 *W* 个副本的确认。

R：代表读操作的 Quorum 大小。一个读操作要被认为是成功的，必须至少获得 *R* 个副本的响应。

我们思考如图 6-6 所示的例子，这里 $N=3$。

W=1 并不意味着数据只被写入一个服务器。例如，在图 6-6 所示的配置中，数据被复

① Quorum 指的是参与一个读或写操作的最小节点数或副本数。

制到 s0、s1 和 s2 上。*W*=1 意味着协调者必须至少收到一个副本的确认才会认为写操作成功。例如，我们收到了 s1 的确认，就不需要再等待 s0 和 s2 确认。这里的协调者起到了客户端和节点之间代理人的作用。

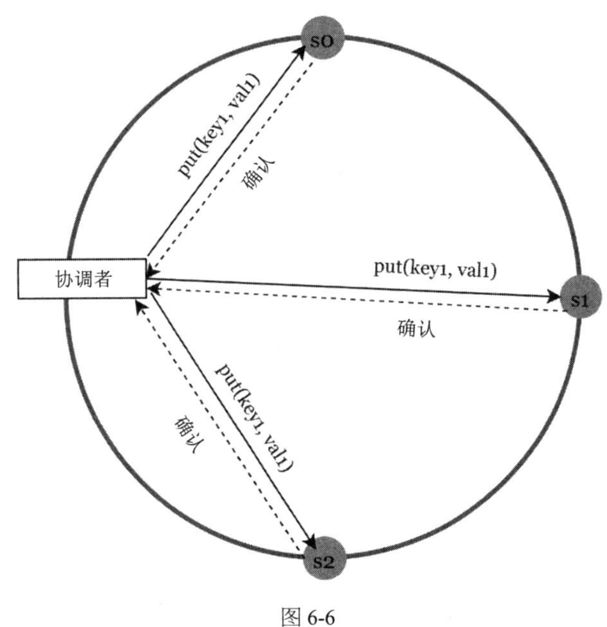

图 6-6

W、*R* 和 *N* 的配置是典型的延时和一致性之间的权衡。如果 *W*=1 或者 *R*=1，因为协调者只需要等待任意一个副本的响应，所以一个操作很快会返回。如果 *W*>1 或者 *R*>1，系统就会有更好的一致性，但是查询会变慢，因为协调者必须等待最慢的副本响应。

如果 $W+R>N$，意味着在进行读取或写入操作时，至少会有一个共同的副本同时参与，这个共同的副本会包含最新的数据，因此在这种情况下可以保证强一致性。

如何配置 *N*、*W* 和 *R* 来适配我们的使用场景呢？下面是一些可能的配置。

如果 $R=1$ 且 $W=N$，则系统针对快速读进行了优化。

如果 $W=1$ 且 $R=N$，则系统针对快速写进行了优化。

如果 $W+R>N$，则强一致性得到保证（通常配置成 $N=3$，$W=R=2$）。

如果 $W+R\leqslant N$，则不一定能保证强一致性。

根据需求，我们可以调整 W、R、N 的值来达到想要的一致性级别。

一致性模型

一致性模型是设计键值存储系统时需要考虑的另一个重要因素。一致性模型有多种不同的类型，每种类型定义了数据一致性的程度。这些不同类型的一致性模型涵盖了多种可能性，你可以根据系统的需求和应用场景来选择适合的一致性模型。

- 强一致性模型：任何读操作返回的值都是最新写入的数据。客户端永远不会看到过时的数据。
- 弱一致性模型：随后的读操作返回的可能不是最新的值。
- 最终一致性模型：这是弱一致性的一种特殊形态。经过足够长的时间，所有的数据更新都会传播开来，并且所有副本会变得一致。

强一致性模型通常是通过强制一个副本在当前写入操作成功之前不再接收新的读/写操作来实现的。这个方法对于高可用系统来说并不完美，因为它可能会阻塞新的操作。Dynamo 和 Cassandra 采用了最终一致性模型，这也是我们推荐的键值存储的一致性模型。通过并行写，最终一致性模型允许不一致的值进入系统，并强制客户端读取这些值来进行协调。下一节会解释版本控制和协调的工作原理。

6.3.6 不一致性的解决方案：版本控制

复制副本提供了高可用性但会导致副本之间的数据不一致。版本控制和向量时钟被用来解决这些不一致问题。版本控制的意思是每次修改数据都生成一个新的不可变的数据版本。在讨论版本控制之前，我们用一个例子来解释不一致性是怎么发生的。

如图 6-7 所示，副本节点 n1 和 n2 有同样的值。我们把这个值称作原始值。服务器 server1 和 server2 通过 get("name")操作获取了同样的值。

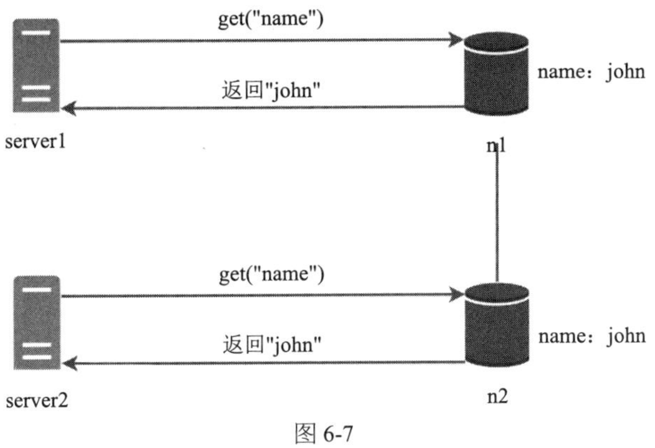

图 6-7

接下来，server1 把 name 的值改为“johnSanFrancisco”，server2 把 name 的值改为“johnNewYork”，如图 6-8 所示。这两个改变同时发生。现在有了两个冲突的值，我们将它们分别称为 v1 和 v2 版本。

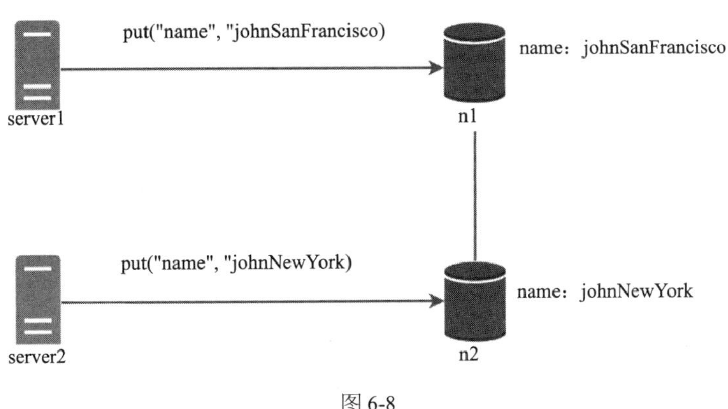

图 6-8

在这个例子中，可以忽略原始值，因为我们对它进行了修改。但是，没有明确的方法来解决最后两个版本之间的冲突。为了解决这个问题，我们需要一个版本控制系统来检测和解决冲突。向量时钟是解决这个问题的常用方法。下面我们分析向量时钟是怎么工作的。

向量时钟是与数据项相关联的[服务器，版本]对。它可以用于检查一个版本是先于还是后于其他版本，或者是否与其他版本有冲突。

假设一个向量时钟是用 D([S1, v1], [S2, v2], …, [Sn, vn])来表示的，其中 D 是数据项，v1 是版本计数器的值，S1 是服务器编号，以此类推。如果数据项 D 被写入服务器 Si，则系统必须执行下面任务中的一个。

- 如果[Si, vi]存在，则增加 vi 的值。
- 否则，创建新的记录[Si, 1]。

图 6-9 用通过一个具体的例子解释了上面抽象的逻辑。

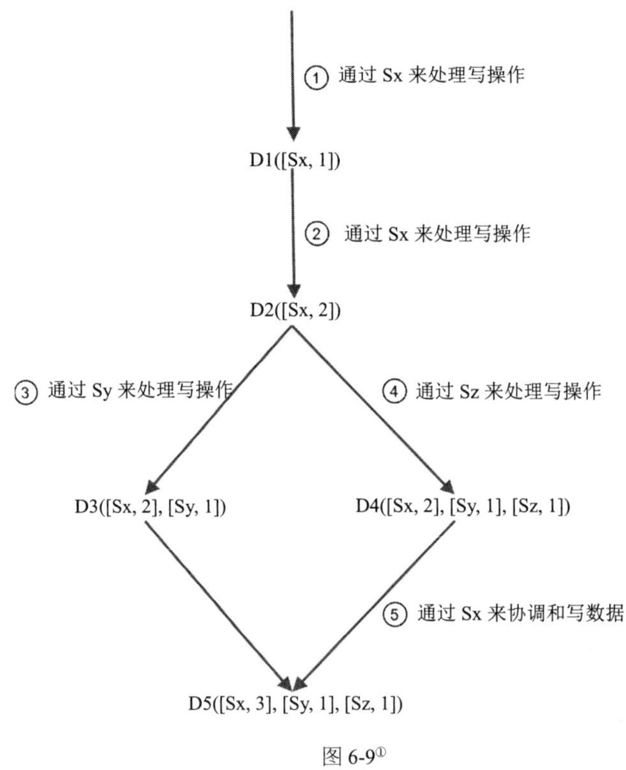

图 6-9[①]

在这个例子中，假设有一个数据项 D1，并且系统中有五个客户端（A、B、C、D、E），系统还有三个服务器（Sx、Sy 和 Sz）。

1. 客户端 A 将数据项 D1 写入系统，写操作是由服务器 Sx 来处理的，此时 Sx 的向量时钟为 D1[(Sx, 1)]。

2. 客户端 B 读取最新的 D1，将其更新成 D2 并写回系统。D2 继承自 D1，因此它覆

① 引自论文“Dynamo: Amazon’s Highly Available Key-value Store”，作者为 Giuseppe DeCandia 等。

盖了 D1。假设写操作由同一个服务器 Sx 来处理，此时 Sx 的向量时钟为 D2([Sx, 2])。

3．客户端 C 读取最新的 D2，将其更新成 D3 并写回系统。假设写操作是由服务器 Sy 来处理的，此时 Sy 的向量时钟为 D3([Sx, 2], [Sy, 1]))。

4．客户端 D 读取最新的 D2，将其更新成 D4 并写回系统。假设写操作是由服务器 Sz 来处理的，此时 Sz 的向量时钟为 D4([Sx, 2], [Sy, 1], [Sz, 1])。

5．客户端 E 读取 D3 和 D4 时，发现数据存在冲突，因为数据项 D2 被 Sy 和 Sz 修改了。客户端解决了冲突，并且把更新后的数据发给服务器。假设写操作是由 Sx 来处理的，那么此时 Sx 的向量时钟为 D5([Sx, 3], [Sy, 1], [Sz, 1])。我们稍后会解释如何检测冲突。

使用向量时钟，很容易判断版本 *X* 是否为版本 *Y* 的祖先（即是否有冲突）——只需要检查版本 *Y* 的向量时钟中每个参与者的版本号是否都大于或者等于版本 *X* 的，如果是，那么版本 *X* 即为版本 *Y* 的祖先。举个例子，向量时钟 D([s0, 1], [s1, 1])]就是 D([s0, 1], [s1, 2]) 的祖先。因此，没有冲突被记录。

类似地，如果版本 *Y* 的向量时钟中某一个参与者的版本号小于版本 *X* 中对应参与者的版本号，我们就可以判断出版本 *X* 是版本 *Y* 的同辈（即存在冲突的情况）。例如，向量时钟 D([s0, 1], [s1, 2])]和 D([s0, 2], [s1, 1]) 就存在冲突。

尽管向量时钟可以解决冲突，它也有两个缺点值得注意。

第一，向量时钟增加了客户端的复杂性，因为客户端需要实现冲突解决逻辑。

第二，向量时钟中的[服务器，版本号]数据对可能会迅速增长。为了解决这个问题，我们设定了长度阈值，如果超过了阈值，最老的数据对就会被移除。这可能会导致协调效率下降，因为无法准确地判断后代关系。但是，根据论文“Dynamo: Amazon’s Highly Available Key-value Store”中的描述，亚马逊还没有在生产环境中遇到过这个问题。因此，对大部分公司来说，这可能是一个可接受的解决方案。

6.3.7 处理故障

对于任何大型系统，故障不仅是不可避免的，而且还很常见。处理故障场景非常重要。在本节中，我们先介绍检测故障的技术，然后讨论常见的故障处理策略。

故障检测

在分布式系统中，不能仅凭服务器 A 说服务器 B 出了故障就断定服务器 B 真的出了故障。通常，至少需要两个独立的信息源才能标记一个服务器出故障了。

如图 6-10 所示，全对全多播（All-to-All Multicasting）是一个简单明了的解决方案。但是，当系统中有很多服务器时，这种方法效率较低。

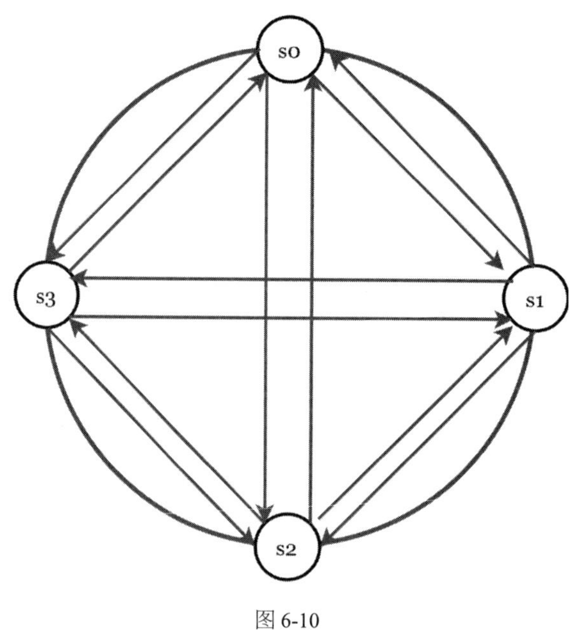

图 6-10

使用去中心化的故障检测方法，比如 Gossip 协议，是一个更好的解决方案。Gossip 协议的工作原理如下所述。

- 每个节点维护一个节点成员列表，其中包括成员 ID 和心跳计数。
- 每个节点定期地增加自己的心跳计数。
- 每个节点定期地给一组随机节点发送心跳信号，这些节点又会将心跳信号接着传递给另一组节点。
- 一旦节点收到心跳信号，就会据此更新成员列表。
- 如果心跳计数在预定时间内没有增加，该成员就被认为宕机了。

如图 6-11 所示：

- 节点 s0 维护着左侧的节点成员列表。
- 节点 s0 发现节点 s2（成员 ID=2）的心跳计数很长时间都没有增加了。
- 节点 s0 将包含 s2 信息的心跳信号发送给一组随机节点。一旦其他节点确认 s2 的心跳计数很长时间没有更新，节点 s2 就被标记为已发生故障，这个信息也会被传播给其他节点。

发现 s2 出故障了

s0 的成员列表

成员 ID	心跳计数	时间
0	10232	12:00:01
1	10224	12:00:10
2	**9908**	**11:58:02**
3	10237	12:00:20
4	10234	12:00:34

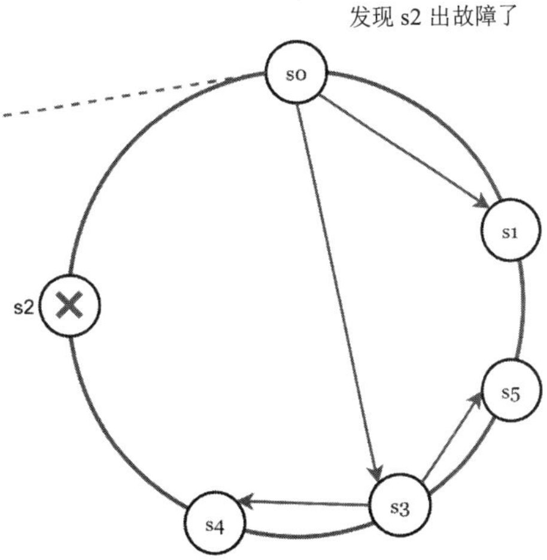

图 6-11

处理临时故障

通过 Gossip 协议发现故障后，系统需要采取某种机制来确保可用性。在严格的仲裁协议中，读写操作可能会被阻塞，如 6.3.5 节所述。

一种叫作“松散仲裁”（Sloppy Quorum）[①]的技术被用来提高可用性。与强制执行仲裁要求不同，这种技术选择在哈希环上最先发现的 W 个正常工作的服务器来进行写操作，并选择在哈希环上最先发现的 R 个正常工作的服务器来进行读操作。发生故障的服务器将被忽略。

如果一个服务器因为网络或者服务器故障而不可用，另一个服务器会临时处理请求。当该服务器恢复运行时，变更会被推送回来以实现数据一致性。这个过程被称为暗示性传递（Hinted Handoff）。在图 6-12 中，因为服务器 s2 不可用，读/写操作将由服务器 s3 临

① 请参阅亚马逊的论文“Dynamo: Amazon’s Highly Available Key-value Store”。

时处理。当 s2 恢复在线时，s3 会把数据发回给 s2。

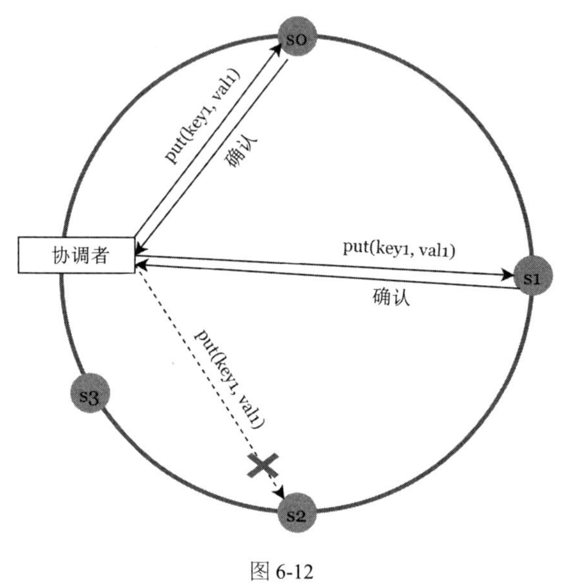

图 6-12

处理永久故障

暗示性传递被用来处理临时故障。那么，如果一个副本永久不可用该怎么办？为了应对这种情形，我们实现了反熵协议（Anti-entropy Protocol）来保持副本同步。反熵需要比较副本上的每条数据并将每个副本都更新到最新的版本。Merkle 树被用来检测不一致性并最小化数据传输量。

哈希树也叫作 Merkle 树，对于每个非叶节点，它的标记是基于其子节点的标签或值进行的哈希运算得到的结果。如果该节点是叶子节点，那么其标记直接由该叶子节点的值进行哈希运算得到。哈希树可以高效和安全地验证大型数据结构的内容。[①]

假设键空间是从 1 到 12，下面的步骤展示了如何构建一个 Merkle 树。灰底的格子标出了不一致的地方。

第一步：把键空间分成不同的桶（在我们的例子中有 4 个桶），如图 6-13 所示。桶用作根节点以维护树的有限深度。

---

① 参阅维基百科上的词条“Merkle Tree”。

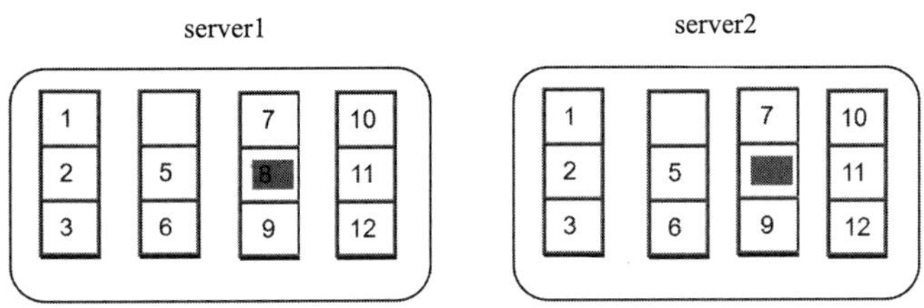

图 6-13

第二步：一旦创建了桶，就把桶里的每个键都用一致哈希方法（Uniform Hashing Method）计算哈希值（见图 6-14）。

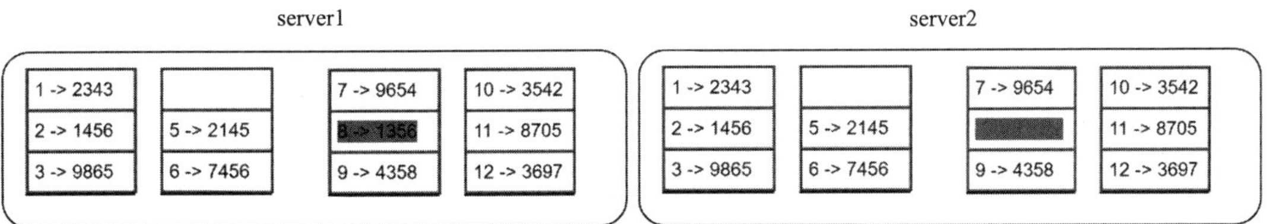

图 6-14

第三步：为每个桶创建一个哈希节点（见图 6-15）。

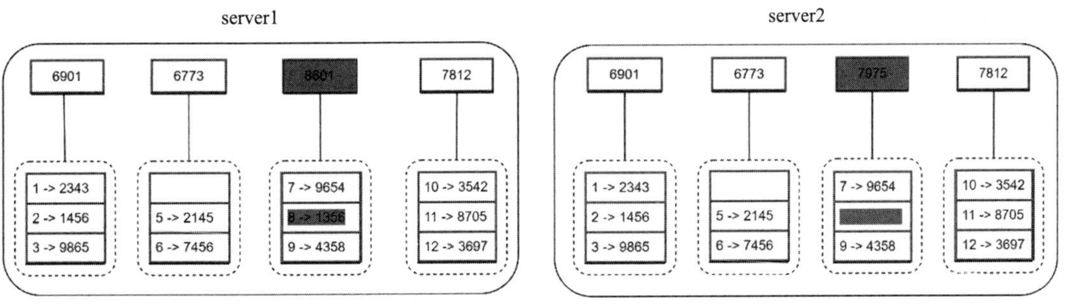

图 6-15

第四步：向上构建树，直到根节点，通过计算子节点的哈希值来得到父节点的哈希值（见图 6-16）。

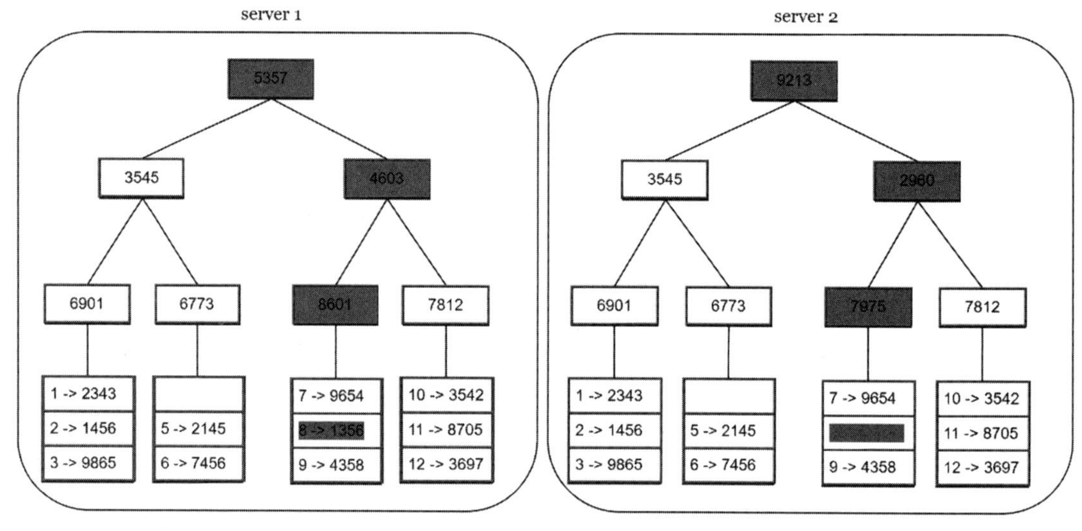

图 6-16

比较两个 Merkle 树是从比较根节点的哈希值开始的。如果根节点的哈希值匹配上了，则表示两个服务器有同样的数据。如果根节点的哈希值不一样，那么采用“先左后右”的顺序来比较子节点的哈希值。你可以遍历这两个 Merkle 树来找出哪些桶不同步并同步这些桶。

使用 Merkle 树，需要同步的数据量是与两个副本间的差异成比例的，而不是与副本包含的整体数据量成比例。在真实世界的系统中，桶的数量非常大。例如，一个可能的配置是 100 万个桶对应 10 亿个键，每个桶包含 1000 个键。

处理数据中心故障

因为电力中断、网络故障、自然灾害等原因，数据中心有可能发生故障。要构建一个可以处理数据中心故障的系统，在多个数据中心之间复制数据至关重要。就算某个数据中心完全无法工作，用户依然可以从其他数据中心获取数据。

6.3.8 系统架构图

我们已经讨论了设计键值存储系统时的不同技术考量，现在可以把关注点放到架构图上了，如图 6-17 所示。

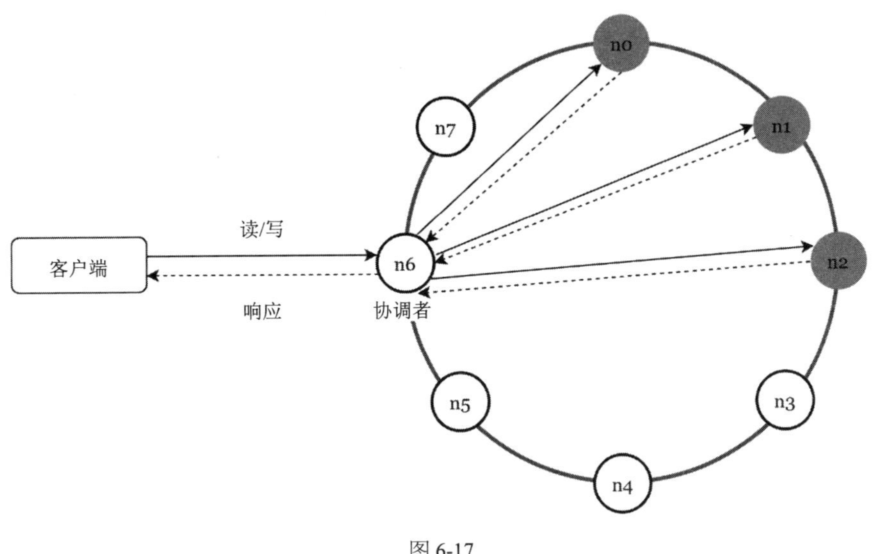

图 6-17

该系统架构的主要特点如下：

- 客户端与键值存储系统之间通过简单的 API 通信：get(key)和 put(key, value)。
- 协调者是一个节点，在客户端和键值存储系统之间充当代理。
- 节点通过一致性哈希分布在哈希环上。
- 系统完全去中心化，所以添加和移除节点的工作完全可以自动进行。
- 数据被复制到多个节点。
- 因为每个节点有同样的职责，所以没有单点故障。

因为这个设计是去中心化的，所以每个节点都需要执行图 6-18 中所示的任务。

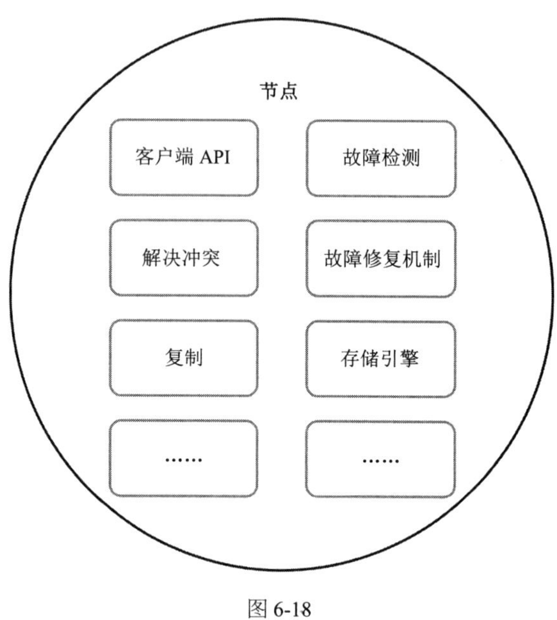

图 6-18

6.3.9 写路径

图 6-19 解释了写请求被导向到某个特定节点后会发生什么。请注意，下面推荐的关于写/读路径的设计主要基于 Cassandra 的架构[①]。

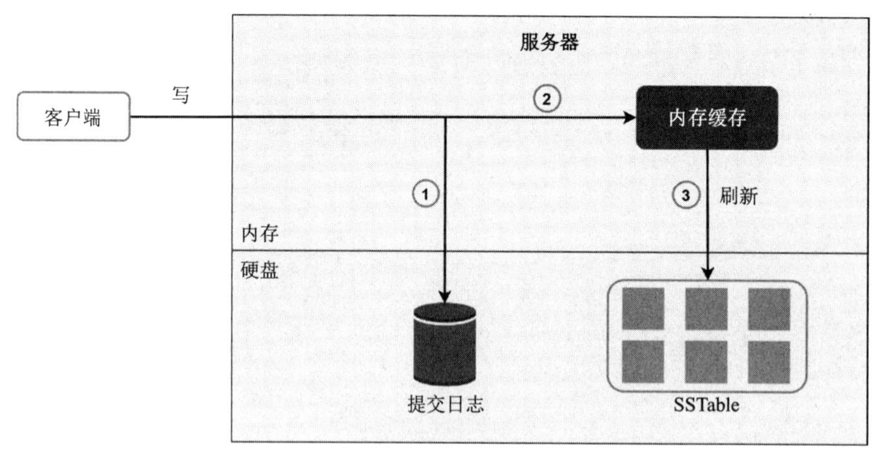

图 6-19

① 参见 Cassandra 官网上的文档的“Architecture”小节。

1．写请求在提交日志（Commit Log）文件中被持久化。

2．数据被保存在内存缓存中。

3．当内存缓存已满或者达到预定的阈值时，数据会被刷新到硬盘上的 SSTable[①]。请注意，SSTable（Sorted-String Table，有序字符串表）是一个排过序的<键，值>对列表。对 SStable 感兴趣的读者可以自行阅读 Ilya Grigorik 发表在网站 igvita 上的文章“SSTable and Log Structured Storage: LevelDB”。

6.3.10 读路径

在一个读请求被导向到某个特定节点后，系统会先检查数据是否在内存缓存中。如果是，数据将被返回给客户端，如图 6-20 所示。

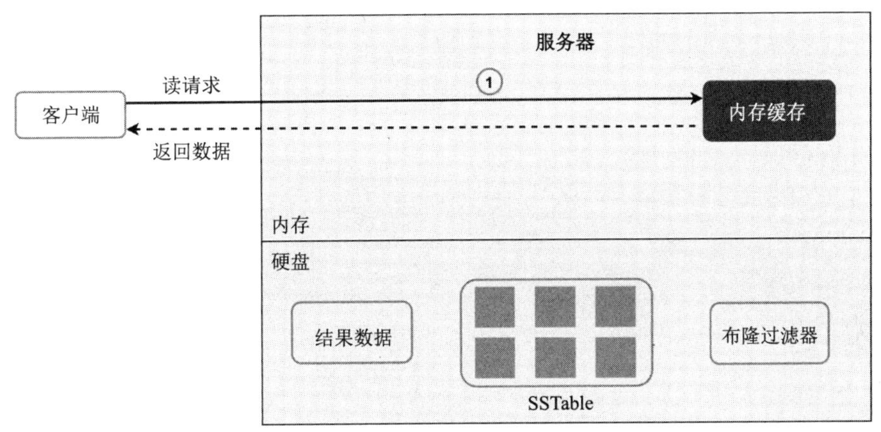

图 6-20

如果数据不在内存缓存中，系统会从硬盘检索数据。我们需要用一个高效的方法来找出哪个 SSTable 包含所需的数据。布隆过滤器（Bloom Filter）[②]通常被用来解决这个问题。

当数据不在内存缓存中时，读路径如图 6-21 所示。

---

① 请参阅 Shopify 工程师 Ilya Grigorik 的文章“SSTable and Log Structured Storage: LevelDB”。

② 请参阅维基百科上的“Bloom Filter”词条。

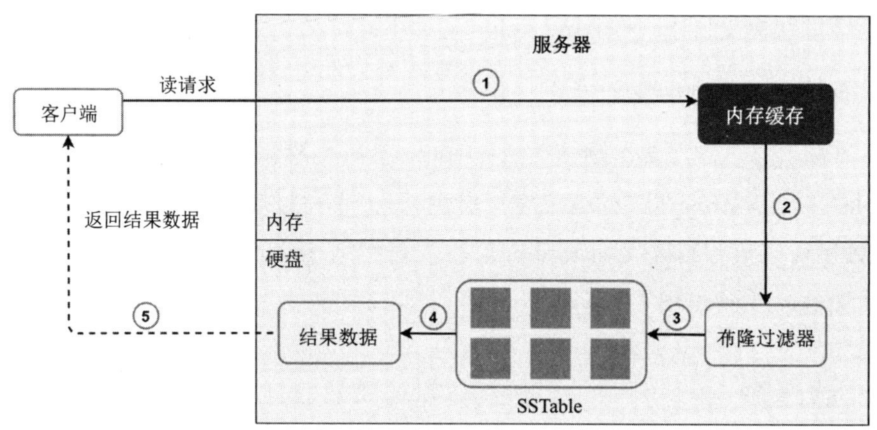

图 6-21

1. 系统首先检查数据是否在内存缓存中，如果不在，则转到第 2 步。

2. 检查布隆过滤器。

3. 通过布隆过滤器确定哪个 SSTable 可能包含这个键。

4. SSTable 返回结果数据。

5. 结果数据被返回给客户端。

6.4 总结

本章讲了很多概念和技术。为了巩固你的记忆，下面的表 6-2 总结了分布式键值存储的特性和对应技术。

表 6-2

目标/问题	技 术
存储大数据的能力	使用一致性哈希把负载分散到各个服务器上
高可用地读	数据复制 设置多数据中心
高可用地写	版本控制，通过向量时钟来制定冲突解决方案
数据集分区	一致性哈希
增量可扩展性	一致性哈希

续表

目标/问题	技　术
异质性	一致性哈希
可调一致性	仲裁一致性
处理暂时故障	松散仲裁和暗示性传递
处理永久故障	Merkle 树
处理数据中心故障	跨数据中心复制

7 设计分布式系统中的唯一 ID 生成器

在本章中，你被要求设计分布式系统中的唯一 ID 生成器。你首先想到的可能是使用传统数据库中有自增（auto_increment）属性的主键。但是，自增属性在分布式环境中不好用，因为单数据库服务器不够大，而在多个数据库之间生成唯一 ID 且只容忍极低的延时是很具有挑战性的。

图 7-1 给出了一些唯一 ID 的例子。

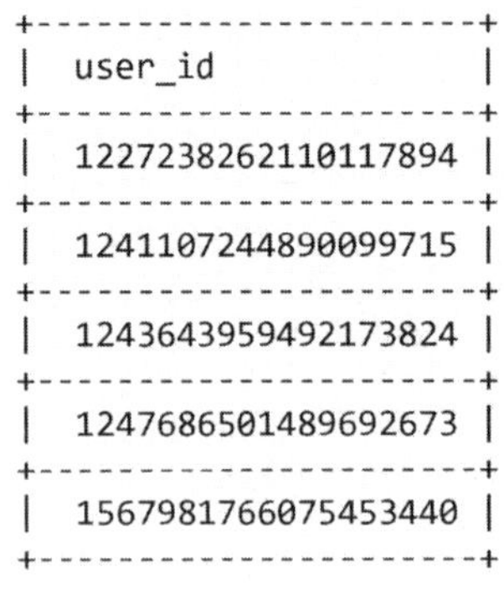

user_id
1227238262110117894
1241107244890099715
1243643959492173824
1247686501489692673
1567981766075453440

图 7-1

7.1 第一步：理解问题并确定设计的边界

澄清问题是解决所有系统设计面试问题的第一步。这里展示一个候选人与面试官对话的例子。

候选人：唯一 ID 的特征是什么？

面试官：ID 必须是唯一且可排序的。

候选人：对每个新记录，ID 是否递增 1？

面试官：ID 随着时间增加但并不一定只增加 1。在同一天中，夜里创建的 ID 要比早上创建的大。

候选人：ID 只包含数字吗？

面试官：是的。

候选人：对 ID 的长度有什么要求？

面试官：ID 长度应该为 64 位。

候选人：系统的规模是多大？

面试官：系统应该可以每秒生成 10,000 个 ID。

像上面这样的问题，你都可以问面试官。理解需求和澄清模糊点是非常重要的。就这个面试题而言，其需求如下：

- ID 必须是唯一的。
- ID 只包含数字。
- ID 长为 64 位。
- ID 按日期排序。
- 可以每秒生成超过 10,000 个唯一 ID。

7.2 第二步：提议高层级的设计并获得认同

在分布式系统中，有多个方法可以用来生成唯一 ID。我们考虑的方法有：

- 多主复制（Multi-master Replication）。
- 通用唯一标识符（Universally Unique Identifier，UUID）。
- 工单服务器（Ticket Server）。
- 推特的雪花（Snowflake）系统。

我们来看看它们的工作原理以及优缺点。

7.2.1 多主复制

如图 7-2 所示，第一个方法是多主复制。

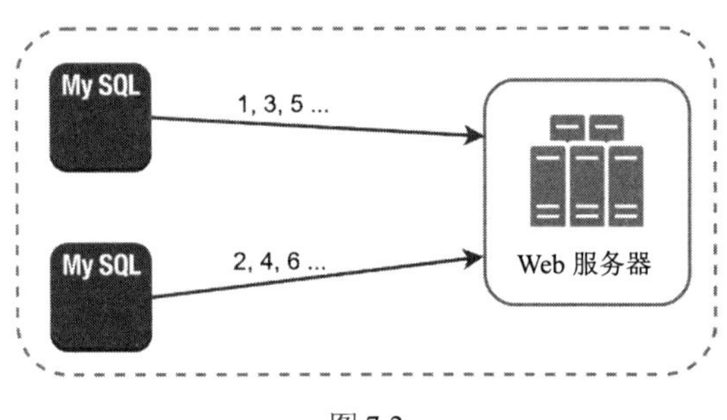

图 7-2

这个方法利用了数据库的自增特性。我们并不是把下一个 ID 加 1，而是加 k，这里 k 是正在使用的服务器数量。在图 7-2 中，生成的下一个 ID 等于同一个服务器上的前一个 ID 加 2。这种方法解决了一些可扩展性问题，因为 ID 可以随着服务器数量的增加而同步扩展。但是这个方法也有一些重大缺点。

- 很难与多个数据中心一起扩展，需要进行额外的同步和协调操作。
- 在分布式环境下，多个服务器同时生成 ID，可能导致 ID 并不连续，也即 ID 并不随时间递增。
- 当服务器被添加或者移除时，ID 不能很好地随之变化。

7.2.2 UUID

UUID 是另一种获取唯一 ID 的简单方法。UUID 是一个 128 位的数字，用来标识计算机系统中的信息。UUID 重复的概率非常低。这里引用维基百科的说法，“每秒产生 10 亿个 UUID 且持续约 100 年，产生一个重复 UUID 的概率才达到 50%。”[①]。

下面是一个 UUID 的例子：09c93e62-50b4-468d-bf8a-c07e1040bfb2。UUID 可以独立地生成而不需要在服务器之间做任何协调。图 7-3 展示了采用 UUID 的设计。在这个设计中，每个 Web 服务器都含有一个 ID 生成器且负责独立地生成 ID。

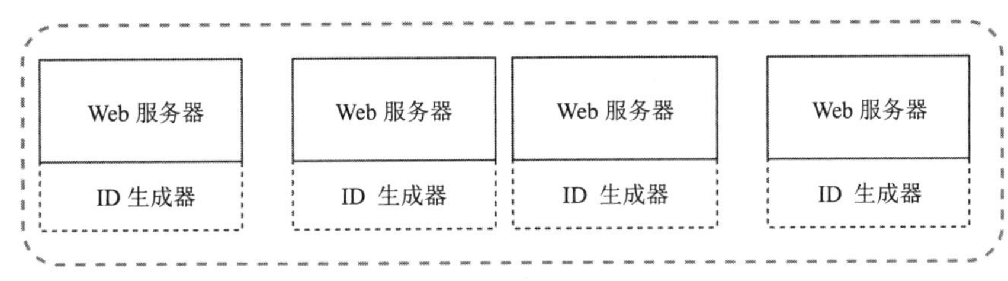

图 7-3

UUID 方法的优点是：

- 生成 ID 很简单。服务器之间不需要任何协调，所以不会有任何同步问题。
- 系统易于扩展，因为每个 Web 服务器只负责生成它们自己使用的 ID。ID 生成器可以很容易地随 Web 服务器一起扩展。

其缺点是：

- ID 长 128 位，但是我们要求的是 64 位。
- ID 并不随时间增加。
- ID 可能是非数字的。

7.2.3 工单服务器

工单服务器也是生成唯一 ID 的重要方法。Flicker 研发了工单服务器来生成分布式主键。值得一提的是这个方法的工作原理。

这个方法的思想是利用中心化的单数据库服务器（工单服务器）的自增特性（参见图 7-4）。想要了解此方法的更多信息，请参考 Flicker 的工程博客文章“Ticket Servers: Distributed Unique Primary Keys on the Cheap”。

---

① 参见维基百科上的词条“Universally Unique Identifier”。

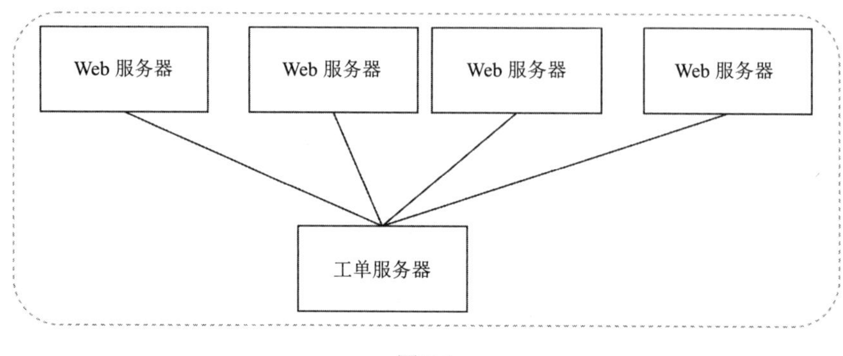

图 7-4

工单服务器方法的优点是：

- ID 为数字。
- 容易实现，适用于中小型应用。

其缺点是存在单点故障。单个工单服务器意味着，如果这个服务器发生故障，所有依赖于它的系统就都会面临问题。为了避免单点故障，我们可以设置多个工单服务器。但是这会引入新的挑战，比如数据同步问题。

7.2.4 推特的雪花系统

前面介绍了几个 ID 生成方法的原理，但是这些方法中没有一个满足我们的特定需求，因此我们需要另一种方法。推特的唯一 ID 生成系统叫作“Snowflake”（雪花）[①]，它很有启发性，而且能满足我们的需求。

分布解决是个好办法。我们不直接生成一个 ID，而是把一个 ID 分成不同的部分。图 7-5 展示了一个 64 位 ID 的构成。

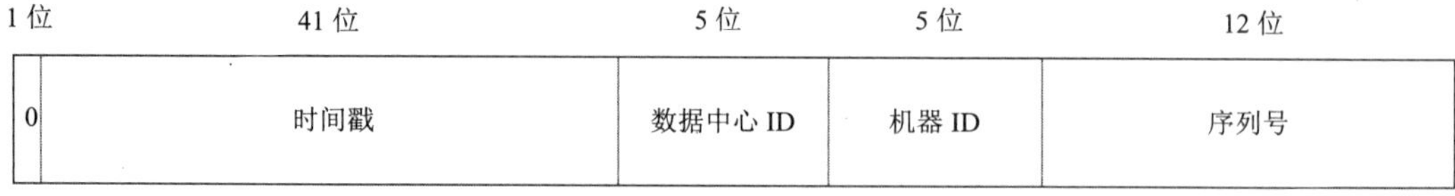

图 7-5

① 请参阅推特工程博客文章“Announcing Snowflake”。

每个部分的含义如下所述。

- 符号位（1 位）：它始终为数字 0，留作未来使用。它有可能被用来区分有符号数和无符号数。
- 时间戳（41 位）：它是从纪元或者自定义纪元开始以来的毫秒数。我们使用 Snowflake 默认纪元（epoch）1,288,834,974,657，相当于 UTC 时间 2010 年 11 月 4 日 01:42:54。
- 数据中心 ID（5 位）：最多可以有 32 个（2^5）数据中心。
- 机器 ID（5 位）：每个数据中心最多可以有 32 台（2^5）机器。
- 序列号（12 位）：对于某个机器/进程，每生成一个 ID，序列号就加 1。这个数字每毫秒开始时都会被重置为 0。

7.3　第三步：设计继续深入

在 7.2 节中，我们讨论了在分布式系统中设计唯一 ID 生成器的各种方法，最后选择了基于推特 Snowflake ID 生成器的方法。接下来，我们进行深入的设计。为了唤醒大家的记忆，将设计图（如图 7-6 所示）再次放在下面。

1 位	41 位	5 位	5 位	12 位
0	时间戳	数据中心 ID	机器 ID	序列号

图 7-6

数据中心 ID 和机器 ID 通常在起始阶段就选好了，一旦系统运行起来，这两个部分就是固定的。对数据中心 ID 和机器 ID 所做的任何更改都需要仔细审查，因为对这些值的意外改动可能会导致 ID 冲突。时间戳和序列号是在 ID 生成器运行后才生成的。

时间戳

41 位的时间戳是 ID 中最重要的部分。随着时间的推移，时间戳不断增长，因此 ID 可以按时间排序。图 7-7 展示了一个例子，将二进制表示的时间戳转换成 UTC 时间。你也可以用类似的方法把 UTC 时间转换成二进制表示。

41 位能表示的最大时间戳是 $2^{41}-1$，即 2,199,023,255,551 毫秒（ms），约等于 69 年（计算方法为 2,199,023,255,551÷1000÷365÷24÷3600）。这意味着 ID 生成器可以工作约 69 年。如果我们把纪元开始时间定制得离今天的日期足够近，就可以延迟溢出时间。69 年后，我们需要一个新的纪元时间或者采用别的技术来迁移 ID。

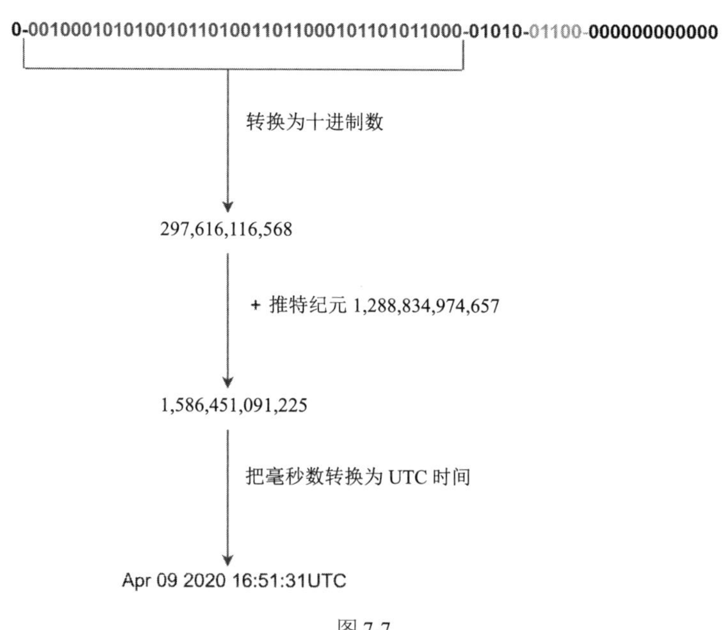

图 7-7

序列号

序列号有 12 位，相当于 4096 种组合（2^{12}）。这个部分一般是 0，除非在 1 毫秒内同一个服务器生成了多个 ID。理论上，一个服务器每毫秒最多生成 4096 个新 ID。

7.4 第四步：总结

在本章中，我们讨论了设计一个唯一 ID 生成器的不同方法：多主复制、UUID、工单服务器和类似推特 Snowflake 的唯一 ID 生成器。我们最后选择了 Snowflake，因为它支持我们的所有用例，并且可以在分布式环境中扩展。

如果在面试的最后还有一些时间，你可以讨论下面这些议题。

- 时钟同步。在我们的设计里，我们假设生成 ID 的服务器都有同样的时钟。但是，当服务器运行在多核上时，这个假设可能并不成立。在多机器的场景中也存在同样的挑战。时钟同步的解决方案不在本书的讨论范围内；但是，知道这个问题的存在是很重要的。网络时间协议（NTP）是这个问题最流行的解决方案。感兴趣的读者可以参阅维基百科中的“Network Time Protocol”词条。
- 调整 ID 各部分的长度。比如，对于低并发且长时间持续运行的应用，减少序列号部分的长度，增加时间戳部分的长度，生成的 ID 会更高效。
- 高可用性。因为 ID 生成器是一个非常关键的系统，所以它必须是高可用的。

恭喜你已经看到这里了。给自己一些鼓励。干得不错！

8 设计 URL 缩短器

在本章中，我们将解决一个有趣且经典的系统设计面试问题：设计类似 TinyURL 的 URL 缩短器。

8.1 第一步：理解问题并确定设计的边界

系统设计面试问题都是有意保持开放性的。为了设计一个完善的系统，通过提问来厘清需求是很重要的。

候选人：你能给一个 URL 缩短器如何工作的例子吗？

面试官：假设 https://www.systeminterview.com/q=chatsystem&c=loggedin&v=v3&l=long 是原 URL，你的服务应该可以创建一个更短的 URL（短链接）：https://tinyurl. com/y7keocwj，将其作为原 URL 的别名。如果点击这个短链接，它就可以把你重新导向至原 URL。

候选人：业务量有多大？

面试官：每天要生成 1 亿个 URL。

候选人：短链接的长度是多少？

面试官：越短越好。

候选人：短链接中允许有哪些字符？

面试官：短链接可以是数字（0~9）和字母（a~z、A~Z）的组合。

候选人：短链接可以被删除或者更新吗？

面试官：为简单起见，我们假设短链接不能被删除或者更新。

以下是一些基本用例。

1. 缩短 URL：提供一个长 URL，返回一个短很多的 URL。

2. 重定向 URL：提供一个缩短了的 URL，重定向到原 URL。

3. 高可用、可扩展性和容错性考量。

8.1.1 封底估算

- 写操作：每天生成 1 亿个 URL。
- 每秒的写操作数：1 亿÷24÷3600≈1160。
- 每秒的读操作数：假设读操作与写操作的比例是 10:1，那么每秒的读操作数是 1160×10 = 11,600。
- 假设 URL 缩短器会运行 10 年，这意味着我们必须支持 1 亿×365×10 = 3650 亿条记录。
- 假设 URL 的平均长度是 100 个字符，那么 10 年的存储容量需求是：3650 亿×100 字节≈36.5 TB。

与面试官一起审查这些假设和估算很重要，这样能确保你们俩对系统需求有相同的理解。

8.2 第二步：提出高层级的设计并获得认同

在这一节，我们将讨论 API 端点、URL 重定向和 URL 缩短的相关流程。

8.2.1 API 端点

API 端点有利于客户端和服务器之间的通信。我们会把 API 设计成 REST 风格。如果你不熟悉 REST 风格的 API，可以参阅一些文章，比如 RestapiTutorial 网站上的文章。一个 URL 缩短器主要需要两个 API 端点。

1．缩短 URL。为了创建一个短 URL，客户端会发送一个 POST 请求，它包含一个参数——原始的长 URL。API 看起来像下面这样：

```
POST api/v1/data/shorten
```

- 请求参数：{longUrl: longURLString}。
- 返回短 URL。

2．重定向 URL。为了把短 URL 重定向到对应的长 URL，客户端会发送 GET 请求。API 看起来像下面这样：

```
GET api/v1/shortUrl
```

返回长 URL 以进行 HTTP 重定向。

8.2.2 URL 重定向

图 8-1 展示了当你在浏览器中输入一个经过缩短的 TinyURL 网址时会发生什么。一旦服务器收到一个 TinyURL 请求，就会通过 301 重定向把短 URL 换成长 URL。

```
Request URL: https://tinyurl.com/qtj5opu
Request Method: GET
Status Code: 301
Remote Address: [2606:4700:10::6814:391e]:443
Referrer Policy: no-referrer-when-downgrade

▾ Response Headers
alt-svc: h3-27=":443"; ma=86400, h3-25=":443"; ma=86400, h3-24=":443"; ma=86400, h3-23=":443"; ma=86400
cache-control: max-age=0, no-cache, private
cf-cache-status: DYNAMIC
cf-ray: 581fbd8ac986ed33-SJC
content-type: text/html; charset=UTF-8
date: Fri, 10 Apr 2020 22:00:23 GMT
expect-ct: max-age=604800, report-uri="https://report-uri.cloudflare.com/cdn-cgi/beacon/expect-ct"
location: https://www.amazon.com/dp/B017V4NTFA?pLink=63eaef76-979c-4d&ref=adblp13nvvxx_0_2_im
```

图 8-1

客户端和服务器之间的详细通信信息如图 8-2 所示。

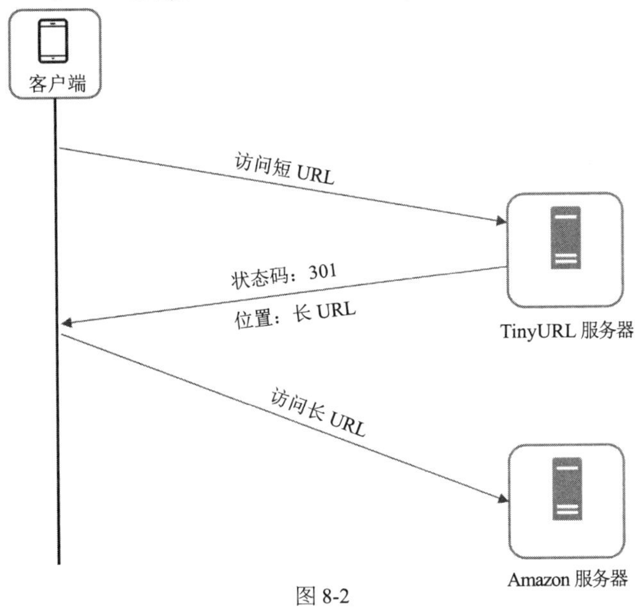

图 8-2

这里有一件事值得讨论，那就是 301 重定向与 302 重定向。

301 重定向：意味着所请求的 URL“永久”移动到长 URL。因为是永久重定向，所以浏览器会缓存该响应，以后对同一个 URL 的请求就不会发给 URL 缩短服务器了，而会将其直接重定向到长 URL 服务器。

302 重定向：意味着 URL“暂时”移动到长 URL，这也意味着对于同一个 URL 的后续请求会先发给 URL 缩短服务器，然后它们才会被重定向到长 URL 服务器。

每种重定向方法都有自己的优缺点。如果降低服务器的负载是需要优先考虑的事项，使用 301 重定向就是合适的，因为对于同一个 URL 只有第一次请求会被发到 URL 缩短服务器上。但是如果数据分析很重要，那么 302 重定向就是更好的选择，因为它可以更轻松地跟踪点击率和点击来源。

实现 URL 重定向的最直观的方法就是使用哈希表。假设哈希表存储了<shortURL, longURL>键值对，可以通过以下步骤实现 URL 重定向。

- 获取长 URL：longURL= hashTable.get(shortURL)。

- 一旦获取了长 URL，就实施 URL 重定向。

8.2.3 缩短 URL

我们假设短 URL 的格式为：www.tinyurl.com/**{hashValue}**。为了支持 URL 缩短的使用场景，我们必须找到一个哈希函数 *fx*，它可以把长 URL（longURL）映射成哈希值，如图 8-3 所示。

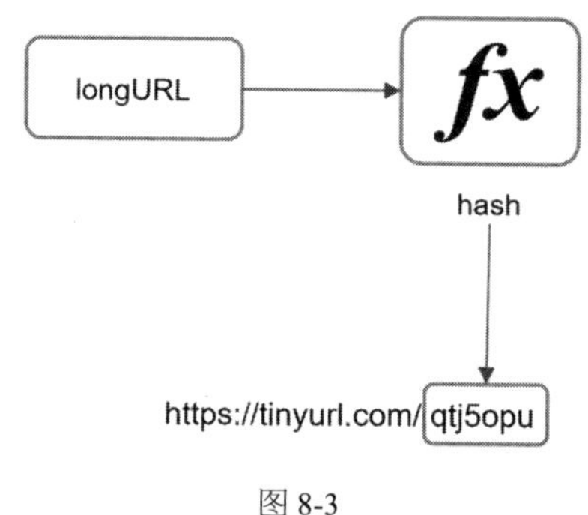

图 8-3

这个哈希函数必须满足下面的要求：

- 每个长 URL 必须可以通过哈希函数转换成一个哈希值（hashValue）。
- 每个哈希值可以被映射回原始的长 URL。

我们将在 8.3 节探讨哈希函数的详细设计。

8.3 第三步：设计继续深入

到目前为止，我们讨论了 URL 缩短和 URL 重定向的高层级设计。在本节中，我们会深入探讨以下内容：数据模型、哈希函数、URL 缩短和 URL 重定向。

8.3.1 数据模型

在高层级设计中，所有的数据都被存储在哈希表中。这是一个很好的起点，但是在现实世界中内存资源是有限且昂贵的，因此这个方法并不可行。更好的选择是在关系型数据库中存储<shortURL, longURL>的映射。图 8-4 展示了一个简单的数据库表设计。这个简化版的表包含 3 列：id、shortURL（短 URL）、longURL（长 URL）。

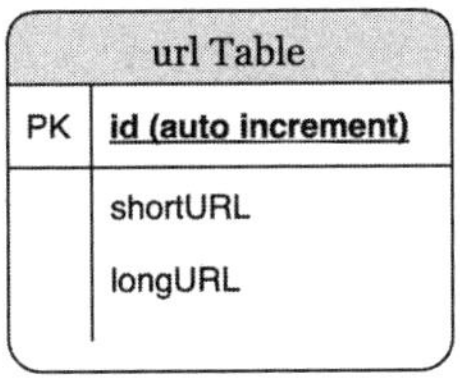

url Table

PK	id (auto increment)
	shortURL
	longURL

图 8-4

8.3.2 哈希函数

哈希函数用于将长 URL 哈希成短 URL，这个短 URL 也叫作哈希值（hashValue）。

哈希值的长度

哈希值由数字（0~9）和字母（a~z、A~Z）组成，包含 62 种可能的字符（10 个数字+ 26 个小写字母 + 26 个大写字母 =62）。为了确定合适的哈希值长度，我们需要找到最小的 *n*，使得 62 的 *n* 次幂小于或等于 3650 亿。根据之前的估算，系统需要支持高达 3650 亿个 URL。表 8-1 展示了随 *n* 的变化其对应支持的最大 URL 数量。

表 8-1

n	支持的最大 URL 数量
1	$62^1=62$
2	$62^2=3,844$
3	$62^3=238,328$
4	$62^4=14,776,336$
5	$62^5=916,132,832$
6	$62^6=56,800,235,584$
7	$62^7=3,521,614,606,208\approx3.5$ 万亿

当 $n=7$ 时，$62^7\approx3.5$ 万亿，足够支持 3650 亿个 URL，所以哈希值的长度应该是 7 位。

我们会探讨两种用于 URL 缩短器的哈希函数。第一种是“哈希+解决冲突”，第二种是“Base 62 转换”。下面我们逐一来看一下。

哈希+解决冲突

为了缩短一个长 URL，我们需要实现一个哈希函数将长 URL 哈希成 7 个字符的字符串。最直接的解决方案是使用那些有名的哈希函数，比如 CRC32、MD5 或者 SHA-1 等。下面的表 8-2 比较了对长 URL "https://en.wikipedia.org /wiki/ Systems_design" 使用不同哈希函数的结果。

表 8-2

哈希函数	哈希值（十六进制）
CRC32	5cb54054
MD5	5a62509a84df9ee03fe1230b9df8b84e
SHA-1	0eeae7916c06853901 d9ccbefbfcaf4de57ed85b

如表 8-2 所示，即使是最短的哈希值（通过 CRC32 算法得到）都太长了（超过 7 个字符）。怎么能让它变得短一些呢？

第一个方法是取哈希值的前 7 个字符，但是这个方法会导致哈希冲突（Hash Collision）。为了解决哈希冲突，我们可以递归地添加一个新的预先设定好的字符串，直到不再发现冲突为止。图 8-5 解释了这个过程。

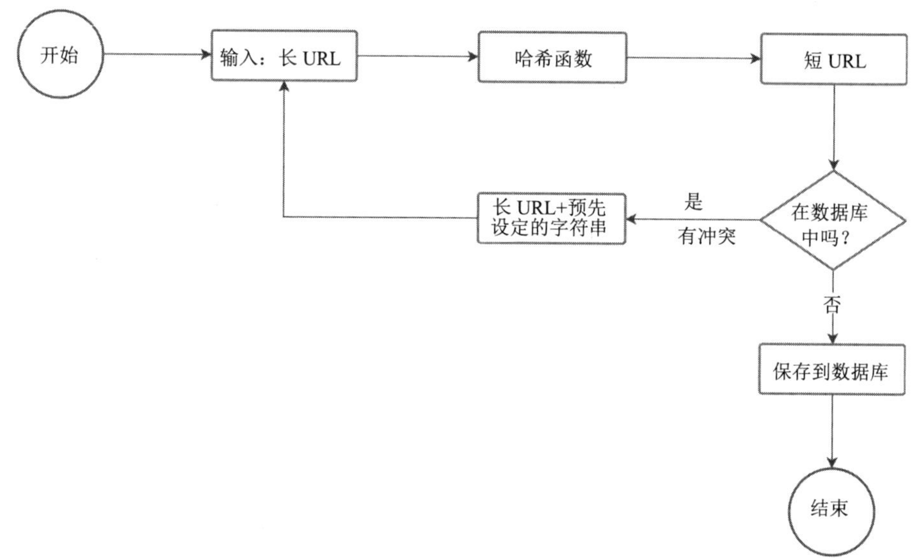

图 8-5

这个方法可以消除哈希冲突，但是对每一个请求都要查询数据库以检查是否存在对应的短 URL，这个成本是很高的。一种叫作布隆过滤器的技术可以提升性能。布隆过滤器是一种高效利用空间的概率性技术，可以用来检测一个元素是否属于某个集合。参考维基百科中“Bloom Filter”词条的相关介绍，可以了解更多细节。

Base 62 转换

基数转换（Base Conversion）是被广泛用于 URL 缩短器的另一种方法。基数转换可以将同一个数字在不同的数值表示系统之间进行转换。用 Base 62 转换是因为一个哈希值中有 62 种可能的字符。下面用一个例子来解释如何进行转换：把 11157_{10} 转换成 Base 62 的表示（11157_{10} 表示的是十进制数 11,157）。

- 从名字可以看出，Base 62 是一种使用 62 个字符来进行编码的方式。其映射关系为：0→0，…，9→9，10→a，11→b，…，35→z，36→A，…，61→Z，其中“a”代表 10，“Z”代表 61，依此类推。
- $11157_{10} = 2\times62^2 + 55\times62^1 + 59\times62^0 = [2, 55, 59]$，转换为 Base 62 的表示就是[2, T, X]。图 8-6 展示了转换过程。
- 因此，短 URL 就是 https://tinyurl.com /**2TX**。

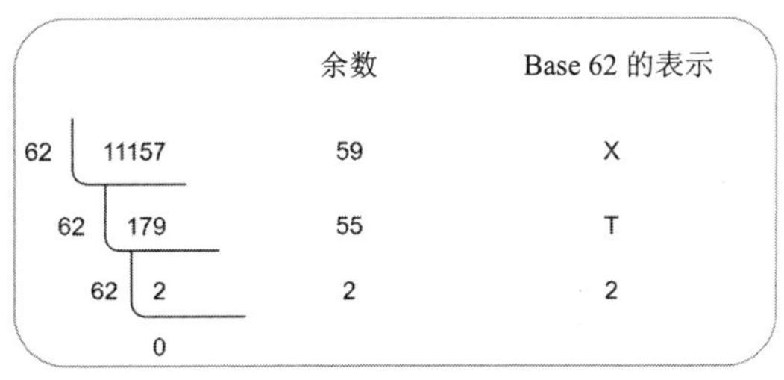

图 8-6

比较两种方法

表 8-3 展示了两种方法的不同点。

表 8-3

哈希+解决冲突	Base 62 转换
短 URL 长度固定	短 URL 长度不固定，会随 ID 变化

续表

哈希+解决冲突	Base 62 转换
不需要唯一 ID 生成器	需要依赖唯一 ID 生成器
可能存在哈希冲突，并且必须解决	不会有冲突，因为 ID 是唯一的
无法知道下一个可用的短 URL 是什么，因为它不依赖于 ID	如果新记录的 ID 会加 1，那么很容易就知道下一个可用的短 URL 是什么。这可能是一个安全隐患

8.3.3 深入探讨 URL 缩短流程

作为系统的核心组成部分之一，URL 缩短流程应该是逻辑简单的，而且能提供我们想要的功能。在我们的设计里使用了 Base 62 转换。图 8-7 展现了这个流程。

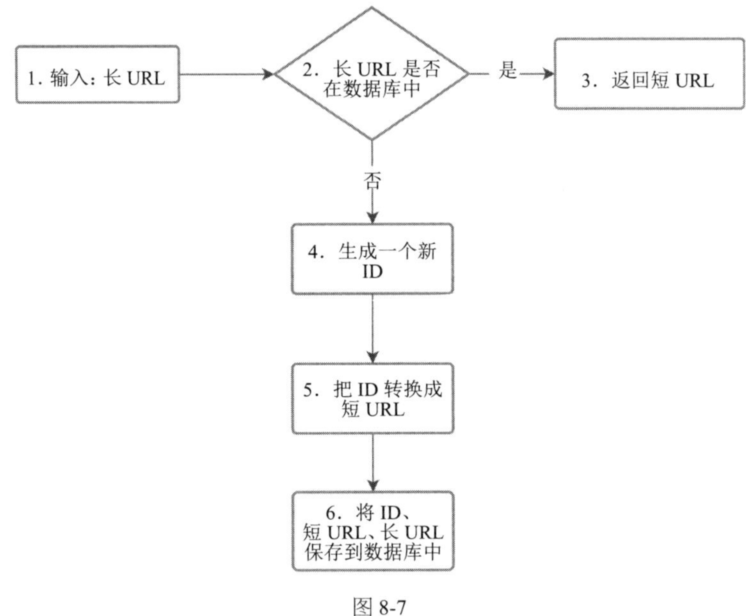

图 8-7

1. 长 URL 是输入。

2. 系统检查数据库中是否有这个长 URL。

3. 如果有，则意味着这个长 URL 此前曾经被转换为短 URL。在这种情况下，从数据库中获取短 URL 并返回给客户端。

4. 如果没有，则说明这是一个新的长 URL。系统通过唯一 ID 生成器生成新的唯一 ID

（主键）。

5．采用 Base 62 转换把这个 ID 转换成短 URL。

6．创建一个新的数据库记录，其中包含 ID、短 URL 和长 URL。

为了更好地理解这个流程，我们来看一个具体的示例。

- 假设输入的长 URL 是 https://en.wikipedia.org/wiki/Systems_design。
- 唯一 ID 生成器返回的 ID 为 2009215674938。
- 用 Base 62 转换把 ID 转成短 URL，即 ID（2009215674938）被转换成“zn9edcu”。
- 将 ID、短 URL 和长 URL 保存到数据库，如表 8-4 所示。

表 8-4

ID	短 URL	长 URL
2009215674938	zn9edcu	https://en.wikipedia.org/wiki/Systems_design

这里，分布式唯一 ID 生成器值得一提。它主要的功能是生成全局唯一的 ID，这个 ID 被用来创建短 URL。在高度分布式的环境中，实现唯一 ID 生成器是很有挑战性的。不过，我们已经在第 7 章中讨论过一些解决方案。你可以复习一下，刷新记忆。

8.3.4 深入探讨 URL 重定向流程

图 8-8 展示了 URL 重定向的详细设计。因为读操作远多于写操作，所以<shortURL，longURL>映射关系被存储在缓存中以提高性能。

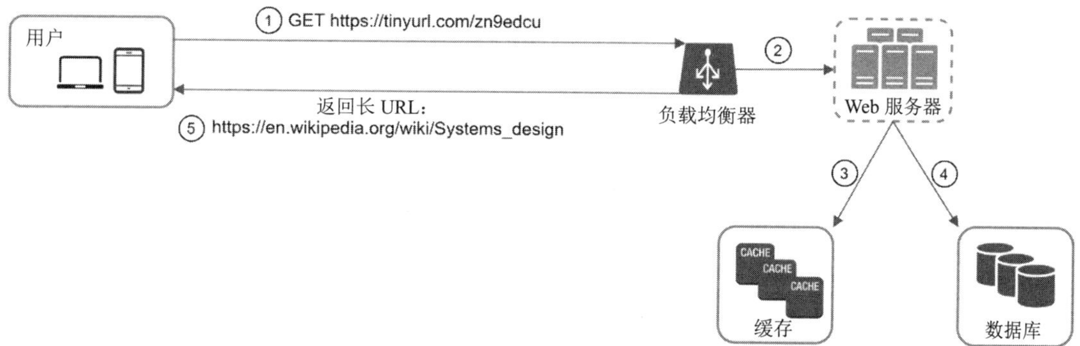

图 8-8

URL 重定向的流程总结如下：

1. 用户点击一个短 URL“https://tinyurl.com/zn9edcu”。

2. 负载均衡器将请求转发给 Web 服务器。

3. 如果短 URL 已经在缓存中，则直接返回对应的长 URL。

4. 如果短 URL 不在缓存中，则从数据库中获取对应的长 URL；如果这个短 URL 不在数据库中，那么有可能用户输入了无效的短 URL。

5. 将长 URL 返回给用户。

8.4 第四步：总结

在本章中，我们讨论了 API 设计、数据模型、哈希函数、URL 缩短和 URL 重定向。

如果在面试的最后还有多余的时间，以下是一些可以讨论的议题。

- 限流器：恶意用户发送海量的 URL 缩短请求是系统可能遇到的一个安全问题。限流器可以帮助我们基于 IP 地址或者其他过滤条件来拦截请求。如果你想回顾关于流量限制的知识，可以参考第 4 章。
- Web 服务器伸缩：因为网络层是无状态的，所以很容易通过添加或移除 Web 服务器来对网络层进行伸缩。
- 数据库扩展：数据库复制和分片是常用的技术。
- 数据分析：对于业务而言，数据变得越来越重要。将数据分析解决方案整合到 URL 缩短器中可以帮助我们回答一些重要问题，比如“有多少用户点击了一个链接？”“他们是什么时候点击的？”。
- 可用性、一致性和可靠性。这些概念是所有大型系统成功的关键。我们在第 1 章中详细讨论过它们，请回顾这些内容。

恭喜你已经看到这里了。给自己一些鼓励。干得不错！

9 设计网络爬虫

在本章，我们重点讨论网络爬虫的设计，这也是一个有趣且经典的系统设计面试问题。

网络爬虫（Web Crawler，下文简称为“爬虫”）也称为机器人（Bot）或者蜘蛛（Spider），被搜索引擎广泛地用于发现网络上的新内容或者更新的内容。这些内容可以是网页、图片、视频、PDF 文件等。爬虫从收集网页开始，然后顺着这些网页上的链接收集新的内容。图 9-1 展示了爬虫爬取页面的示例。

爬虫有很多用途。

- 搜索引擎索引：这是最常见的使用场景。爬虫收集网页并为搜索引擎创建本地索引。例如，Googlebot 就是谷歌搜索引擎背后的爬虫。
- 网页存档：这是指从网上收集信息并保存起来以备未来使用的过程。很多国家图书馆运行爬虫来存档网站，比如美国国会图书馆和欧盟网页存档。
- 网络挖掘：互联网的迅猛发展为数据挖掘提供了前所未有的机会。网络挖掘帮助我们从互联网上发现有用的信息。比如，顶级金融公司使用爬虫来获取关键公司的股东会议信息和年报，从而了解它们的动向。
- 网络监控：爬虫可以帮助监控互联网上的版权和商标侵权行为。例如，Digimarc 公司[①]利用爬虫发现盗版作品并上报。

爬虫开发的复杂性取决于我们想要支持的爬虫规模。它可以是一个小的学校项目，只需要几小时就可以完成，也可以是一个需要专业开发团队持续优化的巨型项目。因此，下面我们会先确定我们需要支持的爬虫规模和特性。

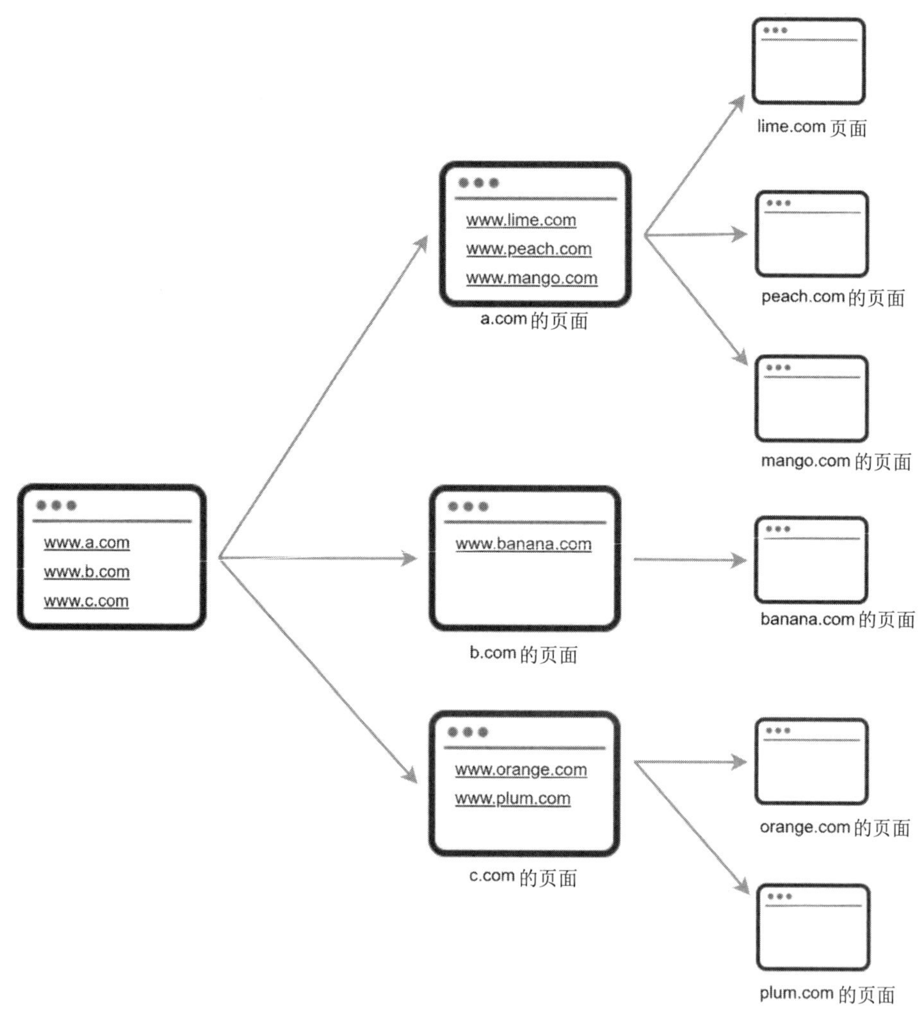

图 9-1

① 访问 Digimarc 公司网站可了解更多详情。

9.1 第一步：理解问题并确定设计的边界

爬虫的基本算法很简单。

1. 给定一组 URL，下载这些 URL 对应的所有网页。

2. 从这些网页中提取 URL。

3. 将新的 URL 添加到需要下载的 URL 列表里。然后重复执行这 3 个步骤。

爬虫的工作真的像基本算法所述的这样简单吗？并不完全是。设计大规模的可扩展爬虫是一个极度复杂的任务。在面试时间内，没有人能设计出一个巨型爬虫。在着手设计之前，我们必须通过提问来理解需求并确定设计的边界。

候选人：爬虫的主要目的是什么？是用于搜索引擎索引、数据挖掘还是其他什么？

面试官：搜索引擎索引。

候选人：爬虫每个月收集多少网页？

面试官：10 亿个。

候选人：包括哪些内容类型？是只有 HTML 页面，还是也包括其他内容类型，比如 PDF 文件、图片等？

面试官：仅包括 HTML 页面。

候选人：我们需要考虑新增的或者有更新的网页吗？

面试官：是的，我们应该要考虑新增的或者有更新的网页。

候选人：我们需要保存从网络上爬取的 HTML 页面吗？

面试官：是的，最多要保存 5 年。

候选人：我们如何处理有重复内容的网页？

面试官：忽略有重复内容的网页。

以上是你可以向面试官提出的问题的一些示例。理解和厘清需求是很重要的。即使你被要求设计一个像爬虫这样简单的产品，你和面试官也可能会有不一样的假设。

除了要与面试官厘清功能需求，还要确定爬虫是否具备如下特性，它们都是一个好的爬虫应该具备的。

- 可扩展性：互联网很庞大，存在数十亿的网页。爬虫需要通过并行化来高效爬取信息。
- 健壮性：网络上充满了陷阱。糟糕的 HTML 页面、无响应的服务器、宕机、恶意链接等都很常见。爬虫必须应对所有这些极端场景。
- 礼貌性：爬虫不应该在很短的时间间隔内对一个网站发送太多请求。
- 可扩展性：系统应该具有灵活性，只需要做最少的更改就能支持新的内容类型。举个例子，如果我们将来想要爬取图片，应该不需要重新设计整个系统。

封底估算

下面的估算基于很多假设，与面试官交流并达成共识很重要。

- 假设每个月要下载 10 亿个网页。
- QPS：1,000,000,000÷30÷24÷3600≈400，即每秒约 400 个网页。
- 峰值 QPS = 2×QPS = 800。
- 假设平均每个网页的大小是 500 KB。
- 每月需要存储 1,000,000,000×500 KB= 500TB。如果你不太熟悉存储单位的含义，请重新阅读第 2 章的 2.1 节。
- 假设数据要保存 5 年，则 500 TB×12×5 = 30 PB，即需要 30 PB 的存储空间来保存 5 年的内容。

9.2 第二步：提议高层级的设计并获得认同

一旦明确了需求，我们就可以考虑高层级设计了。受前人关于爬虫研究的启发[①, ②]，我们提出如图 9-2 所示的高层级设计。

---

① 请参阅杂志 *World Wide Web* 上的文章“Mercator: A Scalable, Extensible Web Crawler”，作者为 Allan Heydon、Marc Najork。

② 请参阅文章“Web Crawling”，作者为 Christopher Olston、Marc Najork。

首先，我们探索每个组件以了解它们的功能，然后一步步分析这个爬虫的工作流程。

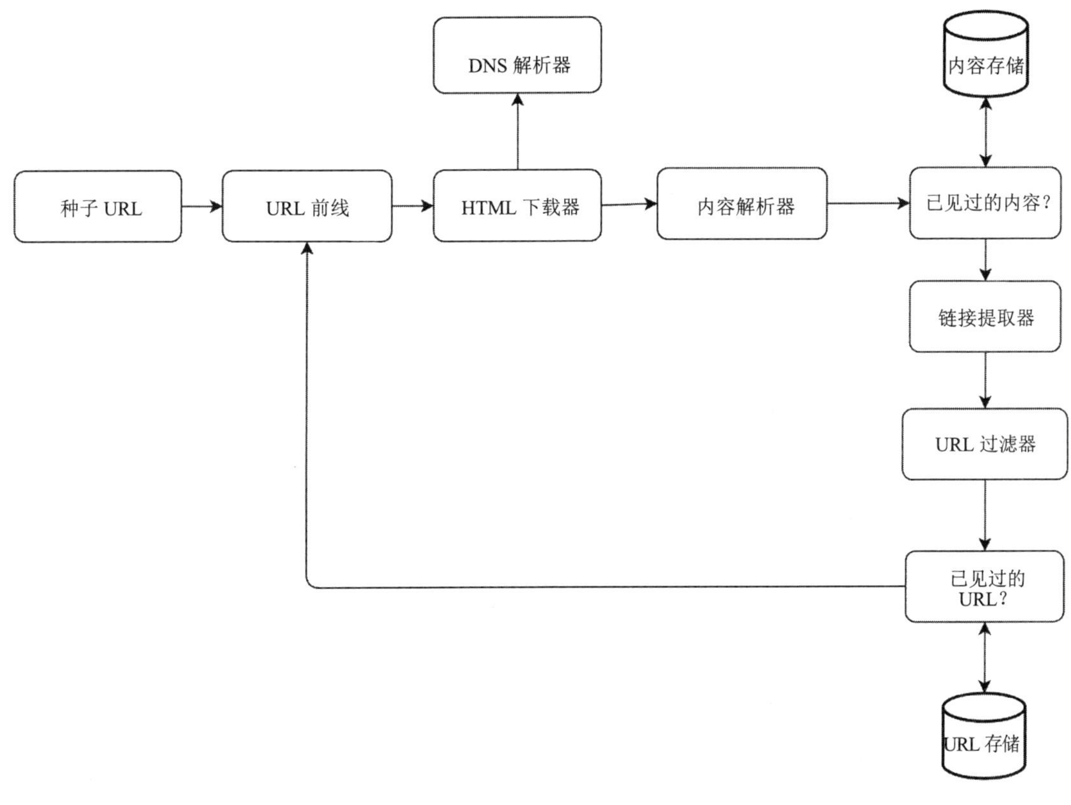

图 9-2

种子 URL

爬虫使用种子 URL 作为爬行的起点。例如，要爬取一所大学网站上的所有网页，直观的方法是用该大学的域名作为种子 URL。

为了爬整个网络，我们需要有创意地选择种子 URL。好的种子 URL 让我们有一个好的起点，爬虫可以利用它来遍历尽可能多的链接。一般的策略是把整个 URL 空间分成若干小块。因为不同国家可能有不同的热门网站，所以我们提议的第一个方法是基于物理位置来划分。另一个方法是基于话题来选择种子 URL，比如我们可以把 URL 空间分为购物、体育、健康等部分。种子 URL 的选择是一个开放式问题。你不必给出完美的答案。只要边想边说出来就好。

URL 前线（URL Frontier）

大部分现代爬虫把爬行状态分为两种：即将下载和已经下载。用来存储即将下载的URL的组件叫 URL 前线。你可以把它看作一个先进先出（FIFO）的队列。关于 URL 前线的详细信息，将在 9.3.2 节讲解。

HTML 下载器

HTML 下载器从互联网上下载网页。要下载的 URL 由 URL 前线来提供。

DNS 解析器

要下载网页，必须将 URL 转换成 IP 地址。HTML 下载器请求 DNS 解析器来获取 URL 对应的IP地址。举个例子，截至2019年5月3日，www.wikipedia.org会被转换成198.35.26.96 这个 IP 地址。

内容解析器

网页被下载以后，必须进行解析和校验，因为有问题的网页可能会引发问题且浪费存储空间。在爬虫服务器中实现内容解析器会减慢爬虫的速度。因此，内容解析器是一个独立的组件。

已见过的内容？

有研究[①]显示，29%的网页是重复内容，这可能导致同样的内容被多次存储。我们引入了"已见过的内容？"数据结构，来消除数据冗余和缩短处理时间。它帮助检测内容是否已存储在系统中。在比较两个 HTML 文件时，我们可以逐字符地比较。但是这个方法太慢且耗时，特别是有数十亿的网页要比较时。完成这个任务的一个高效方法是比较两个网页的哈希值[②]。

---

① 请参阅网站 SearchEngineLand 上的文章"Study: 29% Of Sites Face Duplicate Content Issues & 80% Aren't Using Schema.org Microdata"，作者为 Greg Finn。

② 请参阅图书 *Fingerprinting by Random Polynomials*，作者为 Michael O. Rabin。

内容存储

它是存储 HTML 内容的存储系统。选择什么样的存储系统，取决于数据的类型、大小、访问频率、生命周期等因素。硬盘和内存都被用到。

- 大部分内容存储在硬盘中，因为数据集太大，内存装不下。
- 热门内容被存储在内存中以降低延时。

URL 提取器

URL 提取器从 HTML 页面中解析和提取链接。图 9-3 展示了链接提取过程。通过添加前缀“https://en.wikipedia.org”，相对路径被转换成绝对 URL。

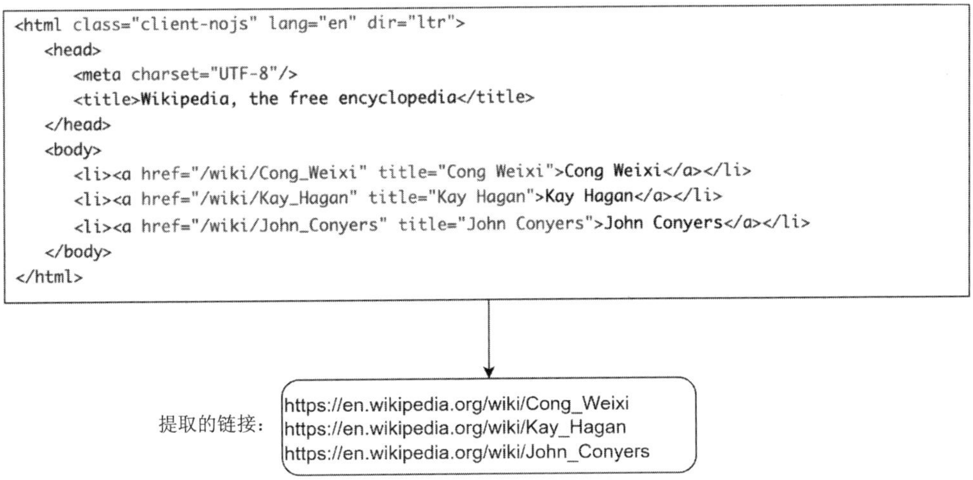

```
<html class="client-nojs" lang="en" dir="ltr">
   <head>
      <meta charset="UTF-8"/>
      <title>Wikipedia, the free encyclopedia</title>
   </head>
   <body>
      <li><a href="/wiki/Cong_Weixi" title="Cong Weixi">Cong Weixi</a></li>
      <li><a href="/wiki/Kay_Hagan" title="Kay Hagan">Kay Hagan</a></li>
      <li><a href="/wiki/John_Conyers" title="John Conyers">John Conyers</a></li>
   </body>
</html>
```

提取的链接：

https://en.wikipedia.org/wiki/Cong_Weixi
https://en.wikipedia.org/wiki/Kay_Hagan
https://en.wikipedia.org/wiki/John_Conyers

图 9-3

URL 过滤器

URL 过滤器用于排除特定内容类型、文件扩展名、问题链接和“黑名单”网站的 URL。

已见过的 URL？

“已见过的 URL？”是一种数据结构，可以用来追踪记录已访问过的或者已经在 URL 前线里的 URL。“已见过的 URL？”可以帮我们避免多次添加同一个 URL，重复添加 URL 会增加服务器负载并导致潜在的无限循环。

布隆过滤器和哈希表都是实现“已见过的 URL？”组件的常见技术。在这里我们不会介绍布隆过滤器和哈希表的详细实现细节。如果你感兴趣，请参考 Burton H. Bloom 的文章“Space/Time Trade-Offs in Hash Coding with Allowable Errors”，以及 Allan Heydon 与 Marc Najork 合著的文章“Mercator: A Scalable, Extensible Web Crawler”。

URL 存储

URL 存储用于保存已访问过的 URL。

到目前为止，我们讨论了所有系统组件。接下来，我们把它们组合在一起来解释爬虫的工作流程。

爬虫工作流程

为了更好地分步骤解释爬虫工作流程，我们在设计图里加了序号，如图 9-4 所示。

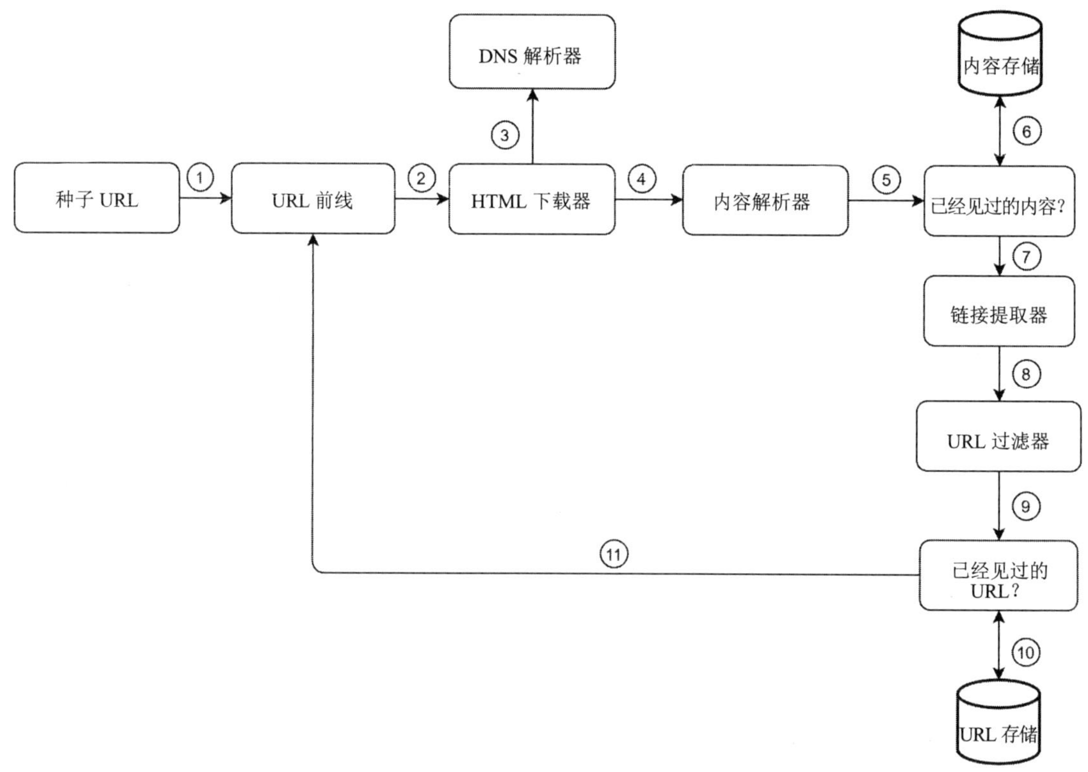

图 9-4

第 1 步：将种子 URL 添加到 URL 前线中。

第 2 步：HTML 下载器从 URL 前线中获取 URL 列表。

第 3 步：HTML 下载器从 DNS 解析器中获取 URL 对应的 IP 地址并开始下载。

第 4 步：内容解析器解析 HTML 页面并检查页面是否有问题。

第 5 步：内容解析器将解析和验证后的内容传给"已见过的内容？"组件。

第 6 步："已见过的内容？"组件检查这个 HTML 页面是否已经在数据库中。

- 如果页面已经在数据库中，意味着包含同样的内容的不同 URL 已经被处理过。在这种情况下，这个 HTML 页面会被丢弃。
- 如果页面不在数据库中，表示系统还没有处理过相同的内容。该页面将被传递给链接提取器。

第 7 步：链接提取器从 HTML 页面中提取链接。

第 8 步：提取出来的链接被传递给 URL 过滤器进行筛选。

第 9 步：经过筛选的链接被传递给"已见过的 URL？"组件。

第 10 步："已见过的 URL？"组件检查这个 URL 是否已经在数据库中，如果是，则意味着它之前被处理过，无须再做处理。

第 11 步：如果这个 URL 之前没有被处理过，就将被添加到 URL 前线中。

9.3 第三步：设计继续深入

到目前为止，我们已经讨论过高层级的设计。接下来，我们将深入讨论几个最重要的构建组件和技术。

- 深度优先搜索（DFS）与广度优先搜索（BFS）。
- URL 前线。
- HTML 下载器。
- 健壮性。

- 可扩展性。
- 检测和避免有问题的内容。

9.3.1 DFS vs. BFS

你可以把网络想成一个有向图，其中网页就是节点，超链接（URL）是边。爬虫在网络上爬行的过程可以看作是从一个网页到其他网页的有向图遍历。常见的两种图遍历算法是 DFS 和 BFS。但是，因为 DFS 的深度可能非常深，所以它通常不是一个好的选择。

BFS 是爬虫常用的方法，通过先进先出（FIFO）队列来实现。在一个 FIFO 队列中，URL 按照它们入列的顺序出列。尽管如此，这种实现方式还有以下两个问题。

- 同一个网页的大部分链接都指向同一个主机。如图 9-5 所示，wikipedia.com 中的所有链接都是内部链接，这使得爬虫忙于处理来自同一个主机（wikipedia.com）的 URL。当爬虫尝试并行下载网页时，维基百科的服务器会被大量请求“淹没”。这样做被认为是“不礼貌”的。

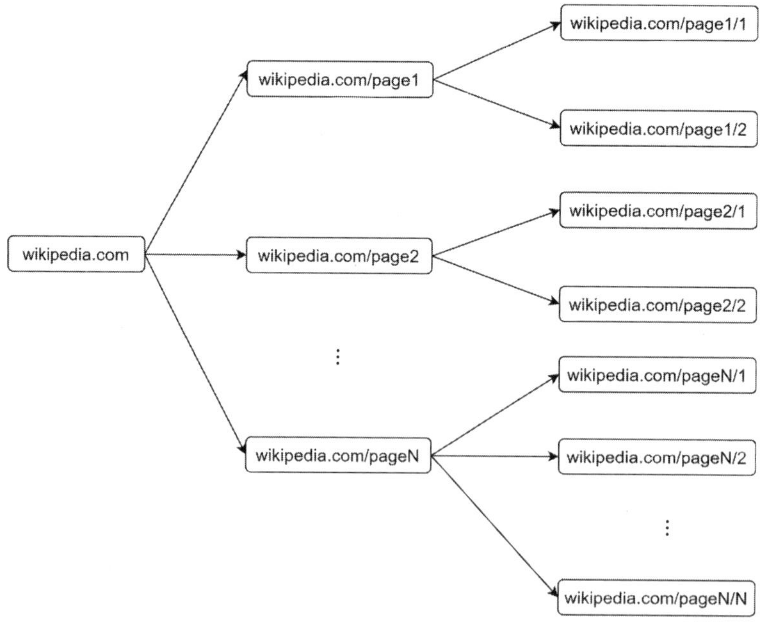

图 9-5

- 标准的 BFS 并没有考虑 URL 的优先级。互联网很大，不是每个网页都有同样水平的质量和同等重要性。因此，我们可能想要基于网页的排名、网络流量、更新频率等对 URL 进行排序，以便优先处理某些网页。

9.3.2 URL 前线

URL 前线帮我们解决了这些问题。URL 前线是一个重要组件，它是一个存储待下载 URL 的数据结构，能确保爬虫礼貌地访问网页，确定 URL 优先级并保证内容新鲜度。关于 URL 前线，建议细读 Christopher Olston 与 Marc Najork 合著的文章“Web Crawling”[①]。这篇文章给出了如下结论。

礼貌性

一般来说，爬虫应该避免在短时间内对同一个服务器发送太多的请求。发送过多请求会被认为“不礼貌”，甚至可能被视为拒绝服务攻击（DoS）。举个例子，如果没有任何限制，爬虫可以对同一个网站每秒发送数千个请求。但这可能会让 Web 服务器不堪重负。

确保礼貌性的大致思路是，从同一个主机每次只下载一个网页。可以在两次下载任务之间加入一定的延时。礼貌性约束是通过维护网站主机名和下载线程（Worker）的映射来实现的。每个下载线程都有独立的 FIFO 队列且只下载这个队列里的 URL。图 9-6 展示了实现爬虫礼貌性的设计。

① 如果希望快速了解要点，可以参阅 Donald J. Patterson 总结的课件 PPT，名字也是“Web Crawling”。

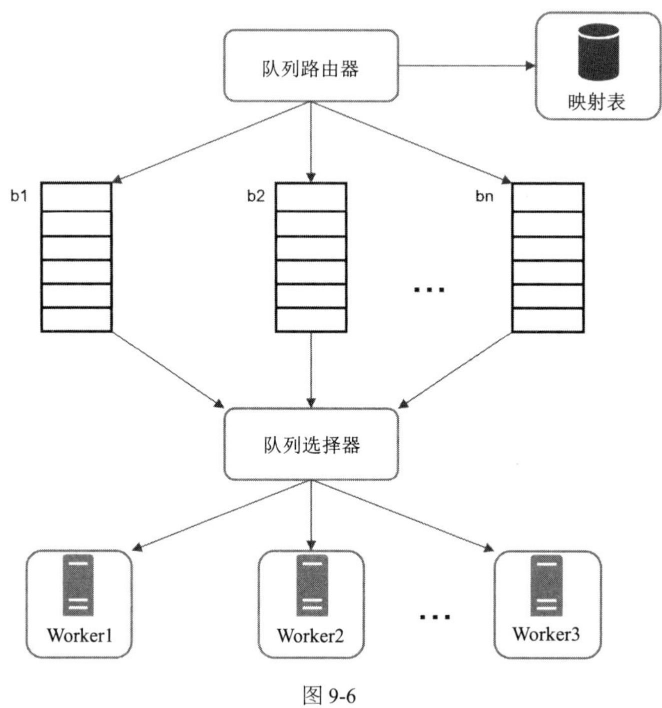

图 9-6

- 队列路由器：确保每个队列（b1，b2，…，bn）只包含来自同一个主机的 URL。
- 映射表：把每个主机映射到队列中（见表 9-1）。

表 9-1

主　　机	队　　列
wikipedia.com	b1
apple.com	b2
…	…
nike.com	bn

- FIFO 队列（从 b1 到 bn）：每个队列只包含来自同一个主机的 URL。
- 队列选择器：每个 Worker 都被映射到一个 FIFO 队列，它只下载来自这个队列的 URL。队列选择器实现队列选择的逻辑。
- 下载线程（Worker1 到 WorkerN）：Worker 一个接一个地下载来源于同一个主机的网页。在两个下载任务之间可以加入延时。

优先级

某论坛上的一篇关于苹果产品的随机帖子与苹果官网上的文章相比，权重的差异很大。尽管它们都含有“苹果”这个关键字，但是对爬虫而言，先爬取苹果官网的网页肯定是更明智的选择。

我们对 URL 基于有用性来排优先级，可以通过 PageRank、网站流量、更新频率等指标来度量。“优先级排序器”（Prioritizer）是处理 URL 优先级排序的组件。请参阅相关文章[①]来了解关于这个组件的更多信息。

图 9-7 展示了实现 URL 优先级排序的设计。

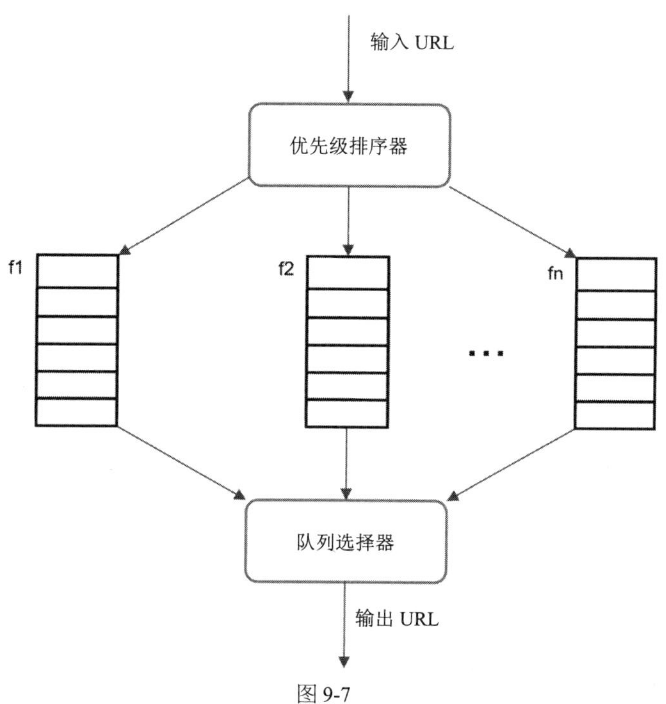

图 9-7

① 请参阅论文“The PageRank Citation Ranking: Bringing Order to the Web”，作者为 L. Page, S. Brin、R. Motwani 及 T. Winograd。

- 优先级排序器：它接收 URL 作为输入并计算其优先级。
- 队列 f1 到 fn：每个队列都有一个设定好的优先级。优先级高的队列有更高的概率被选中。
- 队列选择器：从多个队列中随机选择一个，尽管优先级高的队列有更高的概率被选中，但这并不是绝对确定的，仍然存在一定的随机性。

图 9-8 展示了 URL 前线的设计，它包含两个模块。

- 前队列：实现优先级管理。
- 后队列：实现礼貌性管理。

新鲜度

由于互联网上不断有网页被添加、删除和修改，所以爬虫必须定期重新爬取下载过的网页，以确保数据是最新的。重新爬取所有的 URL 是非常消耗时间和资源的。下面是两个优化新鲜度的策略。

- 根据网页的更新历史来判断是否重新爬取。
- 对 URL 按优先级排序，并且优先频繁地重新爬取重要的网页。

URL 前线的存储

在搜索引擎的实际爬取过程中，URL 前线中的 URL 数量可能上亿[①]。把所有内容放在内存中，既不可持续也不可扩展；而把所有内容放在硬盘中也不是理想的方案，因为硬盘的访问速度很慢，很容易成为爬虫爬取数据的瓶颈。

我们采用了一种混合方案。将大部分的 URL 存储在硬盘上，这样存储空间就不是问题。为了降低从硬盘读/写的开销，我们在内存中维护了缓冲区以进行入队/出队操作。缓冲区中的数据会被定期写入硬盘。

---

① 请参阅 Allan Heydon 与 Marc Najork 合著的文章“Mercator: A Scalable, Extensible Web Crawler”。

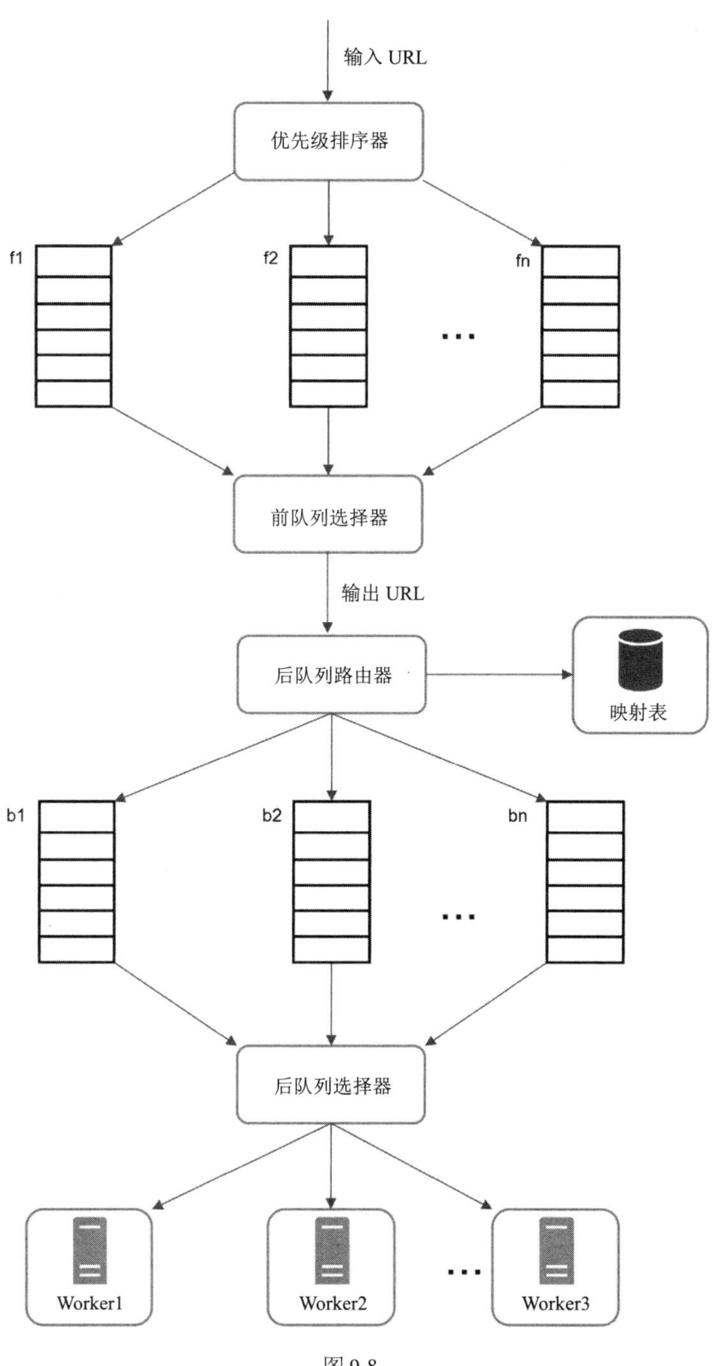
输入 URL
优先级排序器
f1
f2
...
fn
前队列选择器
输出 URL
后队列路由器
映射表
b1
b2
...
bn
后队列选择器
Worker1
Worker2
...
Worker3

图 9-8

9.3.3 HTML 下载器

HTML 下载器通过 HTTP 协议从互联网下载网页。在讨论 HTML 下载器之前，我们先看看机器人排除协议（Robots Exclusion Protocol）——robots.txt。

robot.txt 是网站和爬虫之间通信的标准。它标明了允许爬虫下载哪些网页。在尝试爬取一个网站之前，爬虫应该先检查对应的 robots.txt 并遵守其中的规则。

为了避免重复下载 robots.txt 文件，我们会缓存这个文件的结果。这个文件会被定期下载并保存在缓存中。下面是从 https://www.amazon.com/robots.txt 中截取的一段 robots.txt 文件内容。其中规定了如 creatorhub 之类的目录是不允许谷歌机器人爬取的。

```
User-agent: Googlebot
Disallow: /creatorhub/*
Disallow: /rss/people/*/reviews
Disallow: /gp/pdp/rss/*/reviews
Disallow: /gp/cdp/member-reviews/
Disallow: /gp/aw/cr/
```

除了 robots.txt，性能优化是 HTML 下载器中的另一个重要概念。

下面是 HTML 下载器的性能优化方法。

分布式爬取

为了实现高性能，爬取任务被分配给多个服务器，每个服务器中运行着多个线程。URL 空间被分成较小的部分，这样每个下载器只负责处理一部分 URL。图 9-9 展示了一个分布式爬取的例子。

缓存 DNS 解析器

因为很多 DNS 接口是同步的，所以 DNS 请求可能要花较长时间，导致 DNS 解析器成为爬虫的一个性能瓶颈。DNS 响应时间在 10 ms 到 200 ms 之间。一旦爬虫的一个线程发出 DNS 请求，其他线程就会被阻塞，直到该 DNS 请求完成。维护 DNS 缓存，避免频繁向 DNS 服务器发起请求，是一个提高爬虫爬行速度的有效技术。我们的 DNS 缓存保存了域名与 IP 地址之间的映射，并通过定时任务进行更新。

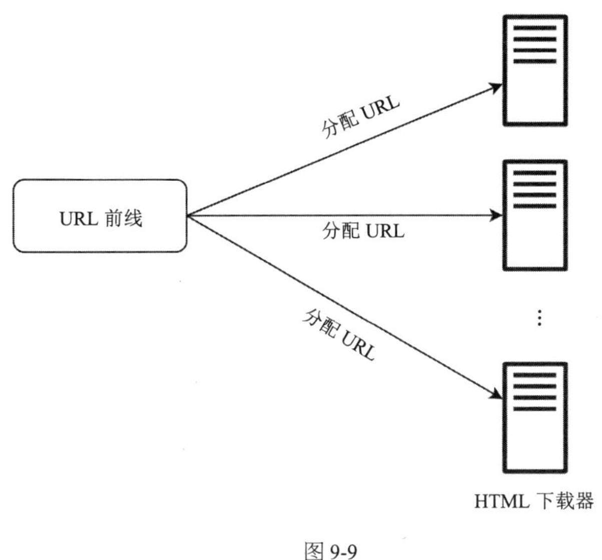

图 9-9

本地性

将爬虫服务器按地理位置分布。爬虫服务器离网站主机越近，爬虫的下载速度会越快。本地性设计可以应用到大部分系统组件上：爬虫服务器、缓存、队列、存储等。

短超时时间

一些 Web 服务器响应慢或者根本不响应。为了避免长时间等待，需要确定一个最长等待时间。如果一个主机在预定时间内没有响应，爬虫就会停止该任务转而爬取其他页面。

9.3.4 健壮性

除了性能优化，健壮性也是一个重要的考虑因素。以下是一些提升系统健壮性的方法。

- 一致性哈希：有助于负载在 HTML 下载器之间均匀分布。使用一致性哈希，可以添加或者移除新的下载器服务器。可参考第 5 章了解关于一致性哈希的更多细节。
- 保存爬取状态和数据：为了应对故障，将爬取状态和数据写入存储系统。通过加载保存的爬取状态和数据，可以很容易地重启被中断的爬取过程。

- 异常处理：在大型系统中，错误是无法避免的，出错是很常见的事情。爬虫必须能“得体地”处理异常，避免系统崩溃。
- 数据校验：这是防止系统错误的重要措施。

9.3.5 可扩展性

因为几乎所有系统都在演进，所以系统的设计目标之一就是要足够灵活以支持新的内容类型。爬虫可以通过插入新的模块来进行扩展。图 9-10 展示了如何添加新模块。

- PNG 下载器模块作为插件被添加进来，用于下载 PNG 文件。
- 网络监视器模块作为插件被添加进来，用于监控网络，以避免版权和商标侵权。

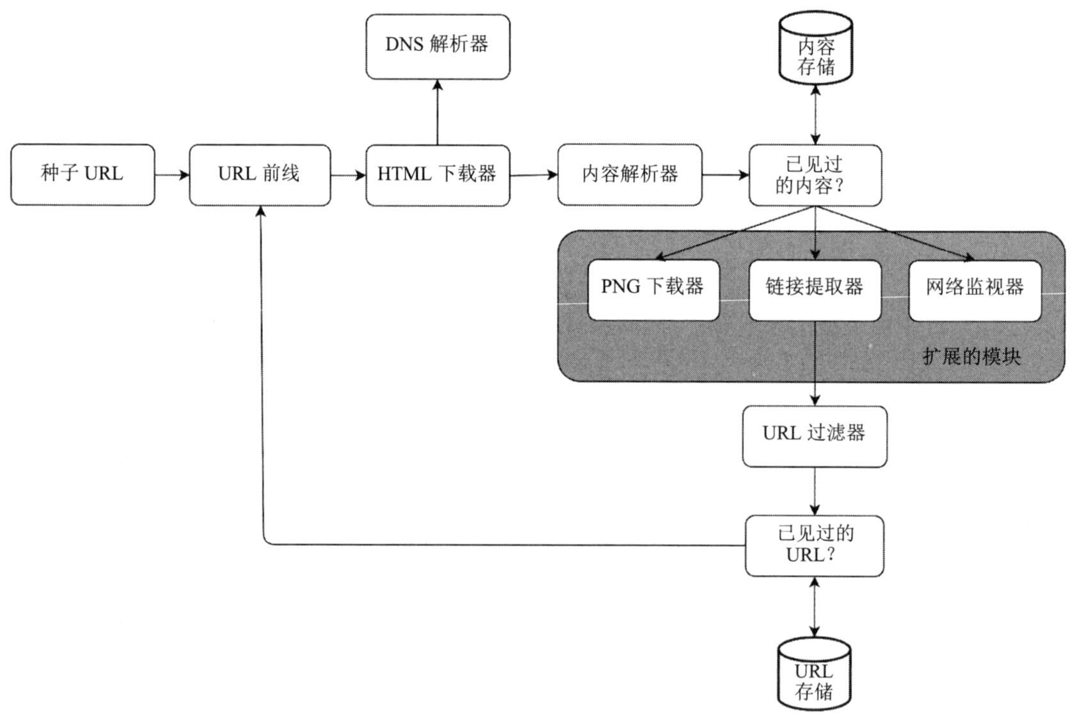

图 9-10

9.3.6 检测和避免有问题的内容

本节讨论检测及避免重复、无意义或者有害内容的方法。

重复内容

如前所述，接近30%的网页是重复的。哈希和校验和（Checksum）可以帮助我们检测出重复内容①。

蜘蛛陷阱

蜘蛛陷阱是可以导致爬虫陷入无限循环的网页，例如，一个无限深的目录结构 www.spidertrapexample.com/foo/bar/foo/bar/foo/bar/…。可以通过设置最大 URL 长度来避免这样的蜘蛛陷阱。尽管如此，并不存在检测蜘蛛陷阱的通用解决方案。含有蜘蛛陷阱的网站是容易识别的，因为在这种网站上网页的数量异常多。但是很难开发出一个自动算法来躲避蜘蛛陷阱。不过，用户可以手动验证和识别蜘蛛陷阱，然后要么在爬取时排除这些网站，要么应用一些定制的 URL 过滤器。

数据噪声

有些内容只有很少的或者根本没有任何价值，比如广告、代码片段、垃圾邮件 URL 等。这些内容对于爬虫来说没有用，如果有可能，应该将其排除。

9.4 第四步：总结

在本章中，我们先讨论了好爬虫的特点——它应该具有可扩展性、礼貌性和健壮性。接着，我们给出了设计方案并讨论了关键组件。因为互联网异常庞大且充满陷阱，所以创建一个可扩展的爬虫并非易事。即使讨论了很多内容，但我们依然漏掉了很多相关的讨论点，比如：

- 服务端渲染。无数网站使用 JavaScript、AJAX 等脚本来动态生成链接。如果直接下载和解析网页，我们并不能获取这些动态生成的链接。为了解决这个问题，我们会

---

① 请参阅 Burton H. Bloom 的文章“Space/Time Trade-Offs in Hash Coding with Allowable Errors”。

在解析网页之前先进行服务器端渲染（也叫动态渲染）[1]。

- 滤掉不想要的网页。因为存储容量和爬虫资源是有限的，使用反垃圾组件[2,3]有助于滤掉低质量的垃圾页面。
- 数据库复制和分片。复制和分片等技术可以增强数据层的可用性、可扩展性和可靠性。
- 横向扩展。对于大范围的爬取，需要成百上千的服务器来执行下载任务。保持服务器无状态是关键。
- 可用性、一致性和可靠性。这些概念是任何大型系统成功的核心。我们在第 1 章中详细讨论了这些概念。复习一下这些内容。
- 数据分析。收集和分析数据对任何系统来说都很重要，因为数据是优化系统的关键要素。

恭喜你已经看到这里了。给自己一些鼓励。干得不错！

① 请参阅谷歌开发者文档“Google Dynamic Rendering”。

② 请参阅论文“Tracking Web Spam with Hidden Style Similarity”，作者为 T. Urvoy、T. Lavergne、P. Filoche。

③ 请参阅论文“IRLbot: Scaling to 6 Billion Pages and Beyond”，作者为 Hsin-tsang Lee、Derek Leonard、Xiaoming Wang 和 Dmitri Loguinov。

10 设计通知系统

近几年，通知系统（Notification System）已成为许多应用中的一个非常受欢迎的功能。通知系统可以向用户发送一些重要信息，比如突发新闻、产品更新、活动和商品优惠信息等。它已经成为人们日常生活中不可或缺的一部分。在本章，你被要求设计一个通知系统。

这里所说的通知不仅仅指手机推送的通知。有 3 种类型的通知：手机推送通知、短信和邮件。图 10-1 展示了这些通知的例子。

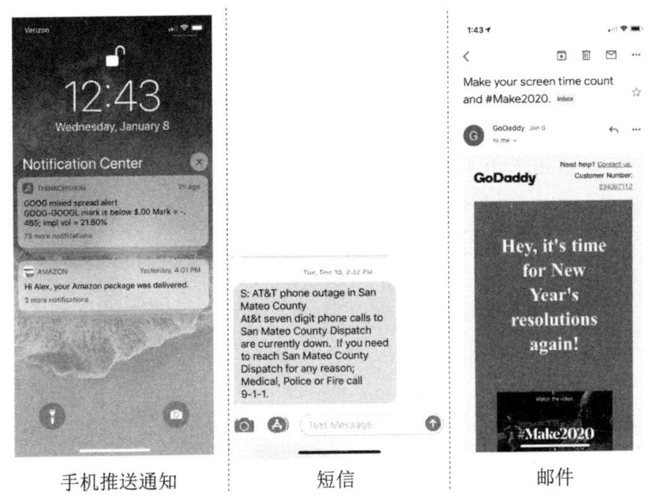

图 10-1

10.1 第一步：理解问题并确定设计的边界

构建一个每天发送数百万次通知的可扩展的系统并非易事。这要求设计者对通知生态系统有深入的理解。面试问题会被有意设计成开放式的和模糊的，你必须通过提问来厘清需求。

候选人：系统支持什么类型的通知？

面试官：手机推送通知、短信和邮件。

候选人：它是一个实时系统吗？

面试官：可以说它是一个软实时系统。我们希望用户尽可能早地收到通知。但是如果系统的负载很高，可以接受短暂的延时。

候选人：需要支持哪些设备？

面试官：iOS 设备、安卓设备和笔记本电脑/台式机。

候选人：由什么触发通知？

面试官：通知可以被客户端应用触发，也可以在服务器端定时触发。

候选人：用户可以取消通知吗？

面试官：是的，取消后用户将不再收到通知。

候选人：每天发送多少通知。

面试官：1000 万条手机推送通知、100 万条短信和 500 万封邮件。

10.2 第二步：提议高层级的设计并获得认同

本节会展示支持各种通知类型的高层级设计，包括：iOS 推送通知、安卓推送通知、短信和邮件。本节内容的结构如下：

- 不同类型的通知。
- 联系信息的收集流程。
- 通知的发送/接收流程。

10.2.1 不同类型的通知

我们先在高层级来看每个类型的通知是怎么工作的。

iOS 推送通知

发送 iOS 推送通知，主要需要 3 个组件，如图 10-2 所示。

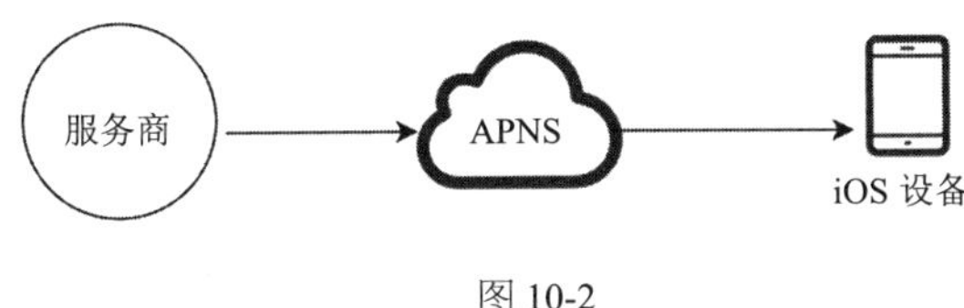

图 10-2

- 服务商（Provider）。服务商构建通知，然后将其发送到 APNS（Apple Push Notification Service，苹果推送通知服务）。为了构建一个推送通知，服务商会提供如下数据。
  - 设备令牌（Token）：这是用来发送推送通知的唯一标识。
  - 载荷（Payload）：这是一个包含通知内容的 JSON 字典。下面是一个例子。

```
{
  "aps":{
          "alert" :{
              "title" : "Game Request",
              "body" : "Bob wants to play chess",
              "action-loc-key": "PLAY"
          },
          "badge":5
        }
}
```

- APNS：这是苹果公司提供的一项远程服务，用来将推送通知传输到 iOS 设备上。
- iOS 设备：它是终端客户端，用于接收推送通知。

安卓推送通知

安卓系统采用了类似的通知流程，如图 10-3 所示。与使用 APNS 不同，安卓系统通常使用 FCM（Firebase Cloud Messaging）给安卓设备推送通知。

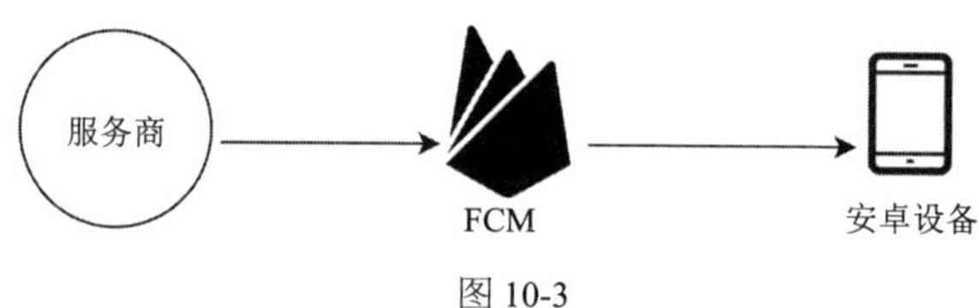

图 10-3

短信

谈到短信，许多开发者和企业常常使用 Twilio、Nexmo 等第三方短信服务[①]。它们中的大多数都是商业服务。图 10-4 所示为短信的推送流程。

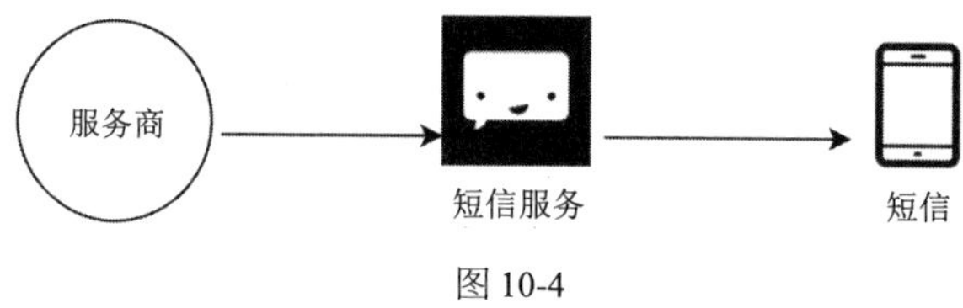

图 10-4

邮件

尽管可以设置自己的邮件服务器，但很多公司还是倾向于选择商业邮件服务。Sendgrid 和 Mailchimp 是最受欢迎的邮件服务[②]，它们可以提供更高的投递成功率和更好的数据分析功能。图 10-5 所示为邮件的推送流程。

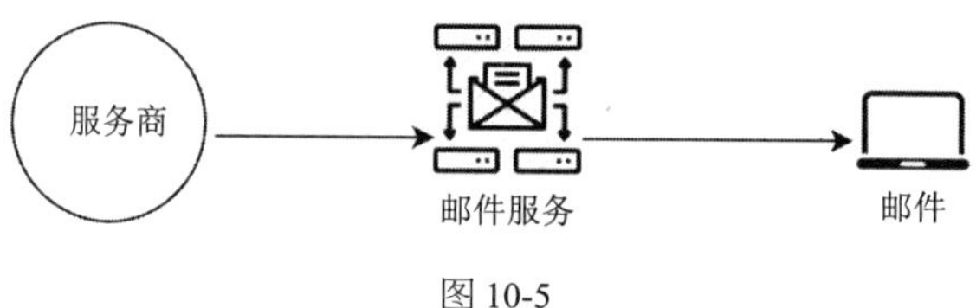

图 10-5

图 10-6 展示了加入所有第三方服务之后的设计。

---

① 访问 Twilio 和 Nexmo 的官网可了解更多信息。

② 访问 Sendgrid 和 Mailchimp 的官网可了解更多信息。

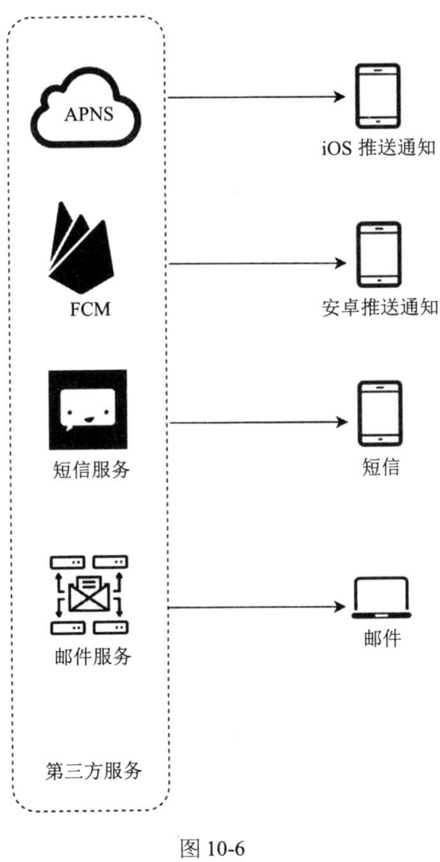

图 10-6

10.2.2　联系信息的收集流程

为了发送通知，我们需要收集移动设备的令牌、手机号或者邮箱信息。如图 10-7 所示，当用户安装我们的应用或者第一次注册时，API 服务器会收集用户的联系信息并把它存储在数据库中。

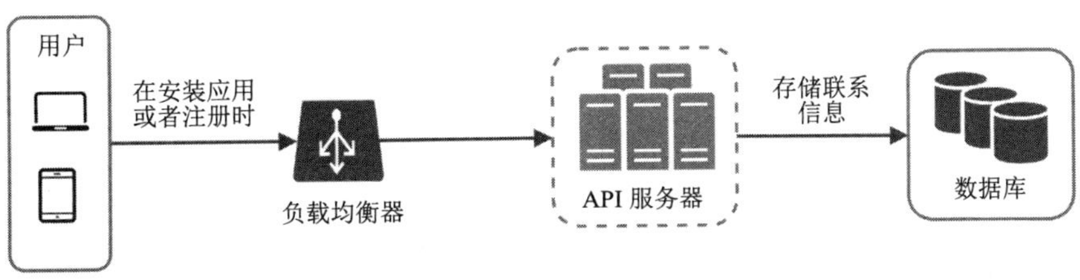

图 10-7

图 10-8 展示了简化的存储用户联系信息的数据库表。邮箱地址和手机号存储在用户表（user）中，而对应的设备令牌存储在设备表（device）中。一个用户可以拥有多个设备，意味着可以将一个推送通知发送到用户所有的设备上。

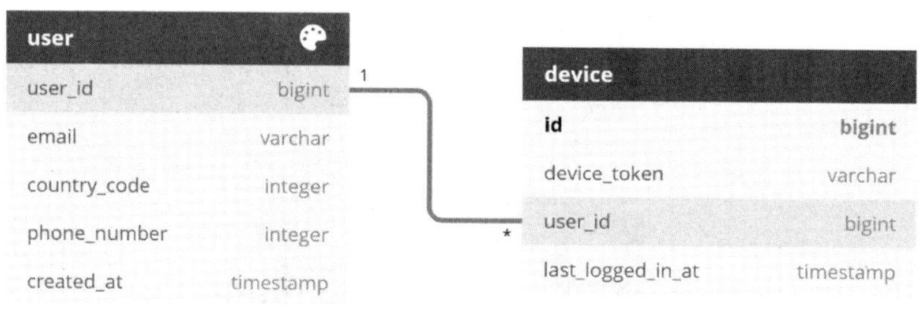

图 10-8

10.2.3 通知的发送与接收流程

我们先展示初步设计，然后再提出一些优化方案。

高层级设计

图 10-9 展示了总体设计。接下来，我们对每个系统组件进行解释。

服务 1 到服务 *N*： 这里的服务可以是微服务、定时任务，也可以是触发通知发送事件的分布式系统。例如，账单服务发送邮件提醒用户付款，或者购物网站通过短信告诉用户其包裹会在明天送达。

通知系统： 该系统是发送/接收通知的核心组件。我们从简单的开始，只使用一个通知服务器，它为服务 1 到服务 *N* 提供 API，并且为第三方服务构建通知载荷。

第三方服务： 第三方服务负责发送通知给用户。集成第三方服务时，我们需要格外注意可扩展性。具有高可扩展性意味着系统很灵活，可以轻松插入或者移除第三方服务。另一个需要考虑的要点是，第三方服务有可能在新市场或者未来不可用。比如，FCM 在中国大陆就是不可用的，因此在中国大陆需要使用替代的第三方服务，比如 Jpush、PushY 等。

iOS 推送通知、安卓推送通知、短信、邮件： 这些是用户在其设备上收到的通知。

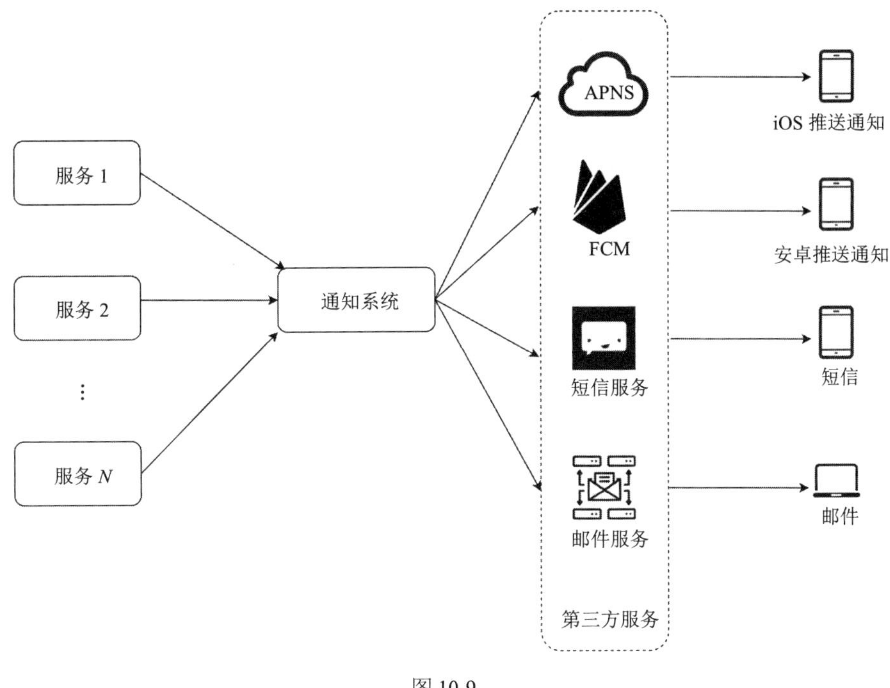

图 10-9

在这个设计中，我们可以发现以下 3 个问题。

- 单点故障（SPOF）：单台通知服务器就意味着存在 SPOF。
- 很难扩展：通知系统在一台服务器上处理关于推送通知的所有事情，因此要独立地扩展数据库、缓存和不同的通知处理组件将很有挑战性。
- 性能瓶颈：处理和发送通知可能会消耗大量资源。比如，构建 HTML 页面和等待第三方服务的响应可能会花较长时间。在一个系统中处理所有事情可能会导致系统过载，特别是在流量高峰时段。

改进后的高层级设计

针对上述问题，我们对初始设计按如下方式改进：

- 把数据库和缓存从通知服务器中移出。
- 加入更多的通知服务器并设置自动横向扩展。
- 引入消息队列来解耦系统组件。

图 10-10 展示了改进后的高层级设计。

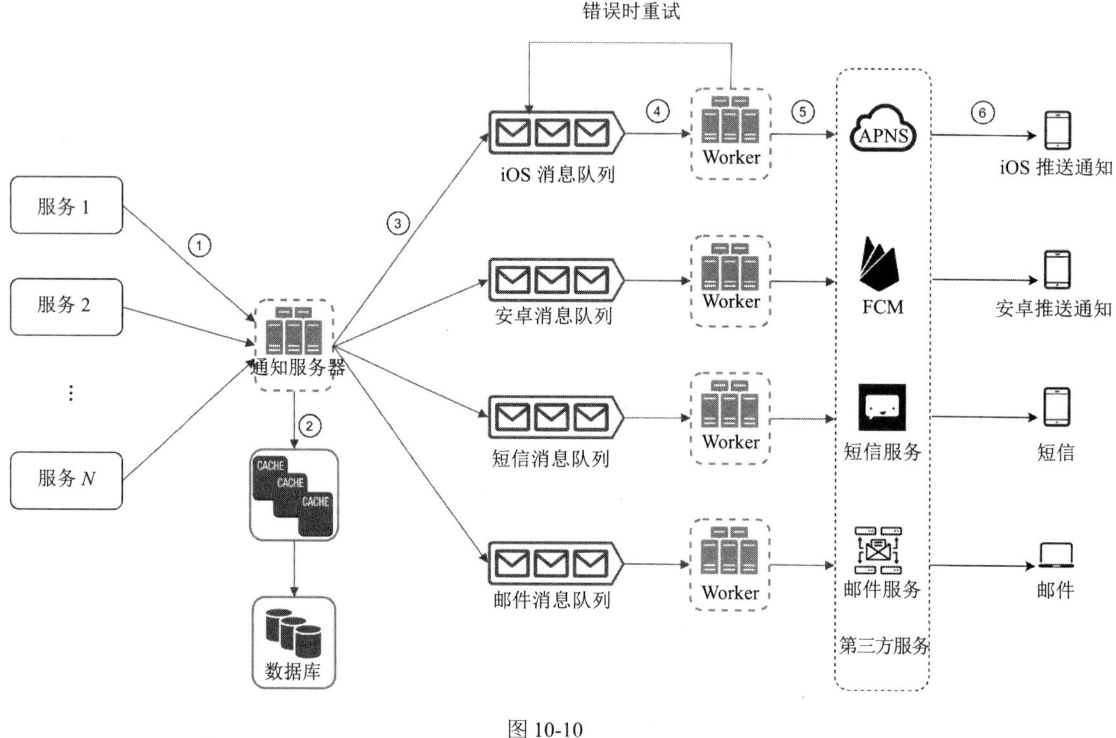

图 10-10

我们按照从左到右的顺序来解释图 10-10 中的组件。

服务 1 到服务 *N*：这些不同的服务通过调用通知服务器提供的 API 来发送通知。

通知服务器：通知服务器提供了如下的功能。

- 为服务提供 API 来发通知。这些 API 只能在内部或者由验证过的客户端访问，以避免被滥用来发送垃圾信息。
- 实施基本的身份校验，需要验证邮箱地址、电话号码等。
- 查询数据库或者缓存来获取渲染通知所需的数据。
- 把通知数据放到消息队列中做并行处理。

下面是一个发送邮件的 API 示例：

```
POST https://api.example.com/v/email/send
```

请求体为：

```
{
  "to": [
    {
      "user_id": 123456
    }
  ],
  "from": {
    "email": "from_address@example.com"
  },
  "subject": "Hello, World!",
  "content": [
    {
      "type": "text/plain",
      "value": "Hello, World!"
    }
  ]
}
```

缓存（Cache）：缓存用户信息、设备信息和通知模板。

数据库：存储关于用户、通知、设置等的数据。

消息队列：消息队列解决了组件间的依赖问题。当大量的通知被发出时，消息队列用作缓冲区。每种类型的通知都有特定的消息队列，因此一个第三方服务出现故障并不会影响其他类型的通知。

Worker：Worker 是一组服务器，它们从消息队列中拉取通知事件并将其发送给对应的第三方服务。

第三方服务：在初始设计中已经讲过了。

iOS 推送通知、安卓推送通知、短信、邮件：在初始设计中已经讲过了。

接下来，让我们看看每个组件是如何协同工作来发送通知的。

1. 服务调用通知服务器提供的 API 来发送通知。

2. 通知服务器从缓存或者数据库中获取用户信息、设备令牌和通知设置等元数据。

3. 通知事件被发送到对应的队列中处理。比如，一个 iOS 推送通知事件被发送到 iOS 消息队列。

4. Worker 从消息队列中拉取通知事件。

5. Worker 将通知发送给第三方服务。

6. 第三方服务将通知发送到用户的设备上。

10.3 第三步：设计继续深入

在 10.2 节，我们讨论过不同类型的通知、联系信息的收集流程和通知的发送/接收流程。接下来，我们会深入探索以下内容。

- 可靠性。
- 其他组件和考虑因素：通知模板、通知设置、流量限制、重试机制、推送通知中的安全问题、监控队列中的通知和事件追踪。
- 更新后的设计。

10.3.1 可靠性

在分布式环境中设计通知系统时，我们必须回答一些重要的可靠性问题。

如何防止数据丢失？

通知系统最重要的需求之一是不能丢数据。通知可以延迟或者重新排序，但是不能丢。为了满足这个需求，通知系统在数据库中持久化通知数据并实现了重试机制。通知日志数据库被用来实现数据持久化，如图 10-11 所示。

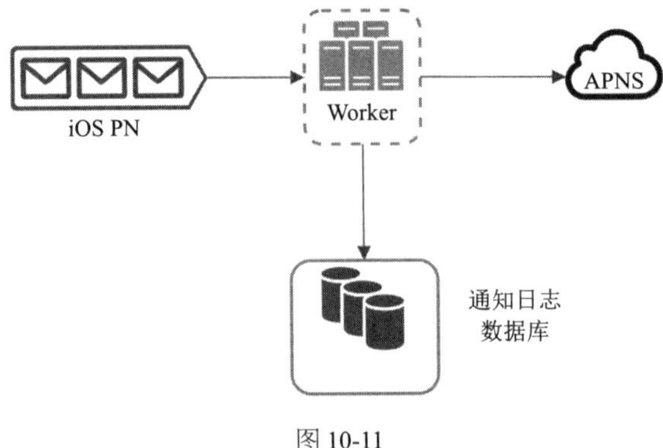

图 10-11

接收者会只收到一次通知吗？

简短的答案是“不”。尽管在大部分情况下通知都只会被发送一次，但分布式的性质导致可能出现重复的通知。为了减少通知的重复发送，我们引入了去重（dedupe）机制，并小心地处理每一个故障场景。这里讲一下去重机制的简单逻辑。

当通知事件第一次到达时，我们通过检查事件 ID 来判断它之前有没有出现过。如果之前出现过，就丢弃它，否则我们会发出通知。想探寻为什么无法确保一条通知只发送一次的读者，可以看一下网站 bravenewgeek 上的文章“You Cannot Have Exactly-Once Delivery”。

10.3.2 其他组件和要考虑的因素

我们已经讨论了如何收集用户联系信息、发送和接收通知，但通知系统的内容远不止于此。本节讨论其他组件，包括通知模板、通知设置、事件追踪、系统监控、流量限制等。

通知模板

一个大型通知系统每天会发送数百万条通知，其中有很多都遵循类似的格式。为了避免每次都从头开始构建通知，可以采用通知模板。通知模板是一个预先定好格式的通知，你可以通过自定义参数、样式、追踪链接等来创建独特的通知。以下是一个推送通知模板的示例。

```
BODY:
You dreamed of it. We dared it. [ITEM NAME] is back - only until [DATE].
CTA:
Order Now. Or, Save My [ITEM NAME]
```

使用通知模板能保持通知的格式一致和节省时间。

通知设置

通常，用户每天会收到很多通知，很容易感到不知所措。因此，很多网站和应用允许用户对通知进行精细的控制。这些设置信息存储在通知设置表里，这个表包含如下字段：

```
user_id  bigInt
channel  varchar   # 推送通知、邮件或者短信
opt_in   boolean   # 是否选择接收通知
```

在向用户发送任何通知之前，我们应该先检查用户是否同意接收这种类型的通知。

流量限制

为了避免用太多的通知“轰炸”用户，我们可以限制用户能收到的通知的数量。这一点很重要，因为如果通知发送得太频繁，接收者可能会完全关闭通知。

重试机制

如果第三方服务在发送通知时失败，该通知会被加入消息队列以便重新发送。如果这样的问题持续发生，就会给开发人员发送告警信息。

推送通知的安全问题

对 iOS 应用或者安卓应用，appKey 和 appSecret 被用来确保推送通知 API 的安全①。只有验证过身份或者经过检验的客户端才能使用我们的 API 来发送推送通知。感兴趣的读者可以阅读相关参考资料。

监控队列中的通知

队列中的通知总数是要监控的一个关键指标。如果这个数量很大，说明 Worker 对通知事件的处理速度不够快。为了避免通知被延迟发送，需要更多的 Worker。图 10-12 展示了队列中需要处理的消息数随时间的变化情况。

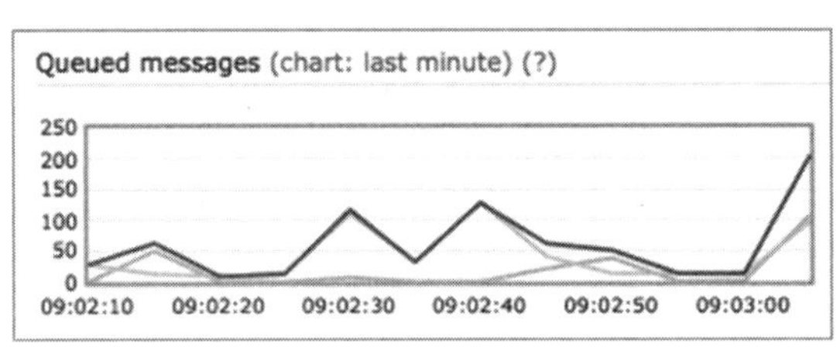

图 10-12②

事件追踪

通知系统的指标，比如打开率、点击率和参与度，对理解用户行为来说非常重要。数据分析服务实现了事件追踪。通知系统和数据分析服务通常是需要集成的。图 10-13 中列

① 请参阅 Anshika Agarwal 的文章“Securing Push Notifications in Mobile Apps”。

② 引自 CloudAMQP 官网上的文档“The RabbitMQ Management Interface”。

出了一些可以被跟踪和记录的用于数据分析的事件示例。

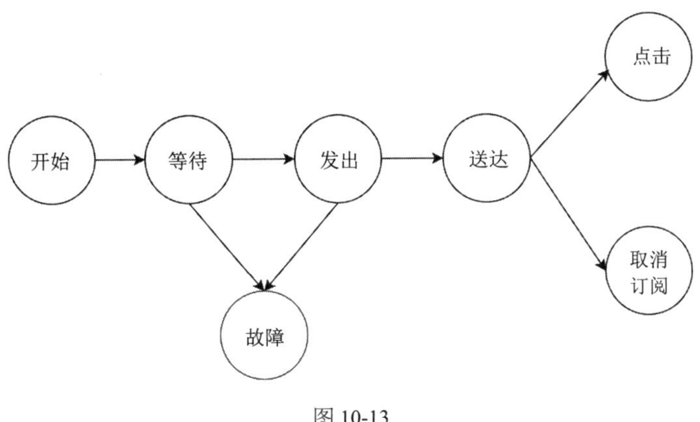

图 10-13

10.3.3 更新后的设计

把所有的组件整合在一起，图 10-14 展示了更新后的通知系统。

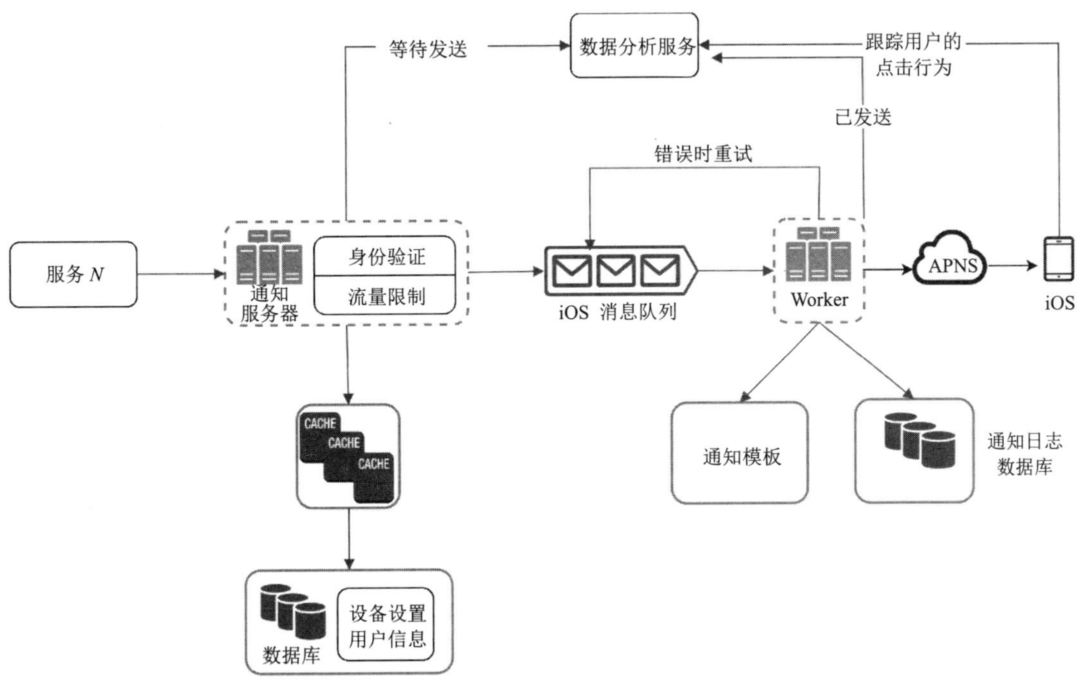

图 10-14

相比之前的设计，这一版添加了很多新组件。

- 通知服务器配备了两个新的重要功能：身份验证和流量限制。
- 我们添加了重试机制来应对通知发送失败。如果系统无法发送通知，它们会被放回到消息队列中，Worker 会按照预先设定好的次数重新尝试发送。
- 此外，通知模板提供了一致且高效的通知创建流程。
- 最后，为了方便进行系统健康检查和未来的优化，我们加入了监控和跟踪系统。

10.4 第四步：总结

通知是不可或缺的，因为它使我们及时了解重要信息，比如一条来自 Netflix 的关于你最喜欢的电影的通知、一封关于新产品打折的邮件，或者一条你网购后的付款确认消息。

在本章中，我们描述了一个可扩展的通知系统的设计，它支持多种类型的通知：推送通知、短信和邮件。我们采用了消息队列来解耦系统组件。

除了高层级设计，我们深入探讨了其他组件和优化方案。

- 可靠性：我们提议采用健壮的重试机制来最小化故障率。
- 安全性：使用 appKey/appSecret 对来确保只有验证过的客户端才可以发送通知。
- 追踪和监控：在通知流程的任何阶段都可以实现这些功能，从而获取重要的统计数据。
- 尊重用户的设置：用户可能会选择不再接收通知。我们的系统在发送通知之前要先检查用户的设置。
- 流量限制：用户希望限制所收到的通知数量。

恭喜你已经看到这里了。给自己一些鼓励。干得不错！

11 设计 news feed 系统

在本章中，你被要求设计一个 news feed 系统。什么是 news feed？根据 Facebook 官网上的说法，“news feed 是一个在你的个人主页中的不断更新的故事列表。news feed 包括你在 Facebook 上关注的人、页面和小组发布的状态更新信息、照片、视频、链接、应用活动和点赞”。这是一个常见的面试问题。面试者经常被问到的类似问题还有：如何设计 Facebook 的 news feed 系统、如何设计 Instagram 的 feed 系统、如何设计 Twitter 时间线（Twitter timeline）系统等。图 11-1 展示了一个典型 news feed 系统在手机上的界面布局。

图 11-1

11.1 第一步：理解问题并确定设计的边界

首先，你需要通过提问来理解面试官对 news feed 系统的具体需求。至少，你应该要清楚这个系统需要支持什么样的功能。下面是候选人和面试官对话的示例。

候选人：这是一个移动端应用，还是一个网页应用？或者都是？

面试官：都是。

候选人：它要有哪些重要功能？

面试官：用户可以在 news feed 页面发布帖子，并且能看到好友发布的帖子。

候选人：news feed 页面上的帖子是按照时间倒序排序的还是按照其他特定顺序排序的？比如，按照话题分数排序，或者优先展示亲密朋友的帖子。

面试官：为了简单起见，我们假设它们都是按照时间倒序排序的。

候选人：一个用户可以有多少个好友？

面试官：5000 个。

候选人：网络流量是多少？

面试官：1000 万 DAU。

候选人：news feed 中可以包含图片和视频吗？还是只能包含文本？

面试官：可以包含多媒体文件，图片和视频都可以。

现在你已经收集了需求，接下来我们将专注于系统的设计。

11.2 第二步：提议高层级的设计并获得认同

这个系统分为两个流程：发布 feed 和构建 news feed。

- 发布 feed：当用户发布一个帖子时，相应的数据被写入缓存和数据库。帖子被推送到她好友的 news feed 中。
- 构建 news feed：为了简单起见，我们假设 news feed 是按时间倒序聚合好友的帖子而构建的。

11.2.1 news feed API

news feed API 是客户端和服务器通信的主要方式。这些 API 是基于 HTTP 的，它们允许客户端实施一些操作，包括发布帖子、获取 news feed、添加好友等。我们将讨论两个最重要的 API：发布 feed 和获取 news feed 。

发布 feed

要发布帖子，必须向服务器发送一个 HTTP POST 请求。这个 API 如下所示：

```
POST /v1/me/feed
```

这个 API 接受如下参数：

- content：帖子中的文本内容。
- auth_token：用于对 API 请求进行身份验证的令牌。

获取 news feed

用来获取 news feed 的 API 如下所示：

```
GET /v1/me/feed
```

这个 API 接受 auth_token 参数，它是一个用于对 API 请求进行身份验证的令牌。

11.2.2 feed 的发布

图 11-2 显示了 feed 发布流程的高层级设计。

- 用户：用户可以在浏览器和移动应用中浏览 news feed。下面是用户通过 API 发布一个内容为“Hello”的帖子的示例。

```
/v1/me/feed?content=Hello&auth_token={auth_token}
```

- 负载均衡器：把流量分配到多个 Web 服务器上。
- Web 服务器：Web 服务器把请求重定向到不同的内部服务。
- 帖子服务：将帖子持久化到数据库和缓存中。

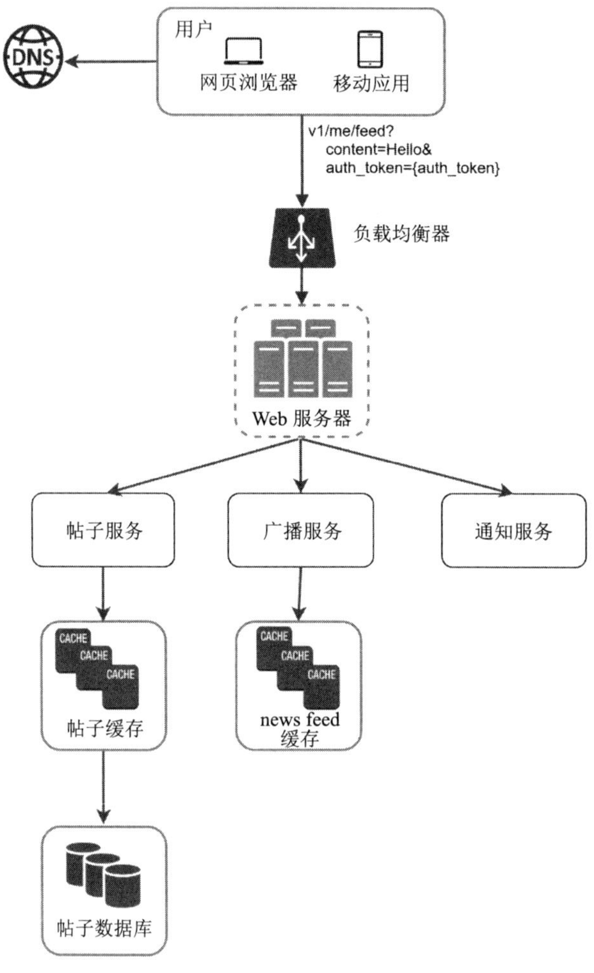

图 11-2

- 广播服务（Fanout Service）：把新内容推送到好友的 news feed 中。news feed 数据存储在缓存中以便快速获取。
- 通知服务：告知好友有新内容，并发送推送通知。

11.2.3 news feed 的构建

在本节中，我们会讨论 news feed 在幕后是如何构建的。图 11-3 展示了高层级的设计。

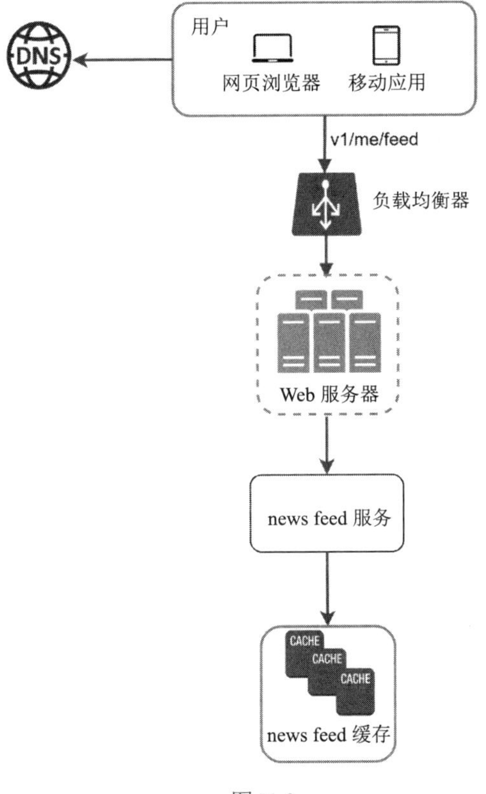

图 11-3

- 用户：用户可以发送请求来获取其 news feed。

```
/v1/me/feed
```

- 负载均衡器：将请求重定向到各个 Web 服务器。
- Web 服务器：将请求转发到 news feed 服务。
- news feed 服务：从缓存中拉取 news feed。
- news feed 缓存：存储在渲染 news feed 时必须用到的 news feed ID。

11.3 第三步：设计继续深入

我们在 11.2 节简单介绍了两个流程：发布 feed 和构建 news feed。在本节我们将更深入地讨论这些话题。

11.3.1 深入探讨 feed 的发布流程

图 11-4 勾画了 feed 发布流程的详细设计。我们在 11.2.2 节已经讨论了大部分组件，这里将集中讨论两个组件：Web 服务器和广播服务。

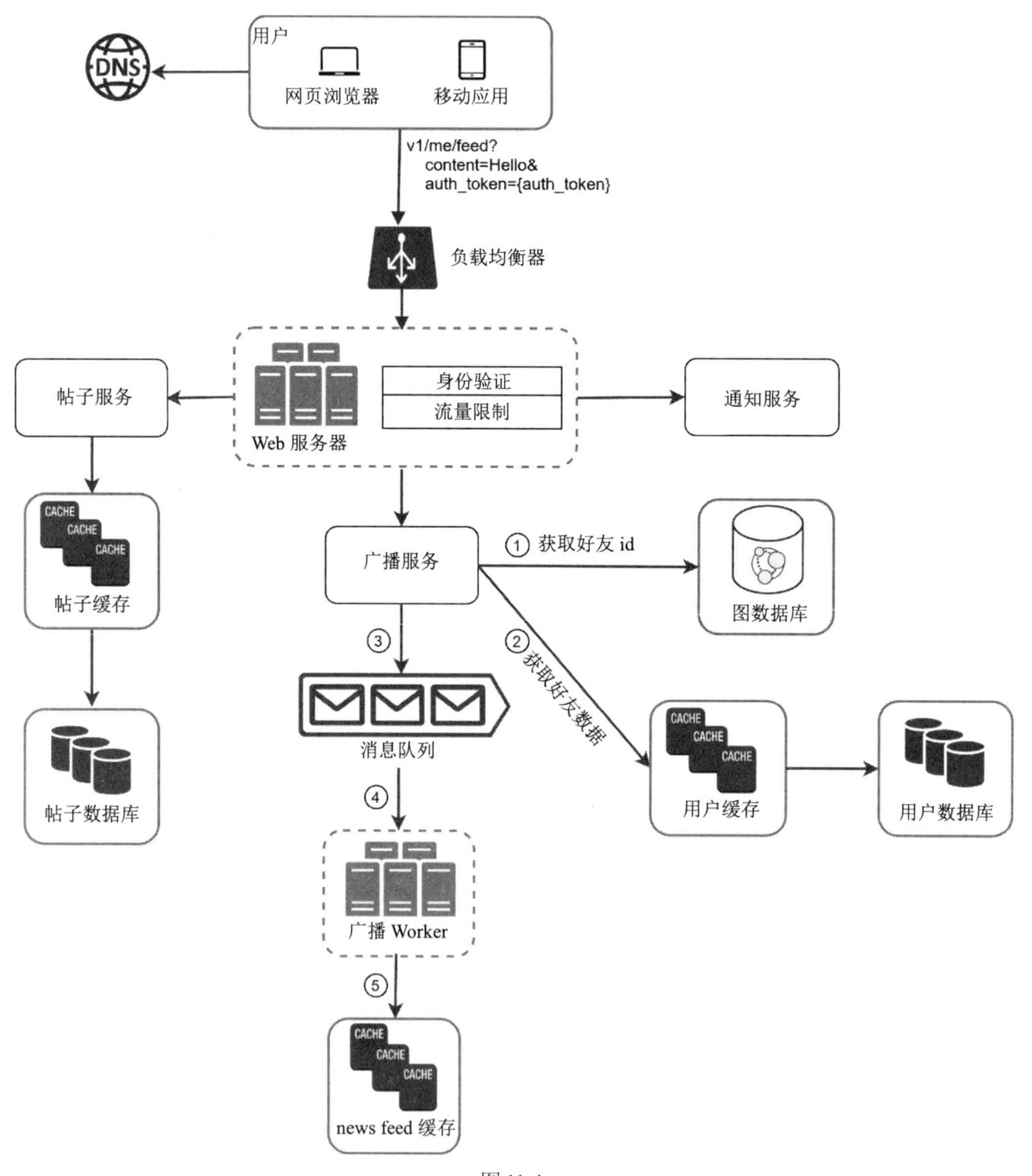

图 11-4

Web 服务器

除了与客户端通信外，Web 服务器也用于验证用户身份和限流。只有使用有效的 auth_token 登录的用户才允许发布帖子。系统也限制了用户在一段时间内可以发布的帖子的数量，这对于阻止发布垃圾信息和滥用内容很重要。

广播服务

广播是把一个帖子发给所有好友的过程。有两种广播模型：写广播（也叫推送模型）和读广播（也叫拉取模型）。两种模型都有各自的优缺点。我们会解释它们的工作流程并探索支持我们系统的最佳方法。

（1）写广播。采用这种方法，在写入的时候就预先计算好用户发布的帖子将被哪些好友订阅。用户的新帖子在发布之后就立刻被传递到好友的 news feed 缓存中。

写广播的优点是：

- 实时生成 news feed，并且立刻将其推送给好友。
- 获取 news feed 很快，因为一个帖子在被写入的时候，系统就计算好了哪些人会订阅。

写广播的缺点是：

- 如果用户有很多好友，获取好友列表并为所有人生成 news feed 会很慢且耗时。这也叫作热键问题（Hotkey Problem）。
- 对不活跃的用户或者那些很少登录的用户，预计算 news feed 会浪费计算资源。

（2）读广播。直到读取的时候才生成 news feed。这是一种按需模型。当用户加载主页时，再拉取最近的动态。

读广播的优点是：

- 对不活跃的用户或者那些很少登录的用户，效果更好，因为不会在他们身上浪费计算资源。
- 不存在热键问题，因为数据不会被推给好友。

读广播的缺点是因为没有预先计算，所以获取 news feed 会很慢。

我们采用了混合方案，以利用这两个方法的优点，避开它们的缺点。因为快速获取 news feed 很重要，所以我们对大部分用户使用推送模型。对于名人或者有很多好友和粉丝的用户，我们让粉丝按需拉取新内容（news）来避免系统过载。一致性哈希可以帮我们更均匀地分配请求/数据，它是一个减轻热键问题的有用技术。

我们仔细研究一下广播服务，如图 11-5 所示。

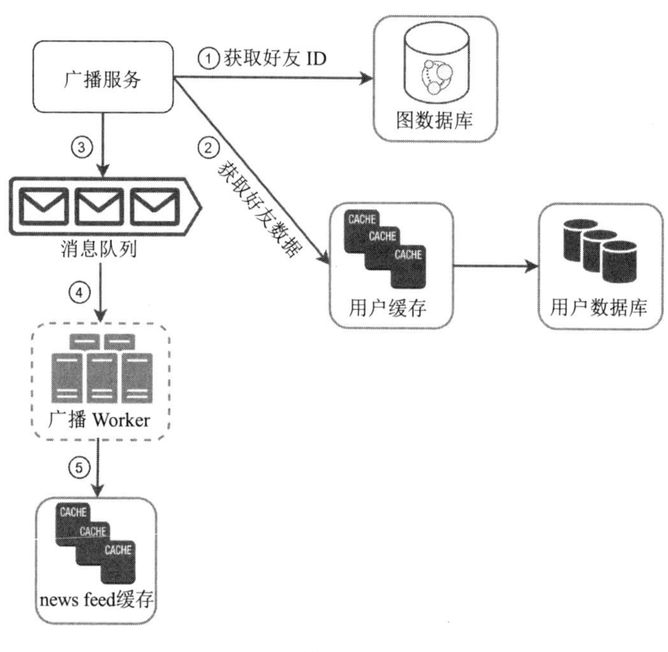

图 11-5

广播服务的工作流程如下：

1. 从图数据库中获取好友 ID。图数据库非常适合管理好友和好友推荐。

2. 从用户缓存中获取好友信息，然后根据用户设置筛选好友。例如，如果你屏蔽了某人，那么她的帖子就不会出现在你的 news feed 上，尽管你们仍然是好友。用户可以选择性地与特定好友分享信息，或者隐藏信息不让其他人看到。

3. 发送好友列表和新动态的 ID 给消息队列。

4. 广播 Worker 从消息队列中获取数据，并将 news feed 数据存储在 news feed 缓存中。

你可以将 news feed 缓存看作<post_id, user_id >映射表。一旦新的帖子生成，就会被添加到这个表中，如图 11-6 所示。如果我们把整个用户和帖子对象都存储在缓存里，占用的内存会非常大，因此只将 ID（post_id 和 user_id）存储在缓存中。为了控制内存的消耗，我们设置了一个可配置的阈值。一个用户在 news feed 中浏览上千条帖子的概率很小。大部分用户只对最新的内容感兴趣，所以缓存未命中的概率很低。

5．将<post_id, user_id>存储在 news feed 缓存中。图 11-6 展示了存储在缓存中的 news feed 例子。

post_id	user_id
post_id	user_id
post_id	user_id
post_id	user_id
post_id	user_id
post_id	user_id
post_id	user_id
post_id	user_id

图 11-6

11.3.2 深入探讨 news feed 的获取流程

图 11-7 展示了获取 news feed 的详细流程。如图 11-7 所示，多媒体内容（图片、视频等）存储在 CDN 中以便快速获取。我们来看一看客户端是如何获取 news feed 的。

1. 用户发送请求获取其 news feed。请求看起来像这样：

```
/v1/me/feed
```

2. 负载均衡器把请求重新分配给各 Web 服务器。

3. Web 服务器请求 news feed 服务以获取 news feed。

4. news feed 服务从 news feed 缓存中获取帖子 ID 列表。

5. 用户的 news feed 不仅包含帖子 ID 列表，还包含用户名、头像、帖子内容、帖子中的图片等。因此，news feed 服务从缓存（用户缓存和帖子缓存）中获取完整的用户和帖子对象，来构建完整的 news feed。

6. 将整合好的 news feed 以 JSON 格式返回给客户端进行渲染。

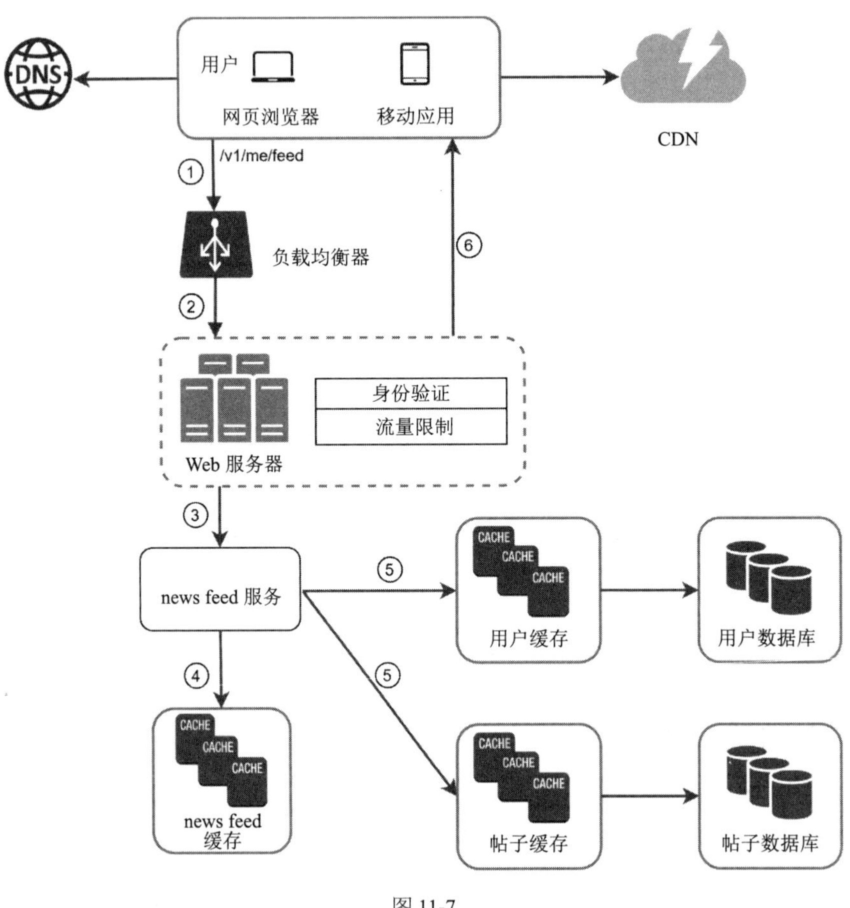

图 11-7

11.3.3 缓存架构

缓存对于 news feed 系统来说非常重要。在这个系统中，我们把缓存分为 5 层，如图 11-8 所示。

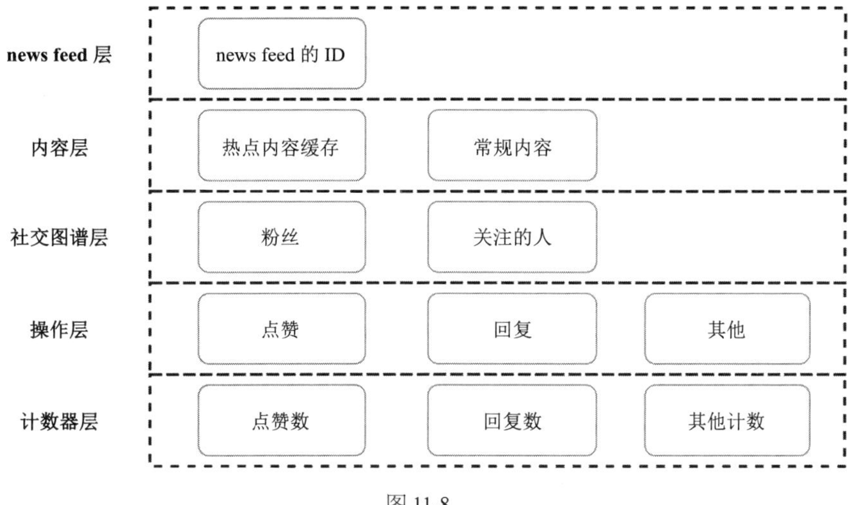

图 11-8

- news feed 层：存储了 news feed 的 ID。
- 内容层：存储每条帖子的数据。流行的内容存储在热点内容缓存中。
- 社交图谱层：存储用户关系数据。
- 操作层：存储用户对帖子点赞、回复，或者进行其他操作的信息。
- 计数器层：存储点赞、回复、关注等行为的计数数据。

11.4 第四步：总结

在本章中，我们设计了一个 news feed 系统。我们的设计主要包含两个流程：发布 feed 和获取 news feed。

和其他系统设计面试问题一样，不存在完美的系统设计方法。每个公司都有独特的限制条件，你必须设计一个能适应这些限制条件的系统。理解设计和技术选择上的权衡很重要。如果面试的最后还剩几分钟时间，你可以谈一谈扩展性问题。为了避免重复，下面仅列举了高层级的话题。

数据库的扩展：

- 纵向扩展与横向扩展。

- 关系型数据库与 NoSQL。
- 主从复制。
- 读副本。
- 一致性模型。
- 数据库分片。

其他话题：

- 保持网络层无状态。
- 缓存尽量多的数据。
- 支持多数据中心。
- 通过消息队列来解耦组件。
- 监控关键指标。比如，高峰期的 QPS 和当用户刷新其 news feed 时的延时都是值得监控的指标。

恭喜你已经看到这里了。给自己一些鼓励。干得不错！

12 设计聊天系统

在本章中，我们探讨聊天系统（应用）的设计。几乎所有人都用过聊天应用。图 12-1 展示了市面上一些最流行的聊天应用。

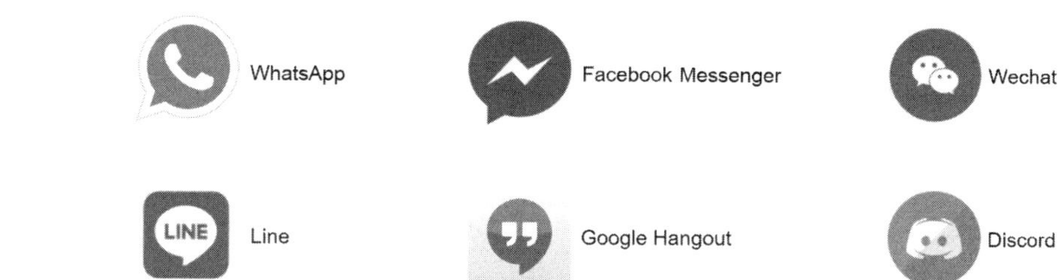

图 12-1

不同人可能想要不同的聊天应用。弄清楚准确的需求是非常重要的。举个例子，如果面试官想要的是一对一聊天系统，你就不要考虑如何设计一个主要用于群聊的系统了。

12.1 第一步：理解问题并确定设计的边界

在开始设计之前，应该先搞清楚要设计的聊天应用的类型。市面上有一对一的聊天应用，如 Facebook Messenger、微信和 WhatsApp，也有专注于群聊的办公聊天应用，如 Slack，还有专注于大型群组互动和低延时语音对话的游戏聊天应用，如 Discord。

首先，应该通过提问来弄清楚面试官想要的到底是什么样的聊天应用。至少，要弄明白你应该专注于一对一聊天应用还是群聊应用。以下是你可能想问的一些问题。

候选人：我们应该设计什么类型的聊天应用？是一对一聊天的还是群聊的？

面试官：应该既支持一对一聊天，也支持群聊。

候选人：这是一个移动端应用，还是一个网页应用？或者都是？

面试官：都是。

候选人：这个应用的规模是怎样的？是一个初创应用还是大型的应用？

面试官：它应该能支持 5000 万的日活用户（DAU）。

候选人：对于群聊，群组人数的上限是多少？

面试官：最多 100 人。

候选人：这个聊天应用的哪些功能很重要？它能支持附件吗？

面试官：一对一聊天、群聊和在线状态显示。系统只支持文本消息。

候选人：消息的大小有限制吗？

面试官：有，文本长度应该小于 100,000 个字符。

候选人：需要端到端加密吗？

面试官：现在不需要，但如果时间允许我们也会讨论这个问题。

候选人：聊天记录需要保存多久？

面试官：永远。

在本章中，我们会专注于设计一个像 Facebook Messenger 那样的聊天应用，它主要提供以下功能：

- 一对一聊天，消息的传输延时低。
- 小型群组聊天（最多 100 人）。
- 展示在线状态。
- 支持多设备，即同一个账号可以同时在多个设备上登录。
- 推送通知。

在设计的规模上达成共识也很重要。我们设计的这个聊天应用可支持 5000 万 DAU。

12.2　第二步：提议高层级的设计并获得认同

为了设计出高水平的应用，你应该掌握关于客户端和服务器通信的基本知识。在聊天系统中，客户端可以是移动应用或网页应用。客户端之间不直接通信。每个客户端会连接到一个聊天服务。我们先关注基本操作。聊天服务必须支持下面的功能：

- 接收来自其他客户端的消息。
- 为每条消息找到正确的接收者并将消息发过去。
- 如果接收者不在线，则在服务器上先暂时保存这个消息，直到该接收者上线。

图 12-2 展示了客户端（发送者和接收者）和聊天服务之间的关系。

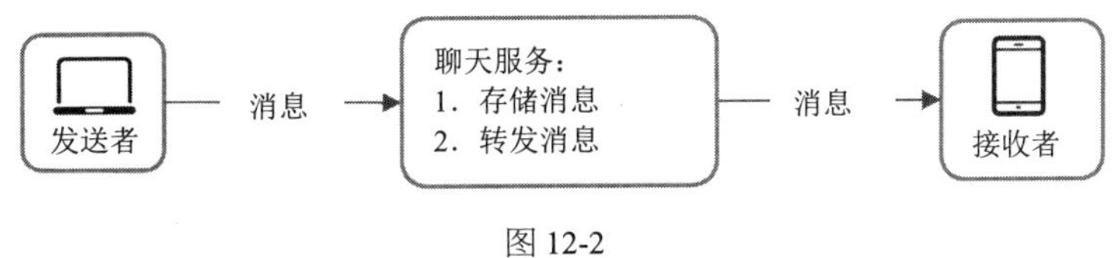

图 12-2

当一个客户端想要开始一个对话时，它会使用一种或者多种网络协议连接到聊天服务。对于聊天服务来说，网络协议的选择是很重要的，最好和面试官一起讨论一下这个问题。

对于大部分客户端/服务器应用来说，请求是先从客户端发起的。聊天应用的发送者端也是如此。在图 12-2 中，当发送者通过聊天服务发送一条消息给接收者时，它使用的是经过时间验证的 HTTP 协议。HTTP 协议是最常见的网络协议。在这个场景下，客户端打开了一个到聊天服务的 HTTP 连接并发送消息，聊天服务把消息发给接收者。保持请求头是一种高效的方式，因为它使客户端和聊天服务之间保持持久的连接，同时也减少了 TCP 握手的次数。在发送者端，HTTP 协议也是一个不错的选择，很多流行的聊天应用如 Facebook Messenger[①]一开始都是使用 HTTP 协议来发送消息的。

然而，接收者端要复杂一些。因为 HTTP 请求是客户端发起的，从服务器端发送消息

---

① 请参阅 Erlang Factory 官网上的 PPT“Erlang at Facebook”。

并不容易。近年来，很多技术被用于模拟服务器发起连接，包括轮询（Polling）、长轮询（Long Polling）和 WebSocket。这些重要的技术在系统设计面试中经常被问到，下面我们分别介绍它们。

12.2.1 轮询

如图 12-3 所示，轮询是一种客户端周期性询问服务器是否有新消息的技术。轮询的开销可能很大，这取决于轮询的频率。它可能会耗费宝贵的服务器资源来回答一个在大部分时间中答案都是“没有新消息”的问题。

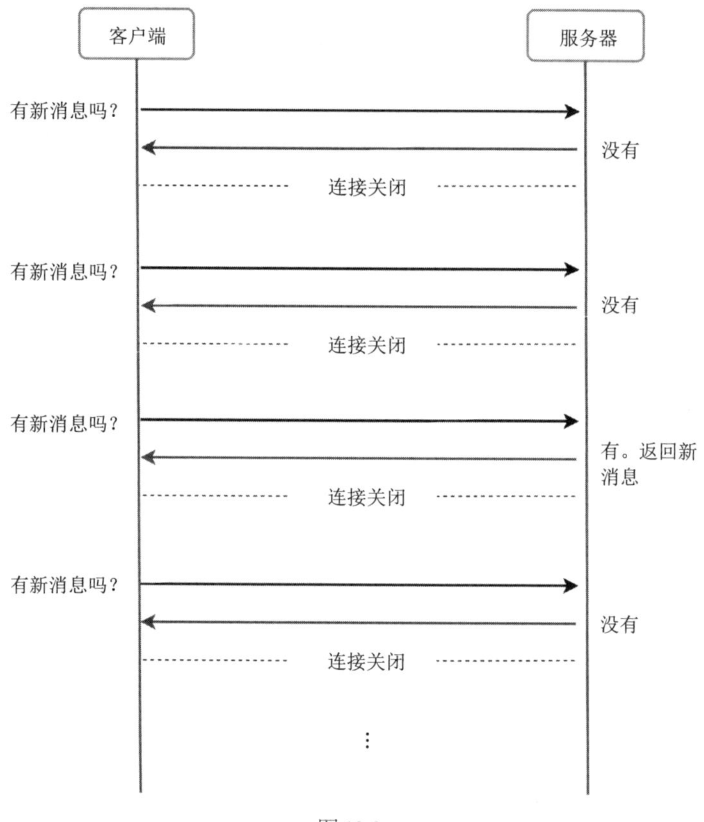

图 12-3

12.2.2 长轮询

轮询的效率较低，长轮询有时是更好的选择（见图 12-4）。

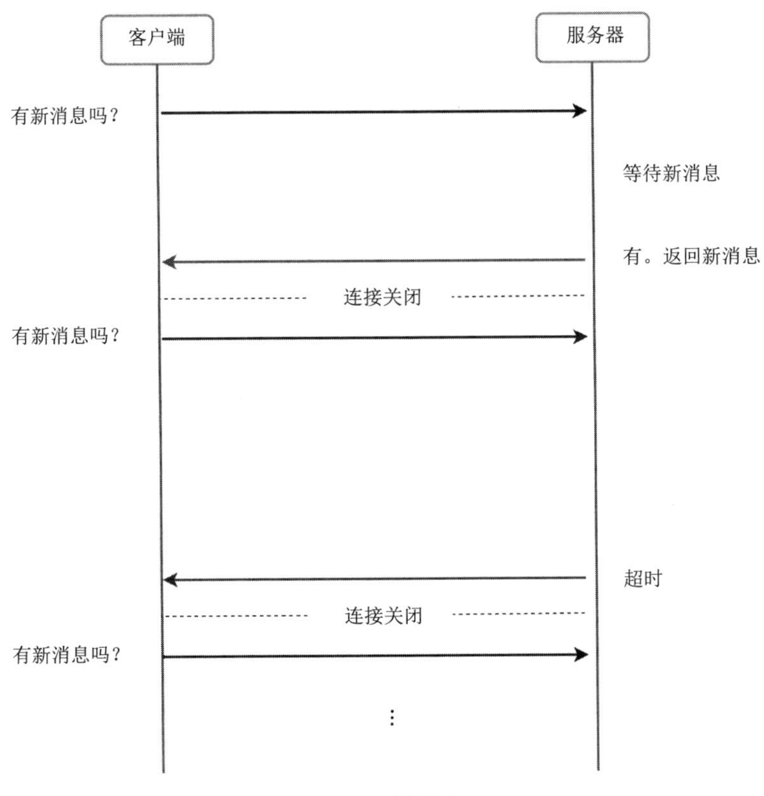

图 12-4

在长轮询中，客户端保持连接处于打开状态，直到有新消息可用或者达到超时阈值。一旦客户端收到新消息，它就会立刻将另一个请求发送给服务器，重新开始这个流程。不过，长轮询有一些缺点。

- 发送者和接收者可能并没有连接到同一个聊天服务器。基于 HTTP 协议的服务器通常是无状态的。如果使用 Round Robin 的方式来做负载均衡，接收到消息的服务器可能并没有与等待接收消息的客户端保持长轮询连接。
- 服务器没有好的方法来判断客户端有没有断开连接。

- 效率不高。如果一个用户并不经常聊天，长轮询依然会在超时之后周期性地建立连接。

12.2.3 WebSocket

WebSocket 是服务器向客户端发送异步更新的最常用的解决方案。图 12-5 展示了它的工作原理。

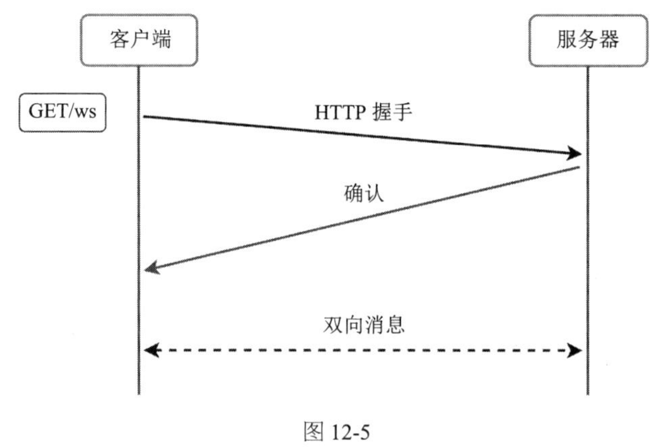

图 12-5

WebSocket 连接是由客户端发起的，是双向且持续的。最初是一个 HTTP 连接，可以通过一些定义明确的握手方法将其“升级”成 WebSocket 连接。通过这个持久的连接，服务器可以向客户端发送更新信息。通常，WebSocket 连接在有防火墙的情况下也可以正常工作，因为它们用的是端口 80 或者 443。这些端口也被 HTTP/HTTPS 连接使用。

之前我们说过，在发送者端使用 HTTP 协议是一个不错的选择，但是因为 WebSocket 是双向通信协议，将其用于接收消息在技术上也是没有问题的。图 12-6 展示了 WebSocket（ws）协议是如何既用在发送者端又用在接收者端的。

在发送和接收时都使用 WebSocket 协议，既简化了设计又使得客户端和服务器的实现更直观。因为 WebSocket 连接是持久的，所以服务器端需要对连接进行高效的管理。

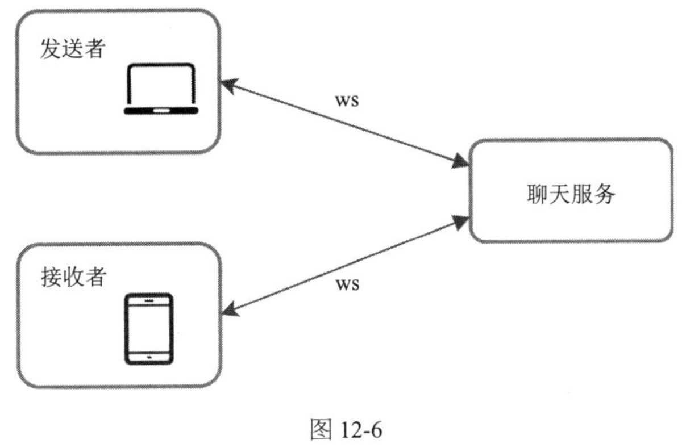

图 12-6

12.2.4 高层级设计

如我们之前提到的，因为支持双向通信，WebSocket 被选择为客户端和服务器之间的主要通信协议。但是，也必须注意，聊天系统中的其他部分不一定非得用 WebSocket。实际上，聊天应用的大部分功能（注册、登录、获取用户个人信息等）使用的都是传统的基于 HTTP 协议的请求/响应方法。

我们来看一下系统的高层级设计。如图 12-7 所示，聊天系统可以分成 3 个主要组件或模块：无状态服务、有状态服务和第三方集成。

无状态服务

无状态服务是传统的面向大众的请求/响应服务，用于管理登录、注册、用户个人信息等。这些功能是很多网站和应用的常见功能。

无状态服务位于负载均衡器之后，负载均衡器的作用是根据请求路径把请求路由到正确的服务上。这些服务可以是单体应用或者单独的微服务。市面上有很多可以轻松集成的服务，因此很多这样的无状态服务都不需要我们自己构建。需要注意的是服务发现（Service Discovery）。其主要任务是给客户端提供一个聊天服务器 DNS 主机名列表，客户端可以连接到这些主机上。

有状态服务

在聊天系统中，唯一的有状态服务是聊天服务。这个服务是有状态的，因为每个客户端都维持了一个和聊天服务器的持久连接。在这个服务中，只要聊天服务器依然可用，客户端通常不会将连接切换到另一个聊天服务器上。服务发现和聊天服务密切合作，可以避免服务器过载。我们会在后面详细介绍。

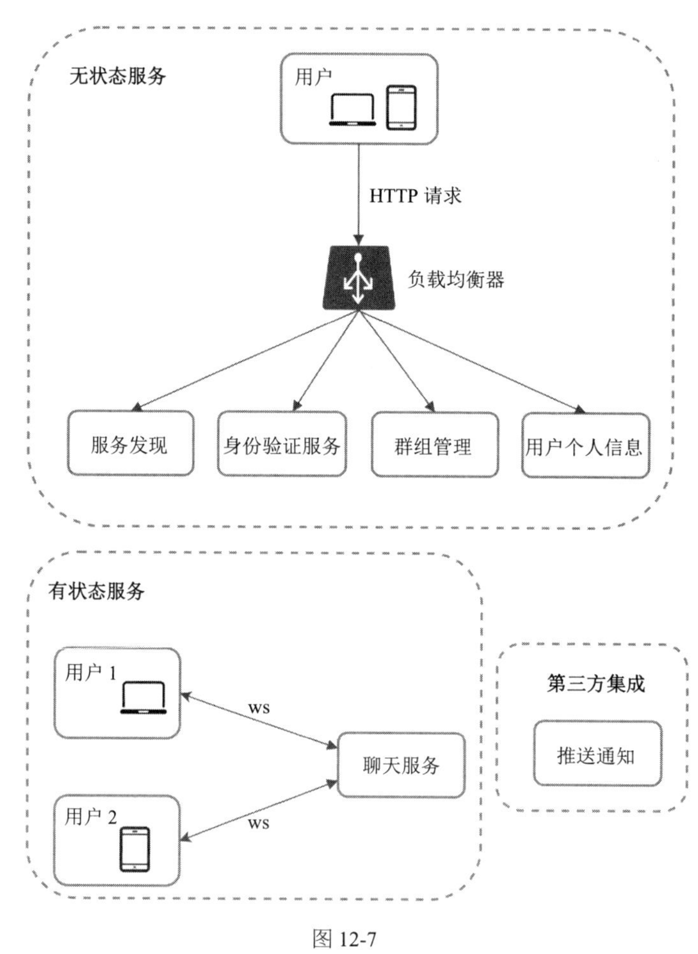

图 12-7

第三方集成

在聊天应用中，推送通知是与第三方服务集成的最重要的功能。它是当有新消息到达时通知用户的方法，即使应用当时没有运行。正确地集成推送通知服务至关重要。可以参考第 10 章获取更多的信息。

可扩展性

如果规模不大，上面列举的所有服务可以都运行在一个服务器上。即使是我们这里的系统规模，理论上把所有用户连接都放在一个现代云服务器中也是有可能的。一个服务器可以处理的并发连接数量，最有可能成为限制因素。在我们的场景中有 100 万并发用户，假设每个用户连接需要 10 KB 的服务器内存（这是一个非常粗略的数字，而且非常依赖于所采用的编程语言），那么只需要约 10 GB 内存就可以在一个服务器上保存所有连接。

如果你提出把所有服务和功能都放在同一个服务器上，可能会令面试官产生严重的疑虑和担忧。没有一个技术人员会为这种规模的系统给出单服务器设计方案。基于很多方面的考虑，单服务器设计不可取。其中，单点故障是最大的问题。

尽管如此，以单服务器设计方案作为起点是完全没问题的。只要确保面试官知道这只是一个起点就好。把我们前面提到的所有模块整合起来，图 12-8 展示了调整后的高层级设计。

在图 12-8 中，客户端维持了和聊天服务器之间的持久 WebSocket 连接用于实时通信。

- 聊天服务器实现消息的发送/接收。
- 在线状态服务器管理在线/离线状态。
- API 服务器处理用户登录、注册、修改个人信息等任务。
- 通知服务器发送推送通知。
- 键值存储用于存储聊天历史。当离线的用户再次上线时，会看到自己之前的所有聊天记录。

存储

现在我们已经准备好服务器，服务都运行正常且完成了第三方集成。在技术栈中，再往下深入就是数据层了。通常需要花一些精力才能正确地实现数据层。我们必须做的一个重要决定是选择正确的数据库类型：是选择关系型数据库还是选择 NoSQL？为了做出明智的决定，我们先研究一下聊天系统中的数据类型和读/写模式。

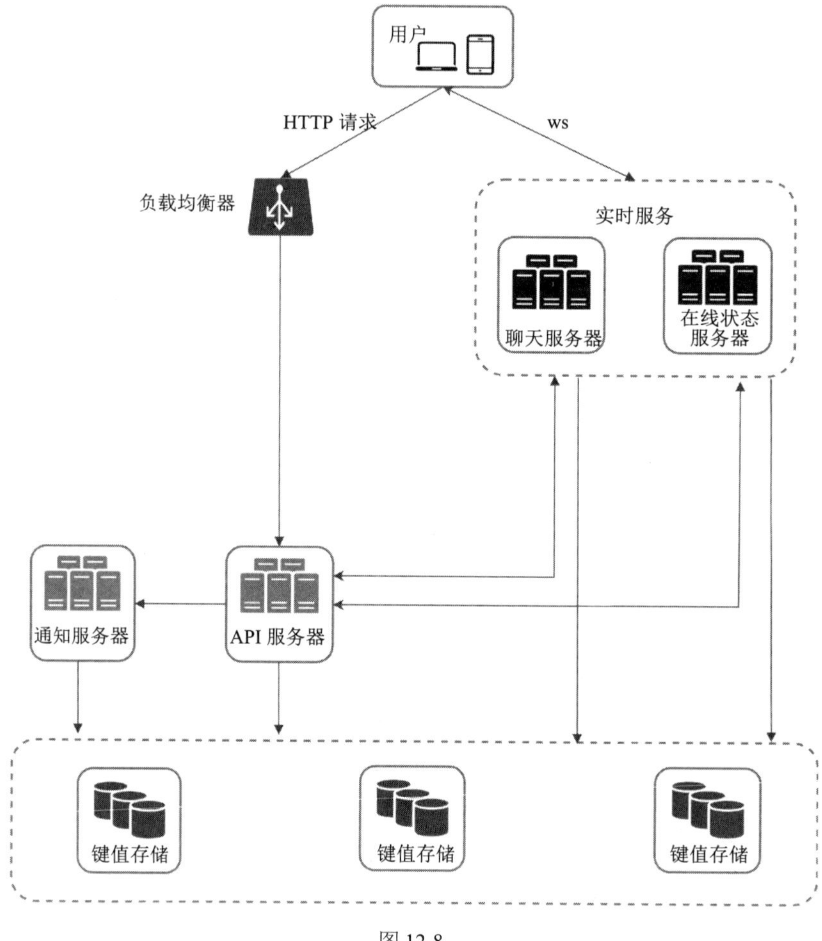

图 12-8

在典型的聊天系统中，有两种类型的数据。第一种是通用数据，比如用户个人信息、设置、用户的好友列表等。这些数据被存储在健壮且可靠的关系型数据库中。数据库复制和分片是用来满足可用性和可扩展性要求的常见技术。

第二种是聊天系统特有的数据：聊天历史数据。在处理聊天历史数据时，理解读/写模式非常重要。

- 聊天系统的数据量很庞大。有研究[①]显示 Facebook Messenger 和 WhatsApp 每天处理

① 请参阅 theverge 网站上的文章“Messenger and WhatsApp Process 60 Billion Messages a Day, Three Times More Than SMS”。

约 600 亿条消息。

- 只有最近的聊天记录会被经常访问。用户通常不会查找很早之前的聊天记录。
- 尽管在大部分情况下只有最近的聊天记录会被查看，但是用户也可能会使用一些功能来随机访问数据，比如搜索、查看自己被提及的消息，跳转到特定的消息等。这些场景也需要数据访问层来提供支持。
- 对于一对一聊天应用，读写比率差不多是 1∶1。

选择合适的、支持我们所有使用场景的存储系统非常重要。基于以下的原因，我们推荐使用键值存储：

- 键值存储能轻松地进行横向扩展。
- 键值存储的数据访问延时特别低。
- 关系型数据库不能很好地处理长尾数据[1]。当索引变得很大时，随机访问的开销会很大。

键值存储被其他已验证可靠的聊天应用所采用。例如，Facebook Messenger 和 Discord 都使用键值存储。Facebook Messenger 使用的是 HBase[2]，Discord 使用的是 Cassandra[3]。

12.2.5 数据模型

我们讨论了使用键值存储来作为存储层。最重要的数据是消息数据，让我们仔细看看消息数据的组织和存储方式。

一对一聊天的消息表

图 12-9 展示了一对一聊天的消息表（message）。主键是 message_id，它可以帮我们确定消息的顺序。因为两条消息可能是在同一时间创建的，所以我们不能仅依靠 created_at 来确定消息的顺序。

---

① 请参阅维基百科上的“Long Tail”词条。

② 请参阅 Facebook 工程博客上的文章“The Underlying Technology of Messages”。

③ 请参阅 Discord 技术博客上的文章“How Discord Stores Billions of Messages”。

message	
message_id	**bigint**
message_from	bigint
message_to	bitint
content	text
created_at	timestamp

图 12-9

群聊的消息表

图 12-10 展示了群聊的消息表（group_message）。复合主键是（channel_id、message_id）。channel（频道）和 group（群组）在这里是同一个意思。因为群聊中的所有查询都会在一个 channel 里操作，所以 channel_id 是分区键。

group_message	
channel_id	**bigint**
message_id	**bigint**
user_id	bigint
content	text
created_at	timestamp

图 12-10

消息 ID

如何生成 message_id，这是一个值得探讨的有趣话题。message_id 肩负着确定消息顺序的责任。为了确定消息的顺序，message_id 必须满足以下两个要求。

- 必须是唯一的。
- 应该可以按时间排序，这意味着新创建的行的 ID 值更大。

如何实现这两个要求呢？你脑中出现的第一个想法，可能是使用 MySQL 里的

auto_increment 关键字。但是 NoSQL 通常没有这个特性。

第二种方法是使用全局的 64 位序列号生成器，比如 Snowflake[①]。我们在第 7 章中讨论过。

最后一种方法是使用本地序列号生成器。“本地”意味着在一个群组中 ID 是唯一的。本地 ID 能够起作用是因为在一对一聊天或者群聊中维护消息顺序就足够了。这个方法比全局序列号生成器更容易实现。

12.3 第三步：设计继续深入

在系统设计面试中，通常会要求对高层级设计中的一些组件进行深入的讨论。对聊天系统来说，服务发现、消息流和在线/离线指示器值得深入讨论。

12.3.1 服务发现

服务发现的主要功能是，基于地理位置、服务器性能等条件来推荐对于客户端来说最佳的聊天服务器。Apache Zookeeper[②]是一个流行的开源服务发现解决方案。它注册所有可用的聊天服务器，然后基于预先设定的条件来为客户端选择最佳的聊天服务器。

图 12-11 展示了服务发现（ZooKeeper）的工作原理。

1．用户 A 试着登录应用。

2．负载均衡器将登录请求发送给 API 服务器。

3．后端验证用户的身份后，服务发现找到对于用户 A 来说最佳的聊天服务器。在这个例子中，聊天服务器 2 被选中且它的信息被返回给用户 A。

4．用户 A 通过 WebSocket 与聊天服务器 2 建立连接。

---

① 请参阅推特的工程博客上的文章“Announcing Snowflake”。

② 请参阅 ZooKeeper 的官网。

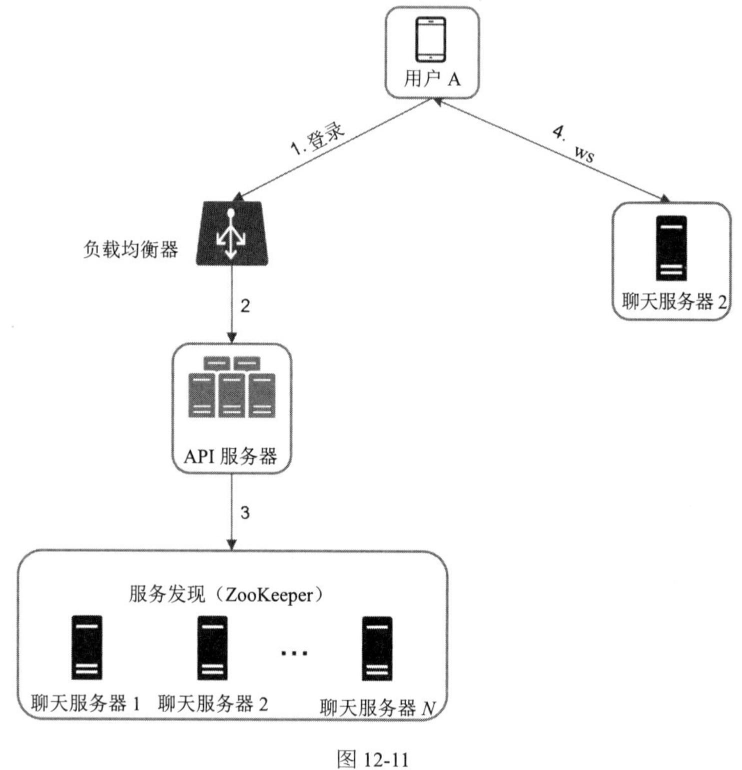

图 12-11

12.3.2 消息流

理解聊天系统的端到端消息流是很有趣的事情。在本节中，我们会探索一对一聊天消息流、多个设备之间的消息同步和群聊消息流。

一对一聊天消息流

图 12-12 解释了当用户 A 发消息给用户 B 时发生了什么。

连接。

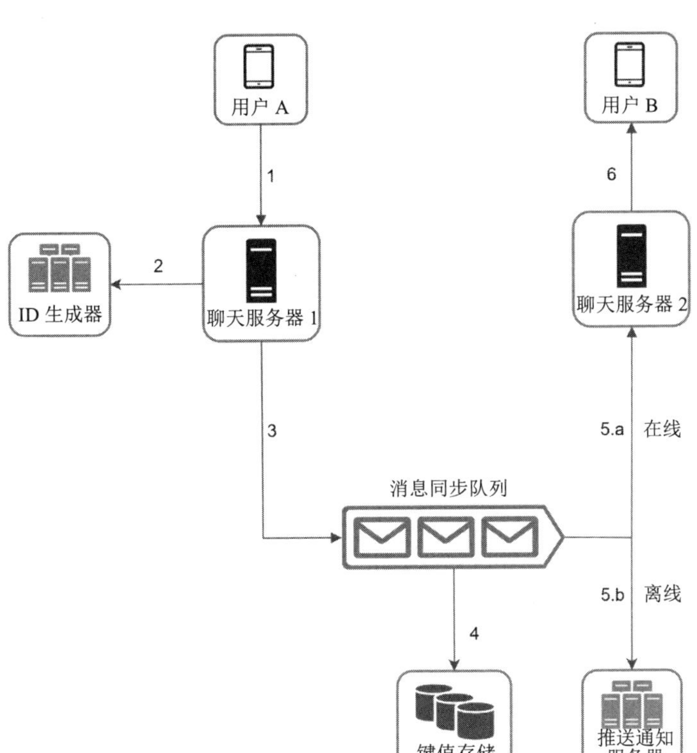

图 12-12

1. 用户 A 发送一条聊天消息给聊天服务器 1。

2. 聊天服务器 1 从 ID 生成器处获取一个消息 ID。

3. 聊天服务器 1 将消息发送到消息同步队列。

4. 将消息存储在键值存储中。

5.a. 如果用户 B 在线，消息将被转发到用户 B 连接的聊天服务器 2 上。

5.b. 如果用户 B 不在线，一个推送通知将被发给推送通知服务器。

6. 聊天服务器 2 转发消息给用户 B。用户 B 和聊天服务器 2 之间存在持久的 WebSocket 连接。

在多个设备之间同步消息

很多用户拥有多个设备。我们将解释如何在多个设备之间同步消息。图 12-13 展示了一个同步消息的例子。

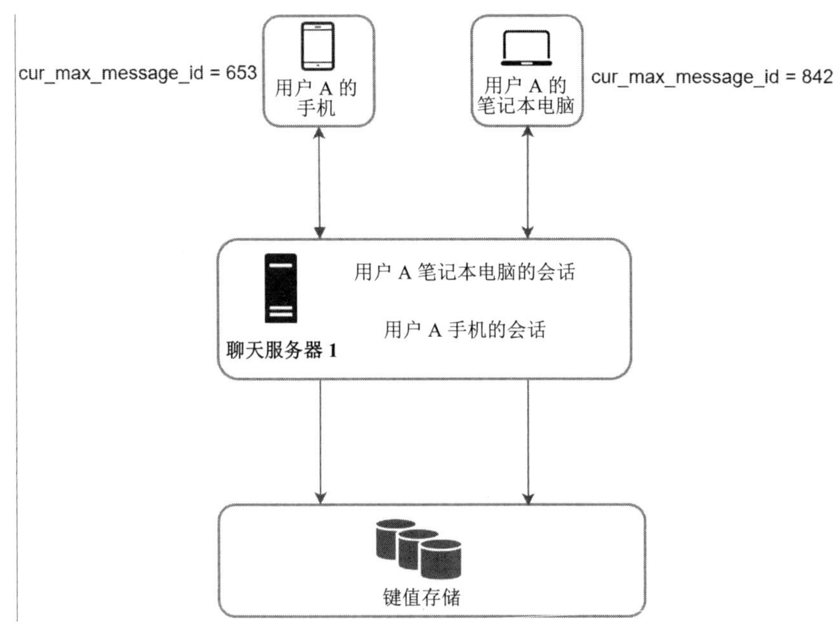

图 12-13

如图 12-13 所示，用户 A 有两台设备：一部手机和一台笔记本电脑。当用户 A 用手机登录聊天应用后，手机和聊天服务器 1 建立了 WebSocket 连接。类似地，笔记本电脑和聊天服务器 1 之间也建立了连接。

每个设备都维护了一个叫作 cur_max_message_id 的变量，用于追踪设备上最新消息的 ID。满足以下两个条件的消息被认为是新消息：

- 接收者 ID 等于现在登录的用户的 ID。
- 键值存储中的消息 ID 大于 cur_max_message_id。

由于每个设备的 cur_max_message_id 是不同的，每个设备都可以从键值存储中获取各自的新消息，因此消息同步变得很容易。

群聊消息流

相比于一对一聊天，群聊消息流的逻辑复杂些。图 12-14 和图 12-15 解释了群聊消息流。

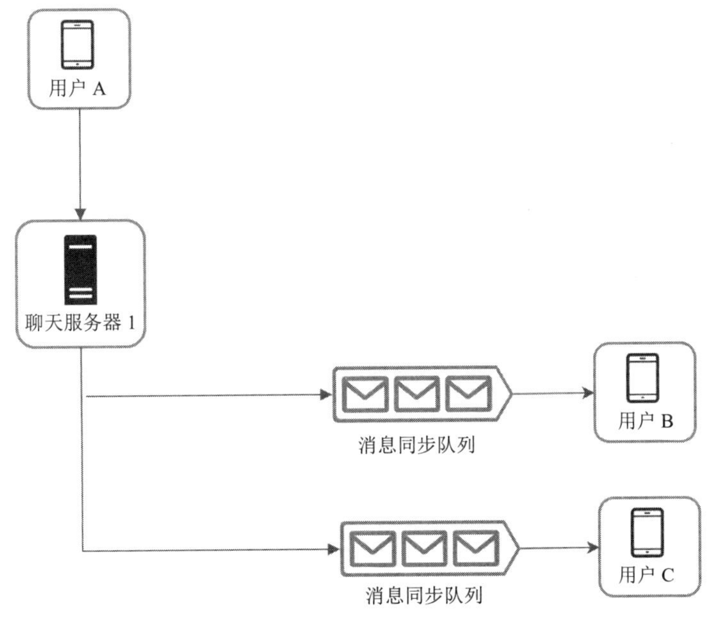

图 12-14

图 12-14 解释了当用户 A 在群聊中发送一条消息时发生了什么。假设群里有 3 个成员（用户 A、B、C）。首先，来自用户 A 的消息被复制到每个群成员的消息同步队列中：用户 B 有一个队列，用户 C 也有一个队列。你可以把消息同步队列想象成收件箱，每个收件人都有一个。对于群聊，这个设计是合适的，因为：

- 每个客户端只需要查看自己的收件箱以获取新消息，这样简化了消息同步流程。
- 当群成员较少时，把消息复制到每个接收者的收件箱中，开销并不大。

微信使用了类似的方法，而且它将群成员数限制为 500 人[①]。尽管如此，如果群成员非常多，那么为每个成员存储消息副本是不可接受的。

① 请参阅 InfoQ 网站上的文章《从无到有：微信后台系统的演进之路》，作者为张文瑞。

在接收者端，一个接收者可以收到来自多个用户的消息。每个接收者有一个收件箱（消息同步队列），它包含来自不同发送者的消息。图 12-15 展示了这个设计。

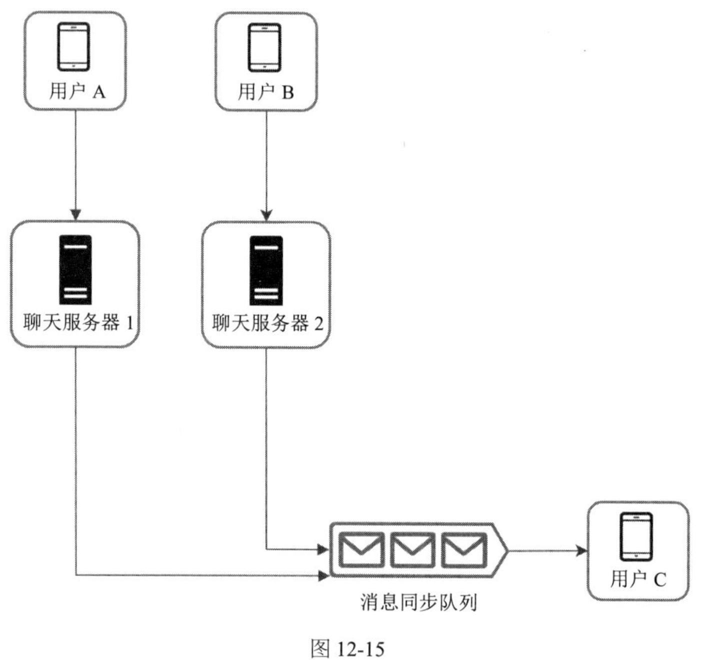

图 12-15

12.3.3 显示在线状态

在线状态指示器是很多聊天应用的一个基本功能。通常，你可以在用户头像或者用户名的旁边看到一个绿色的点。本节会解释幕后都发生了什么。

在高层级设计中，在线状态服务器负责管理在线状态并通过 WebSocket 与客户端通信。有几个流程会触发在线状态发生改变，我们逐一来看看。

用户登录

12.3.1 节讲解了用户登录流程。当客户端和实时服务之间建立 WebSocket 连接后，用户 A 的在线状态和 last_active_at（最后活跃时间）时间戳就被存储在键值存储中。当用户登录后，在线状态指示器就会显示其在线了。架构如图 12-16 所示。

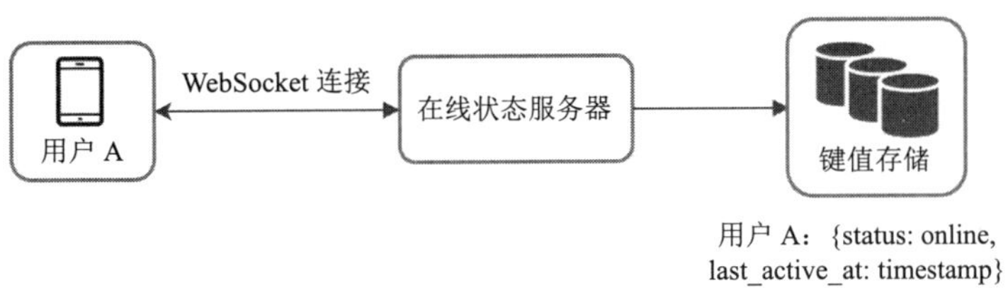

图 12-16

用户退出

当用户退出时，会经历如图 12-17 所示的退出流程。其在线状态在键值存储中会被改为离线（offline）。在线状态指示器会显示该用户离线。

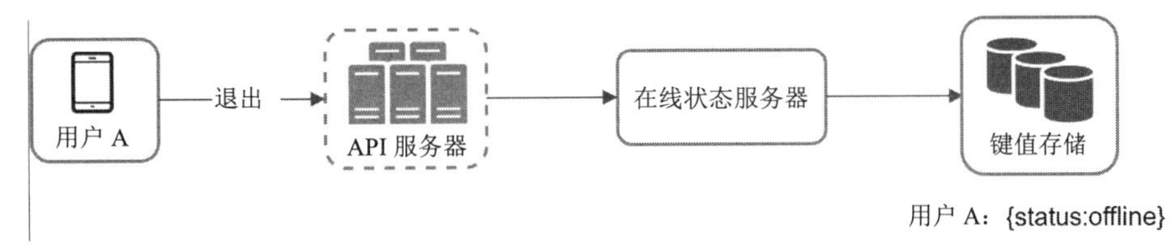

图 12-17

用户连接断开

我们都希望互联网连接是稳定可靠的，但实际上并非总是如此，因此我们在设计中必须为这个问题给出应对方法。当用户与互联网断开连接时，客户端和服务器之间的持久连接就丢失了。处理用户断开连接的一个简单方法是，把用户状态标记为离线，然后当连接被重新建立时再将用户状态改为在线。但是，这个方法有个大缺陷。用户在短时间内频繁地断开连接和重新连接互联网是很常见的。举个例子，当用户正在穿越隧道时，网络连接会时有时无。在每次断开连接/重新连接时都更新在线状态，会让在线状态指示器变化太频繁，导致用户体验很差。

我们引入心跳机制来解决这个问题。在线的客户端定期发送一个心跳事件给在线状态服务器。如果在线状态服务器在一定时间内（比如在 x 秒内）收到了来自客户端的心跳事件，用户就被认为是在线的，否则就被视为离线。

在图 12-18 中，客户端每 5 秒向服务器发送一次心跳事件。在发送 3 次心跳事件之后，客户端断开连接，而且在 30 秒内（这是随便选的一个数，用于演示心跳机制的逻辑）都没有重新连接，其在线状态就变为离线。

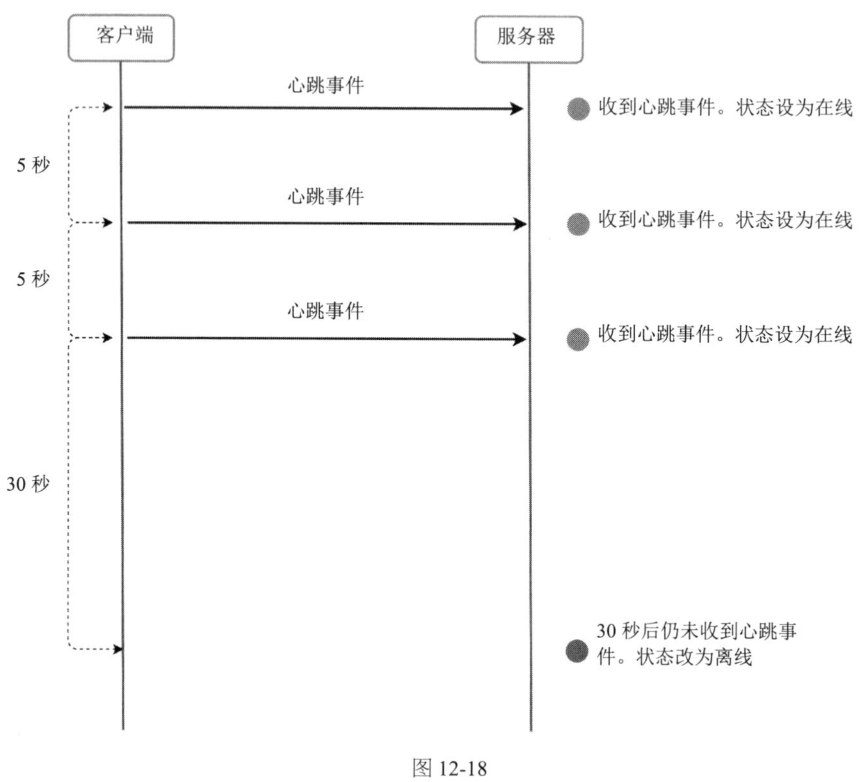

图 12-18

在线状态广播

用户 A 的好友怎么知道用户 A 在线状态的变化呢？图 12-19 解释了其工作原理。在线状态服务器使用了发布—订阅模型。在这个模型中，每对好友维护一个频道。当用户 A 的在线状态改变时，在线状态服务器把这个事件发布到 3 个频道：频道 A—B、A—C 和 A—D。这 3 个频道被用户 B、C 和 D 分别订阅。这样，好友就可以很容易地获取用户在线状态的更新了。客户端和服务器之间的通信是通过实时的 WebSocket 进行的。

上面的设计对于小用户群是有效的。例如微信使用了类似的方法，因为它将群的成员数限制在 500 人以内。对于大群，如果向所有成员都通知在线状态，开销会很大，而且很耗时。假设一个群有 10 万成员，一个用户的一次状态变化就会产生约 10 万个事件。为了解决性能瓶颈问题，一个可能的解决方案是只有当用户进群或者手动刷新好友列表时才获取在线状态。

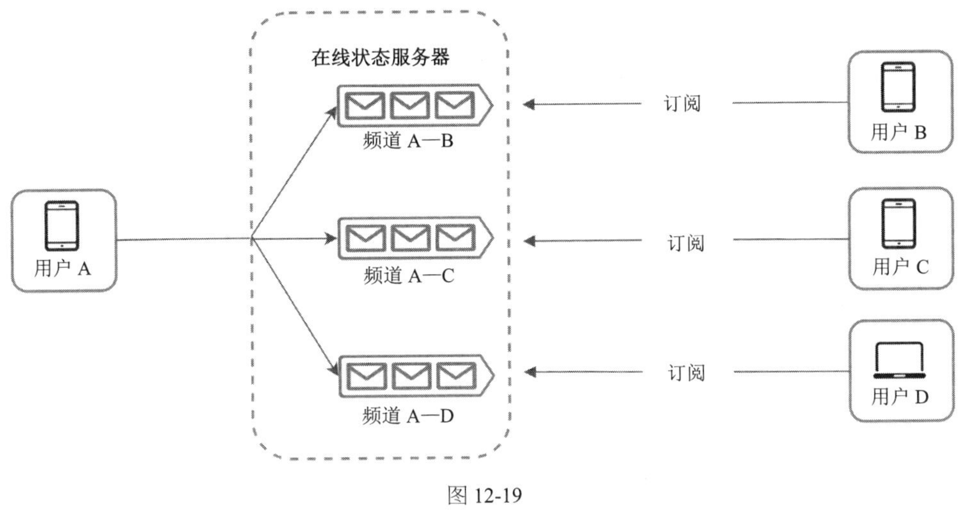

图 12-19

12.4 第四步：总结

在本章中，我们展示了一个支持一对一聊天和小型群组聊天功能的聊天系统架构。WebSocket 用于客户端和服务器之间的实时通信。聊天系统包括如下组件：传递实时消息的聊天服务器、管理在线状态的在线状态服务器、发送推送通知的推送通知服务器、持久化聊天历史的键值存储和提供其他功能的 API 服务器。

如果在面试的最后还有多余的时间，你可以谈论以下话题。

- 扩展聊天系统以支持多媒体文件，比如照片和视频。多媒体文件比文本大很多。压缩、云存储和缩略图都是值得探讨的有趣话题。
- 端到端加密。WhatsApp 支持消息的端到端加密，只有发送者和接收者可以读消息。感兴趣的读者可以自行查看 WhatsApp 帮助中心上的文章"About End-To-End Encryption"。
- 在客户端缓存消息可以有效减少客户端和服务器间的数据传输。

- 缩短加载时间。Slack 建立了一个地理上广泛分布的网络来缓存用户数据、频道信息等，这样可以缩短加载时间[①]。
- 错误处理。
  - 聊天服务器错误。一个聊天服务器可能有数十万甚至更多的持久连接。如果一个聊天服务器宕机，服务发现（ZooKeeper）将会提供一个新的聊天服务器来和客户端建立新连接。
  - 消息重发机制。重试和队列是重发消息的常用技术。

恭喜你已经看到这里了。给自己一些鼓励。干得不错！

---

① 请参阅 Slack 工程博客上文章“Flannel: An Application-Level Edge Cache to Make Slack Scale”。

13 设计搜索自动补全系统

当我们在谷歌上搜索或者在亚马逊上购物时，只要在搜索框中打字，网页上就会展示一个或者更多的与搜索词匹配的结果。这个功能叫作自动补全（Autocomplete）、提前输入（Typeahead）、边输边搜（Search-as-you-type）或者增量搜索（Incremental Search）。图 13-1 展示了一个谷歌搜索的示例，在搜索框中输入“dinner”后，谷歌显示了一系列自动补全结果。搜索自动补全是很多产品的一个重要功能。这引出了我们的面试问题：设计一个搜索自动补全系统，也即设计一个能展示“Top *k* 查询词”或者“*k* 个最常被搜索的查询词”的系统。

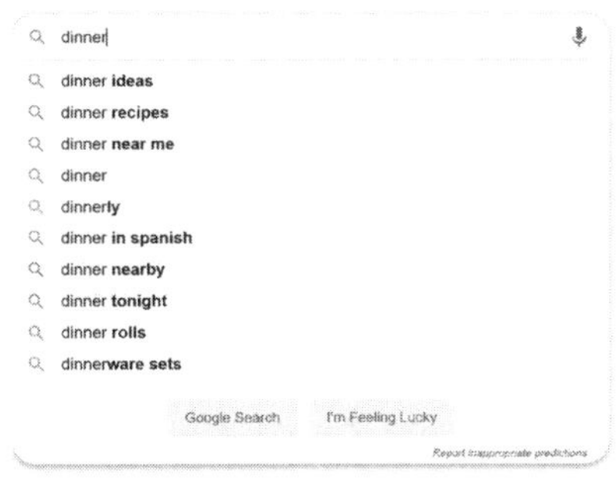

图 13-1

13.1 第一步：理解问题并确定设计的边界

在系统设计面试中，第一步是问足够多的问题来厘清需求。以下是候选人与面试官的对话示例。

候选人：系统是只支持匹配查询词的开头部分，还是也支持从其中间开始进行匹配？

面试官：只支持从头开始匹配。

候选人：系统应该返回多少条自动补全建议？

面试官：5 条。

候选人：系统如何确定要返回哪 5 条建议？

面试官：根据流行度来决定，也即基于历史的查询频率决定。

候选人：系统支持拼写检查吗？

面试官：不，系统不支持拼写检查或者自动纠正。

候选人：查询词都是英文的吗？

面试官：是的。如果最后时间允许，我们也可以讨论一下多语言支持。

候选人：系统允许输入大写字母和特殊字符吗？

面试官：不，我们假设所有的查询词都是小写字母字符。

候选人：有多少用户？

面试官：1000 万 DAU。

下面是汇总的需求。

- 快速响应：当用户输入一个查询词时，系统必须快速显示自动补全建议。Facebook 工程博客上一篇关于自动补全系统的文章“The Life of a Typeahead Query”显示，系统需要在 100 毫秒内返回结果，否则会导致用户界面卡顿。
- 相关性：自动补全建议应该是与搜索词相关的。
- 有序：系统返回的结果必须是根据流行度或者其他排名模型排序的。

- 可扩展性：系统必须能应对高访问量。
- 高可用性：当系统的一部分下线、运行缓慢或者遭遇突发网络故障时，系统应该是可用和可访问的。

13.1.1 封底估算

- 每天有 1000 万活跃用户（DAU）。
- 假设平均每人每天会进行 10 次搜索。
- 假设我们使用 ASCII 字符编码，那么 1 个字符占用 1 字节。假设一个查询包含 4 个单词，每个单词平均有 5 个字符，那么每个查询就有 4×5 = 20 字节。
- 每当在搜索框中输入一个字符，客户端就会向后端发送一个请求以获取自动补全建议。平均来说，每个查询会发送 20 个请求。举个例子，当你输入完“dinner”这个查询词时，下面的 6 个请求会被发送到后端。

```
search?q=d
search?q=di
search?q=din
search?q=dinn
search?q=dinne
search?q=dinner
```

- 每秒处理约 24,000 个查询（QPS）。
  10,000,000×10 个查询/天×20 字符/查询÷24÷3600 ≈ 24,000
- 峰值 QPS 为 QPS ×2，约为 48,000。
- 假设每天的查询中有 20%是新的，这意味着每天有 0.4 GB 新数据被添加到存储中。
  10,000,000×10 个查询/天×20 字节/查询×20% = 0.4 GB

13.2 第二步：提议高层级的设计并获得认同

总体来看，该系统可以分成如下两部分。

- 数据收集服务：它实时收集用户输入的查询并进行聚合。对于大型数据集，实时处理是不现实的，尽管如此，这是一个好的起点。我们会在 13.3 节中探索更实际的解决方案。

- 查询服务：根据查询的内容或者前缀，返回前 5 个被频繁搜索的词。

13.2.1 数据收集服务

我们使用一个简化的例子来看一下数据收集服务是怎么工作的。假设我们有一个存储了查询字符串及其频率的频率表，如图 13-2 所示。一开始，频率表是空的。随后，用户按顺序依次输入查询“twitch”、“twitter”、“twitter”和“twillo”。图 13-2 展示了频率表是如何更新的。

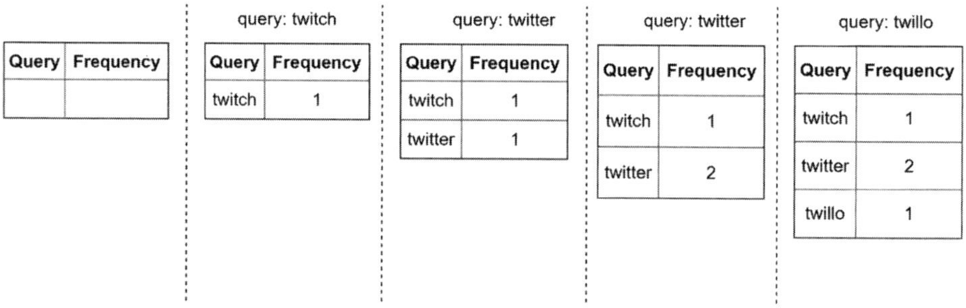

Query	Frequency

query: twitch

Query	Frequency
twitch	1

query: twitter

Query	Frequency
twitch	1
twitter	1

query: twitter

Query	Frequency
twitch	1
twitter	2

query: twillo

Query	Frequency
twitch	1
twitter	2
twillo	1

图 13-2

13.2.2 查询服务

假设我们有一个频率表，如表 13-1 所示。它有如下两个字段。

- query（查询）：用于存储查询字符串。
- frequency（频次）：表示某个查询词被搜索过的次数。

表 13-1

query	frequency
twitter	35
twitch	29
twilight	25
twin peak	21
twitch prime	18

续表

query	frequency
twitter search	14
twillo	10
twin peak sf	8

当用户在搜索框中输入“tw”时，假设频率表是基于表 13-1 的，则下面的 5 个被频繁搜索的查询词将被展示给用户（见图 13-3）。

tw
twitter
twitch
twilight
twin peak
twitch prime

图 13-3

为了获取搜索频率排在前 5 位的 5 个查询词，可执行下面的 SQL 查询语句，如图 13-4 所示。

```
SELECT * FROM frequency_table
WHERE query Like `prefix%`
ORDER BY frequency DESC
LIMIT 5
```

图 13-4

当数据集较小时，这是一个可以接受的方案。但是当数据集很大时，数据库访问会成为一个瓶颈。我们会在 13.3 节探讨如何优化。

13.3 第三步：设计继续深入

在 13.2 节中，我们讨论了数据收集服务和查询服务。这个高层级设计并不完美，它只是一个好的起点。在本节中，我们会深入探讨几个组件，并探索优化方法。

- 字典树（Trie）数据结构。
- 数据收集服务。
- 查询服务。
- 扩展存储。
- 字典树操作（Trie operation）。

13.3.1 字典树数据结构

在高层级设计中，我们选用的是关系型数据库。但是从关系型数据库中获取排名前 5 的查询词是低效的。字典树（也叫前缀树）这种数据结构被用来解决这个问题。字典树对系统很重要，所以我们会花很多时间来设计一个自定义的字典树。请注意，这里的一些想法来自两篇文章：Prefixy 团队的“How We Built Prefixy: A Scalable Prefix Search Service for Powering Autocomplete”、Sriram Ramabhadran 等人的“Prefix Hash Tree: An Indexing Data Structure over Distributed Hash Tables”。

尽管理解基本的字典树数据结构对于这个面试问题至关重要，但这更多的是一个数据结构问题而不是一个系统设计问题。网上已经有很多资料解释了字典树这个概念。因此，在本章中，我们只概述字典树数据结构，重点讨论如何优化基本的字典树来缩短响应时间。

字典树（英文发音是“try”）是一个树状数据结构，它可以紧凑地存储字符串。它的名字来源于英文单词“**retrie**val”（检索），表明它是为字符串检索操作而设计的。字典树的主要思想如下：

- 字典树是一种树状数据结构。
- 根节点表示一个空字符串。
- 每个节点存储一个字符，共有 26 个子节点，每个子节点对应一个可能的字符。为了节约空间，我们没有画空连接。
- 每个树节点表示一个单词或者一个前缀字符串。

图 13-5 展示了一个包含查询词“tree”“try”“true”“toy”“wish”“win”的字典树。查询词用粗边框突出显示。

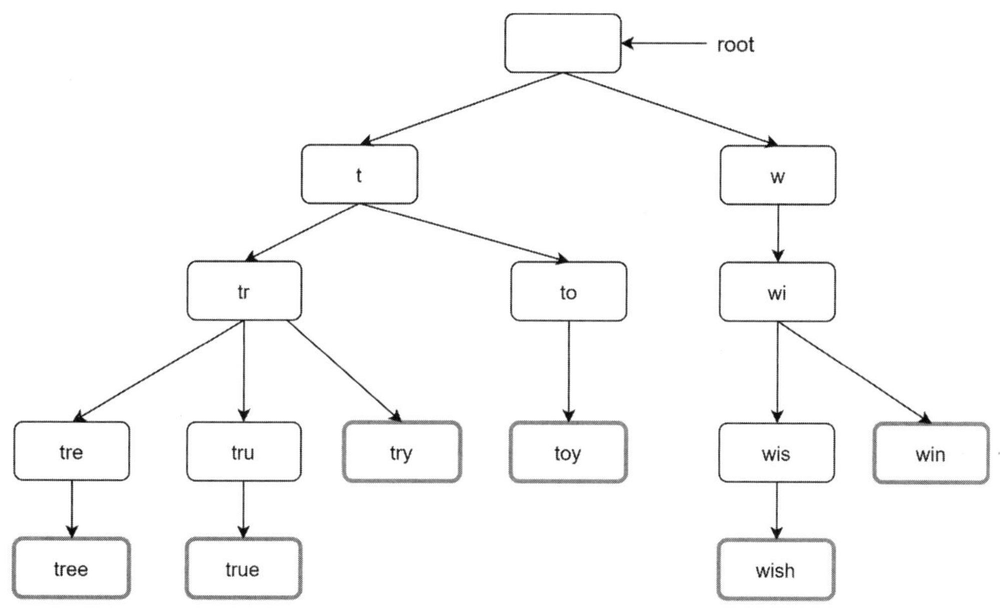

图 13-5

基本的字典树数据结构在节点中存储字符。为了支持按照频率排序，需要在节点中包含频率信息。假设我们有如 13-2 所示的频率表。

表 13-2

query	frequency
tree	10
try	29
true	35
toy	14
wish	25
win	50

将频率信息加到节点中以后，更新后的字典树数据结构如图 13-6 所示。

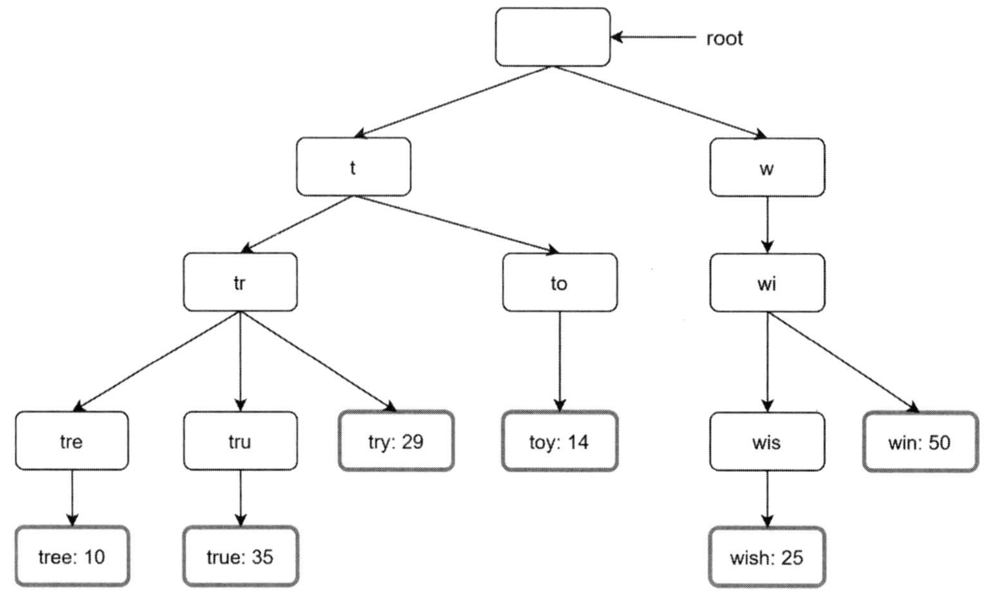

图 13-6

在进行自动补全时如何使用字典树呢？在深入探讨算法之前，让我们定义一些概念。

- p：前缀的长度。
- n：字典树中节点的总数。
- c：给定节点的子节点数。

要获取排名前 k 的最常被搜索的查询词，步骤如下所述。

1．找到前缀节点。时间复杂度为 $O(p)$。

2．从前缀节点开始遍历子树，获取所有合格的子节点。如果子节点可以形成一个有效的查询字符串，那么它就是一个合格的子节点。时间复杂度为 $O(c)$。

3．对合格的子节点排序，并获取排名前 k 的子节点。时间复杂度为 $O(c\log c)$。

我们用图 13-7 中的例子来解释这个算法。假设 k 等于 2，并且用户在搜索框中输入了“tr”。算法的步骤如下所述。

第 1 步：找到前缀节点“tr”。

第 2 步：遍历子树来获取所有的合格子节点。在这个例子中，节点[tree: 10]、[true: 35]、

[try: 29]是合格的。

第 3 步：对合格的子节点进行排序并获取排在最前面的两个。在本例中，[true: 35]和[try: 29]就是有前缀“tr”的排在最前面的两个查询词。

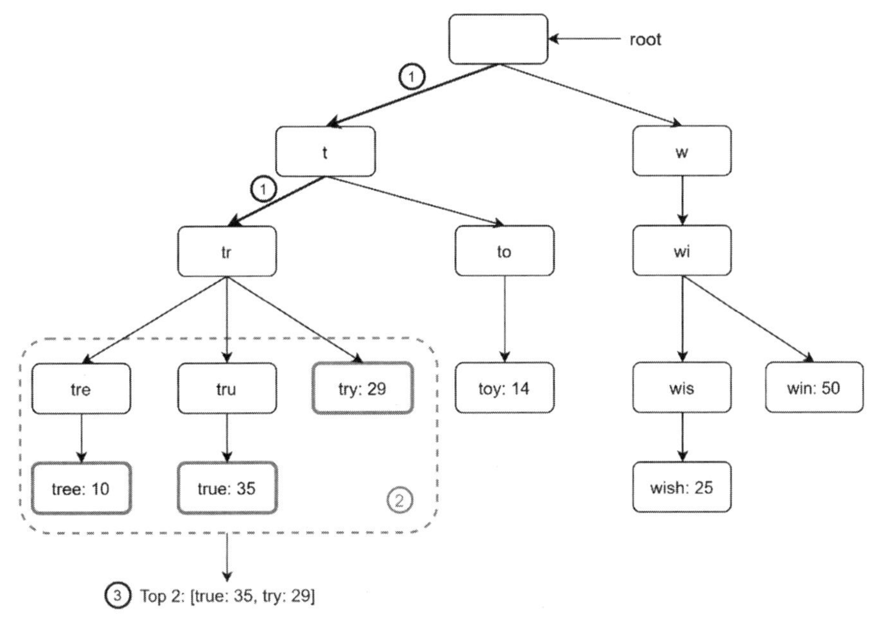

图 13-7

这个算法的时间复杂度是上述每个步骤的时间复杂度之和：$O(p) + O(c) + O(c\log c)$。

虽然这个算法简单且直接，但是它还是太慢，因为在最坏的情况下，我们需要遍历整个字典树才能获取排名前 k 的结果。接下来，我们介绍两个优化方法。

- 限制前缀的最大长度。
- 在每个节点缓存被高频搜索的查询词。

下面我们逐一来看两个优化方法。

限制前缀的最大长度

用户很少在搜索框中输入一个长查询词。因此，我们可以放心地假定 p 是一个小的整数，比如 50。如果限制前缀的长度，那么“找到前缀”这个步骤的时间复杂度可以从 $O(p)$

降为 O(小常数)，也就是 $O(1)$。

在每个节点缓存被高频搜索的查询词

为了避免遍历整个字典树，我们把最常用的 k 个查询词存储在每个节点中。因为对用户来说，5 到 10 个自动补全建议就足够了，所以 k 是一个相对较小的数字。在我们这里的例子中，只有排在前 5 位的查询词被缓存。

通过在每个节点上缓存高频查询词，我们可以显著降低获取最高频的 5 个查询词的时间复杂度。但是，这种设计方案需要用大量空间在每个节点存储高频查询词。用空间来换时间是值得的，因为快速响应非常重要。

图 13-8 展示了更新后的字典树数据结构。最高频的 5 个查询词被存储在每个节点上。举个例子，前缀是“be”的节点存储了如下查询词：[best: 35, bet: 29, bee: 20, be: 15, beer: 10]。

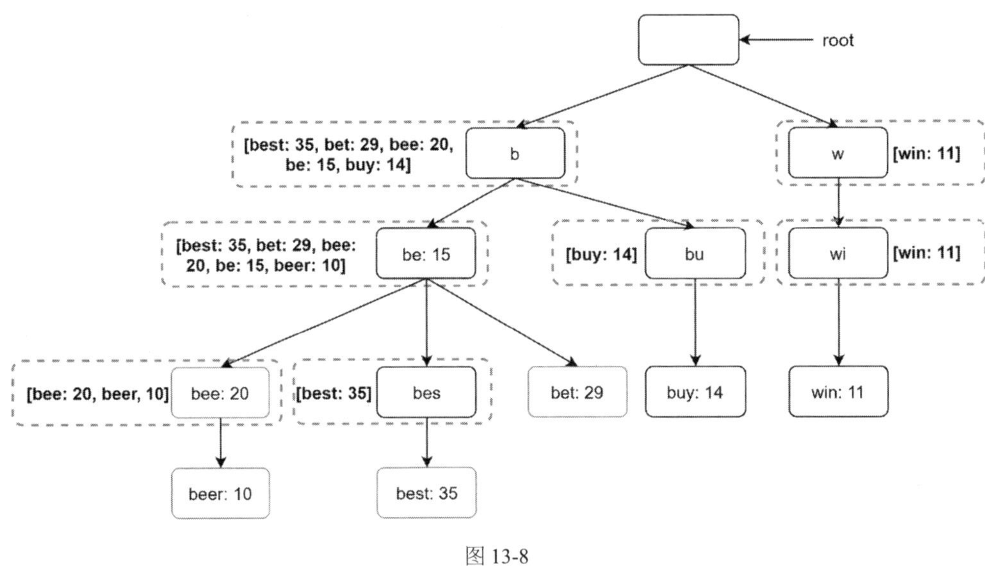

图 13-8

我们来看看实施这两个优化方法之后的算法时间复杂度。

1．找到前缀节点。时间复杂度为 $O(1)$。

2．返回最高频的 k 个查询词。因为最高频的 k 个查询词已经被缓存，这一步的时间复杂度是 $O(1)$。

因为每一个步骤的时间复杂度都降低为 $O(1)$，所以我们的算法只需要 $O(1)$的时间复杂度就能获取最高频的 k 个查询词。

13.3.2 数据收集服务

在我们之前的设计中，无论用户何时输入查询词，字典树中的数据都会实时更新。然而，这个方法在实践中有如下两个问题。

- 用户可能每天输入数十亿个查询词。对每个查询词都更新字典树会显著降低查询服务的速度。
- 一旦字典树被创建，对高频查询词的建议可能不会经常变化。因此，没有必要频繁更新字典树。

为了设计一个可扩展的数据收集服务，我们要仔细研究数据是从哪里来的以及数据是如何被使用的。实时应用，比如推特，其自动补全建议应该是最新的。但是对于很多谷歌搜索查询词来说，自动补全建议可能不会每天都有很大变化。

尽管使用场景存在差别，但数据收集服务的基本框架都是一样的，这是因为用来构建字典树的数据通常都来自数据分析服务（Analytics）或者日志记录服务。

图 13-9 展示了重新设计的数据收集服务。我们将逐一分析每个组件。

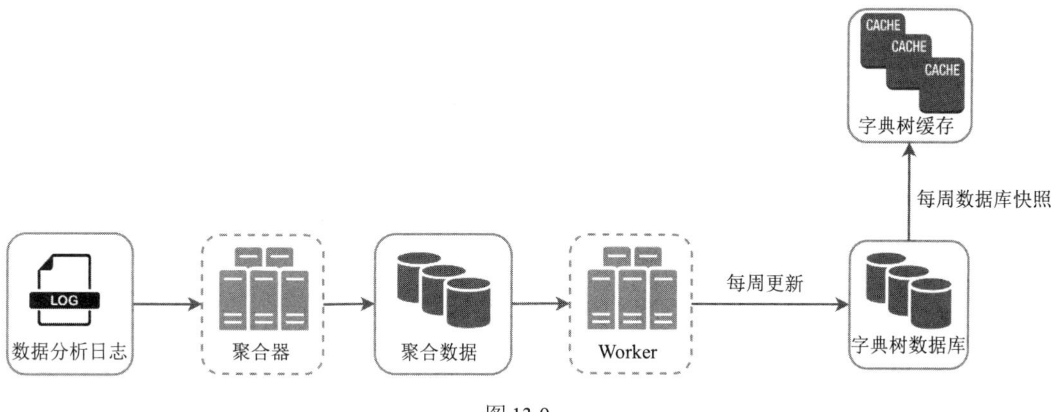

图 13-9

数据分析日志（Analytics Log）

它存储了查询相关的原始数据。日志是追加写入的（append-only），并且没有建立索引。表 13-3 展示了一个日志文件的例子。

表 13-3

查 询 词	时　　间
tree	2019-10-01 22:01:01
try	2019-10-01 22:01:05
tree	2019-10-01 22:01:30
toy	2019-10-01 22:02:22
tree	2019-10-02 22:02:42
try	2019-10-03 22:03:03

聚合器

数据分析日志通常非常大，并且数据格式可能不太适合系统对其进行处理。因此，我们需要聚合数据以方便系统处理。

根据使用场景，我们可能会用不同的方法聚合数据。对于推特之类的实时应用，因为实时结果很重要，所以我们可能需要在较短的时间间隔内聚合数据。另一方面，对于很多其他使用场景，数据聚合不需要很频繁，比如一周一次可能就足够了。在面试中，要判断实时结果是否重要。这里我们假设字典树每周都重新构建一次。

聚合数据

表 13-4 展示了一周的聚合数据示例。“时间”列表示一周的开始时间。“频次”列是对应查询词在那一周出现次数的总和。

表 13-4

查 询 词	时　　间	频　　次
tree	2019-10-01	12,000
tree	2019-10-08	15,000
tree	2019-10-15	9000
toy	2019-10-01	8500

续表

查 询 词	时　　间	频　　次
toy	2019-10-08	6256
toy	2019-10-15	8866

Worker

Worker 是定期执行异步任务的一组服务器。它们构建字典树数据结构并将其存储在字典树数据库中。

字典树缓存

字典树缓存是一个分布式缓存系统，为了实现快速读，它把字典树保存在内存中。该缓存每周获取一次数据库的快照。

字典树数据库

字典树数据库是一个持久存储。有如下两个存储数据的可用选项。

1．文档存储。因为每周都会构建新的字典树，所以我们可以定期获取它的快照，将其序列化，并把序列化后的数据存储在数据库中。MongoDB①之类的文档存储数据库适合存储序列化数据。

2．键值存储。字典树可以通过下面的逻辑用哈希表②的形式来表示。

- 字典树的每个前缀都映射为哈希表中的一个键（Key）。
- 每个字典树节点上的数据都映射为哈希表中的一个值（Value）。

图 13-10 展示了字典树和哈希表之间的映射。在图 13-10 中，左边的每个字典树节点都被映射成右边的<键，值>对。如果你不清楚键值存储是如何工作的，可以参考第 6 章。

① 请参阅维基百科上的 MongoDB 词条。

② 请参阅维基百科上的 MongoDB 词条。

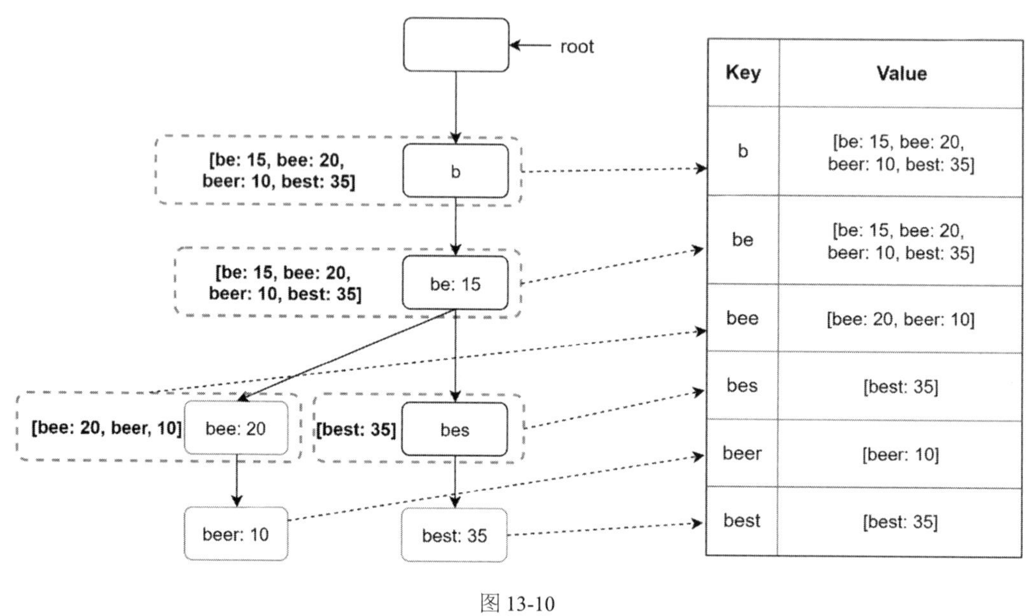

图 13-10

13.3.3 查询服务

在高层级设计中，查询服务直接访问数据库来获取最高频的 5 个结果。图 13-11 展示了改进版设计，因为之前的设计并不高效。

1．一个查询请求被发送给负载均衡器。

2．负载均衡器把请求转发给 API 服务器。

3．API 服务器从字典树缓存中读取字典树数据，并构建给客户端的自动补全建议。

4．如果数据不在字典树缓存中，我们会将数据填充回缓存。通过这个方法，之后如果有对相同前缀的查询请求，就可以从缓存中获取返回结果。当缓存服务器内存溢出或者宕机时，会发生缓存未命中。

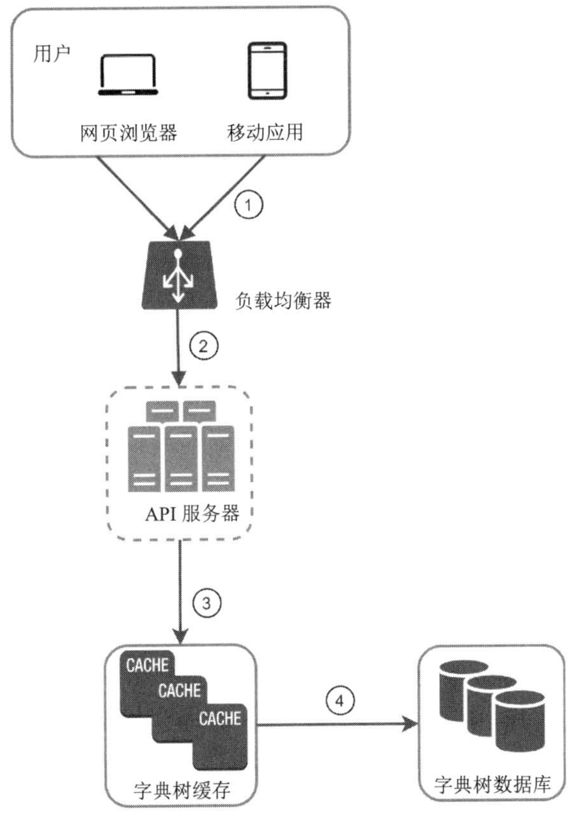

图 13-11

查询服务的速度需要非常快，因此我们提出以下优化方案：

- 采用 AJAX 请求。对于网页应用，浏览器通常发送 AJAX 请求来获取自动补全结果。这么做最大的好处是发送或接收请求与响应时并不需要刷新整个网页。
- 使用浏览器缓存。对于很多应用来说，自动补全建议在短时间内可能不会发生很大变化。因此，可以将自动补全建议存储在浏览器缓存中，以便之后的请求直接从缓存中获取结果。谷歌搜索引擎使用了相同的缓存机制。图 13-12 展示了当你在谷歌搜索引擎中输入“system design interview”后的响应头。你可以看到，谷歌在浏览器中缓存了这个结果 1 小时。请注意：缓存控制（cache-control）中的“private”意味着结果只给单个用户用，而且不得缓存在共享缓存中。“max-age=3600”意味着缓存有效期是 3600 秒，也就是 1 小时。

Request URL: https://www.google.com/complete/search?q&cp=0&client=psy-ab&xssi=t&gs_ri=gws-wiz&hl=en&authuser=0&pq=system design interview
Request method: GET
Remote address: [2607:f8b0:4005:807::2004]:443
Status code: 200 OK Edit and Resend Raw headers
Version: HTTP/2.0
Filter headers
Response headers (615 B)
alt-svc: quic=":443"; ma=2592000; v="46...00,h3-Q043=":443"; ma=2592000
cache-control: private, max-age=3600
content-disposition: attachment; filename="f.txt"
content-encoding: br
content-type: application/json; charset=UTF-8
date: Tue, 17 Dec 2019 22:52:01 GMT
expires: Tue, 17 Dec 2019 22:52:01 GMT
server: gws
strict-transport-security: max-age=31536000
trailer: X-Google-GFE-Current-Request-Cost-From-GWS
X-Firefox-Spdy: h2
x-frame-options: SAMEORIGIN
x-xss-protection: 0

图 13-12

- 数据抽样。对于大型系统，记录所有查询词需要消耗大量的处理能力和存储空间。因此，数据抽样很重要。例如，每 N 个查询词中只有一个被系统记录下来。

13.3.4 字典树操作

字典树是自动补全系统的核心组成部分。我们来看看字典树操作（创建、更新和删除）的原理。

创建

字典树是通过 Worker 使用聚合数据创建的。数据的源头是数据分析日志/数据库。

更新

有两种方式可以更新字典树。

方式 1：每周更新字典树。一旦创建了新字典树，新的就会替代老的。

方式 2：直接更新单个字典树节点。因为这个操作很慢，所以我们尽量避免使用它。但是，如果字典树不大，这也是一个可以接受的方案。当我们更新一个字典树节点时，其直到根节点的祖先节点都必须更新，这是因为祖先节点存储着子节点的最高频查询词。图

13-13 展示了更新操作是如何进行的。在左侧，查询词“beer”的原始值是 10。在右侧，它被更新为 30。你可以看到该节点和它的祖先节点把“beer”的值都更新为 30 了。

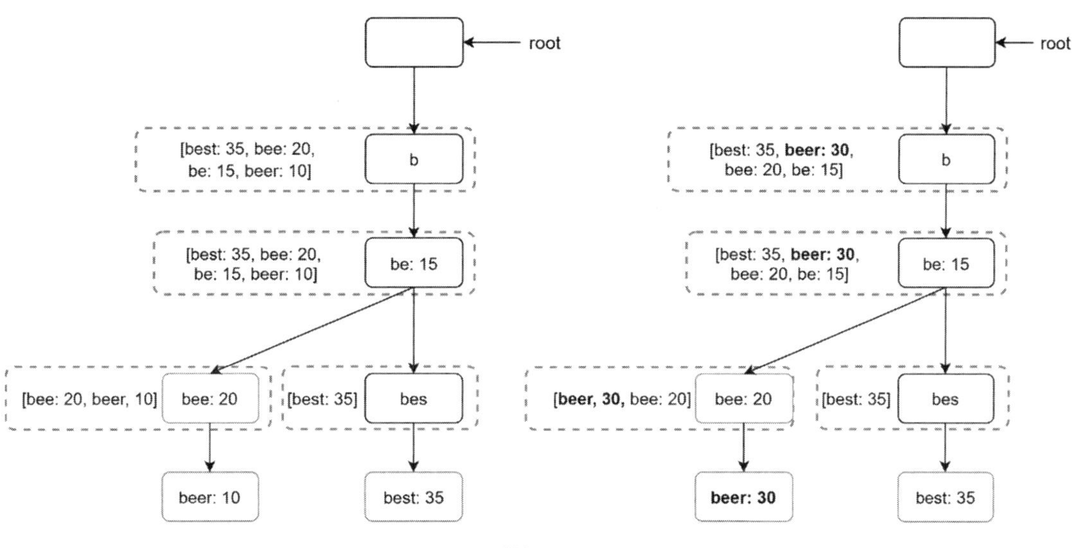

图 13-13

删除

我们必须删除含有仇恨、暴力、色情或者危险内容的自动补全建议。因此，我们在字典树缓存之前加了一个过滤层（见图 13-14），用于过滤不想要的建议。过滤层让我们可以基于不同过滤条件灵活地删除结果。不想要的建议会从数据库中被异步物理删除，这样在下一个更新周期中，正确的数据集会被用来构建字典树。

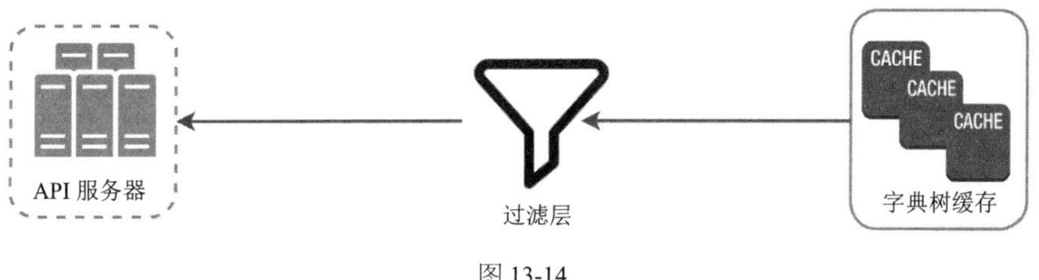

图 13-14

13.3.5 扩展存储

现在我们已经开发了一个能够为用户自动补全查询词的系统，是时候解决因字典树太大而无法放在单服务器上的可扩展性问题了。

因为我们的系统只支持英语这一种语言，所以一个简单的方法是根据查询词的第一个字符来做分片。以下是一些例子。

- 如果我们需要两个服务器来存储数据，可以把第一个字符是“a”到“m”的查询词存储在第一个服务器上，把第一个字符是“n”到“z”的查询词存储在第二个服务器上。
- 如果我们需要三个服务器，可以把查询词分成第一个字符是“a”到“i”的、“j”到“r”的和“s”到“z”的。

遵循这个逻辑，因为英语有 26 个字母，所以可以把查询词分到多达 26 个服务器上。我们基于查询词的第一个字符来分片，这是第一级分片。当系统需要支持更大规模的数据和更多的查询词时，可能需要超过 26 个服务器来存储数据。我们可以做第二级甚至第三级分片。举个例子，以字母“a”开头的查询词可以分到 4 个服务器上：“aa-ag”、“ah-an”、“ao-au”和“av-az”。

一眼看上去这个方法似乎有道理，但是你会发现以字母“c”开头的词比以“x”开头的多很多。这会导致数据分布不均衡。

为了减轻数据分布不均衡的问题，我们分析了历史数据的分布模式，并且应用了更加智能的分片逻辑，如图 13-15 所示。分片映射管理器维护了一个查找数据库，用来确定数据应该被存储在哪个分片上。举个例子，如果在历史查询中，以字母开头“s”开头的查询词数量和以字母“u”“v”“w”“x”“y”“z”开头的查询词数量不相上下，我们就可以维护两个分片：一个用于以字母“s”开头的查询词，一个用于以字母“u”到“z”开头的查询词。

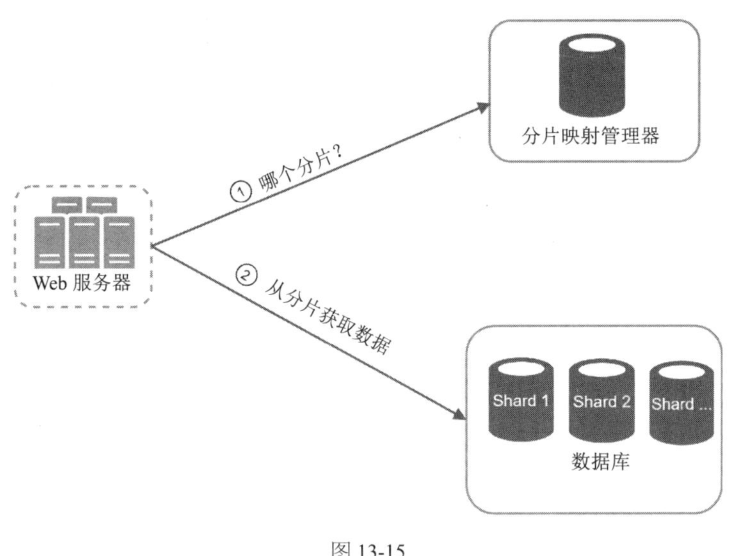

图 13-15

13.4　第四步：总结

在提出进一步的设计之后，面试官可能会问你如下问题。

（1）如何扩展你的设计来支持多语言？

为了支持非英文的查询词，我们在字典树节点中存储 Unicode 字符。如果你不熟悉 Unicode，这里介绍一下它的定义："一个涵盖世界上所有书写系统的所有字符的编码标准，无论是现代还是古代的书写系统。"欲了解更多的内容，请访问 Unicode 的官网。

（2）如果某个国家的高频查询词与其他国家的不一样怎么办？

在这种情况下，我们可能要为不同国家构建不同的字典树。为了提升响应速度，我们可以把字典树存储在 CDN 中。

（3）如何支持趋势性（实时）查询词？

假设爆发了一个新闻事件，一个查询词瞬间变得流行起来。我们原先的设计并不能支持这种情况，这是因为：

- 原定每周更新字典树，所以下线的 Worker 并不会立即更新字典树。
- 即使正好是预定这个时间更新字典树，也需要花很长的时间来创建字典树。

构建一个实时搜索自动补全系统是很复杂的，它不在本书的讨论范围内，这里我们只会提供一些思路：

- 通过分片来缩减工作数据集的大小。
- 改变排序模型，给最新的查询词分配更高的权重。
- 数据可能是以流的形式进入系统的，所以我们无法一次访问所有的数据。

流数据意味着数据是持续生成的。流数据的处理需要一组不同的系统：Apache Hadoop MapReduce、Apache Spark Streaming、Apache Storm、Apache Kafka 等[①]。所有这些话题都涉及特定的领域知识，因此这里不会讨论它们的细节。

恭喜你已经看到这里了。给自己一些鼓励。干得不错！

① 请参阅这些工具的官网以了解更多内容。

14 设计视频分享系统

在本章中，你被要求设计一个像 YouTube 那样的系统。与这个面试问题类似的还有：设计一个类似 Netflix 和 Hulu 的视频分享平台，它们的解决方案是相同的。

YouTube 看起来很简单：内容创作者上传视频，观看者点击视频后播放。它真的这么简单吗？并不是。在这种简单的背后有很多复杂的技术在提供支持。我们来看截至 2020 年关于 YouTube 的一些令人印象深刻的统计数据和有趣的事实①。

- 月活用户总数：20 亿。
- 每天被观看的视频数量：50 亿。
- 73%的美国成年人使用 YouTube。
- YouTube 有 5000 万内容创作者。
- 2019 年 YouTube 全年的广告收入是 151 亿美元，相比 2018 年增长了 36%。
- YouTube 的流量占移动互联网总流量的 37%。
- YouTube 支持 80 种不同的语言。

从这些统计数据我们可以看出，YouTube 是一个庞大的全球性平台，而且赚了很多钱。

---

① 数据来自 Omnicore 网站上的文章“YouTube by the Numbers: Stats, Demographics & Fun Facts”以及 HubSpot 上的文章“2019 YouTube Demographics”（该网站上的数据已更新，请见文章“YouTube Demographics & Data to Know in 2023”）。

14.1 第一步：理解问题并确定设计的边界

除了看视频，在 YouTube 上还可以做很多其他事情。比如，对视频发表评论，将视频分享给其他人，或者为视频点赞，将视频保存到播放列表，以及订阅频道等。在 45 分钟或者 60 分钟的面试中是不可能设计出所有功能的。因此，通过提问来缩小设计范围很重要。

候选人：哪些功能是重要的？

面试官：上传视频和观看视频。

候选人：我们需要支持哪些客户端？

面试官：移动应用、网页浏览器和智能电视。

候选人：每天有多少活跃用户？

面试官：500 万。

候选人：用户每天花在这个产品上的平均时长是多少？

面试官：30 分钟。

候选人：我们需要支持国际用户吗？

面试官：是的，很大比例的用户都是国际用户。

候选人：支持的视频分辨率是什么？

面试官：系统支持大部分视频分辨率和格式。

候选人：要求加密吗？

面试官：是的。

候选人：对视频文件大小有要求吗？

面试官：我们的平台专注于中小型视频，允许的最大视频文件大小是 1 GB。

候选人：我们可以利用亚马逊、谷歌或微软提供的一些现有的云基础设施吗？

面试官：这是一个好问题。对大部分公司来说，从零开始构建一切是不现实的，我们建议使用一些已有的云服务。

在本章中，我们会专注于设计具有如下功能的视频流服务：

- 可以快速上传视频。
- 流畅的视频播放效果。
- 可以调整视频质量。
- 基础设施费用低。
- 具有高可用性、可扩展性和可靠性。
- 支持的客户端包括移动应用、网页浏览器和智能电视。

14.1.1 封底估算

下面的估算要基于很多假设，所以与面试官沟通，以确保你们双方的理解一致是很重要的。

- 该产品有 500 万日活用户（DAU）。
- 每个用户平均每天看 5 个视频。
- 10%的用户每天上传 1 个视频。
- 假设视频文件的平均大小是 300 MB，则每天总共需要的存储空间为：500 万×10%×300 MB = 150TB。
- CDN 成本。当由 CDN 来提供视频服务时，我们要为从 CDN 传输出去的数据付费。我们使用亚马逊的 CDN CloudFront 来进行成本估算[①]，图 14-1 列出了数据传输到互联网的按需收费价格（每 GB 的价格，单位为美元）。假设 100%的流量都来自美国，平均每 GB 的价格是 0.02 美元。为了简单起见，我们只计算视频流服务的成本。

  500 万×5 个视频×0.3 GB×0.02 美元 =150,000 美元

根据这个粗略的成本估算，我们发现通过 CDN 来提供视频要花很多钱。即使云服务提供商愿意为大客户降低 CDN 成本，但这个费用还是很高。我们会在 14.3 节中谈论降低 CDN 成本的办法。

① 请参阅 AWS 官网上的客户研究案例文章《AWS 上的 Netflix》。

每月流量	美国及加拿大	欧洲及以色列	南非及中东	南美	日本	澳大利亚	新加坡、韩国、中国台湾地区、中国香港特别行政区及菲律宾	印度
10 TB 以内	0.085	0.085	0.110	0.110	0.114	0.114	0.140	0.170
超过 10 TB，在 50 TB 以内的部分	0.080	0.080	0.105	0.105	0.089	0.098	0.135	0.130
超过 50 TB，在 150 TB 以内的部分	0.060	0.060	0.090	0.090	0.086	0.094	0.120	0.110
超过 150 TB，在 500 TB 以内的部分	0.040	0.040	0.080	0.080	0.084	0.092	0.100	0.100
超过 500 TB，在 1 PB 以内的部分	0.030	0.030	0.060	0.060	0.080	0.090	0.080	0.100
超过 1 PB，在 5 PB 以内的部分	0.025	0.025	0.050	0.050	0.070	0.085	0.070	0.100
超过 5 PB	0.020	0.020	0.040	0.040	0.060	0.080	0.060	0.100

图 14-1

14.2 第二步：提议高层级的设计并获得认同

之前已经讨论过，面试官建议使用已有的云服务而不是从头构建所有的东西。CDN 和 Blob 存储是我们将会用到的云服务。有些读者可能会问，为什么不自己构建所有服务呢？原因如下：

- 系统设计面试不要求我们从头开始构建一切。在有限的面试时间里，选择正确的技术来正确地完成工作比详细解释技术的原理更重要。举个例子，对于面试来说，提到用 Blob 存储来存储源视频就足够了。要是谈论 Blob 存储的详细设计可能就有点画蛇添足了。
- 构建一个可扩展的 Blob 存储或者 CDN 是极其复杂和昂贵的。即使像 Netflix 或者 Facebook 这样的大公司也没有自己构建所有的东西。Netflix 使用了亚马逊的云服务①，Facebook 使用 Akamai 的 CDN②。

---

① 请参阅 AWS 官网上的客户研究案例文章《AWS 上的 Netflix》。

② 请参阅 Akamai 官网。

总的来看，我们的这个系统由 3 部分组成（见图 14-2）。

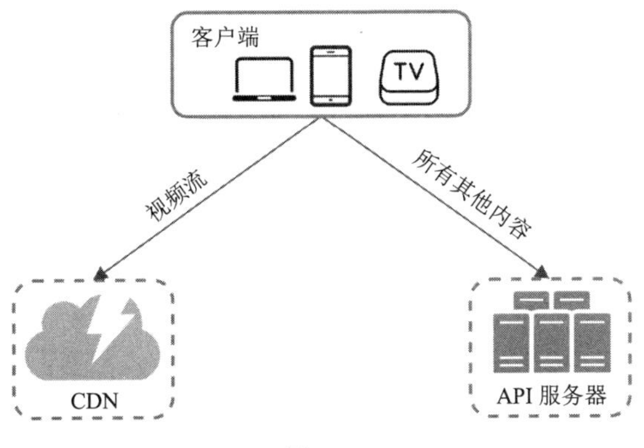

图 14-2

客户端：你可以在电脑、手机和智能电视上访问这个类 YouTube 系统。

CDN：视频存储在 CDN 中。当你点击“播放”按钮时，视频流从 CDN 中被传输出来。

API 服务器：除了视频流之外的所有请求都被发往 API 服务器，包括推荐视频、生成视频上传 URL、更新元数据数据库和缓存、用户注册等。

在问答环节，面试官对下面两个流程表现出兴趣：

- 视频上传流程。
- 视频的流式传输流程（Video Streaming Flow）。

我们会逐一讲解这两个流程的高层级设计。

14.2.1 视频上传流程

图 14-3 展示了视频上传流程的高层级设计。

它由如下组件组成。

- 用户：用户通过计算机、手机或者智能电视等设备访问系统。
- 负载均衡器：在 API 服务器之间均匀地分配请求。

- API 服务器：除视频流的传输外，所有用户的请求都要经过 API 服务器。
- 元数据数据库：视频元数据存储在元数据数据库中。该数据库被分片和复制以满足性能和高可用性的需求。
- 元数据缓存：为了实现更好的性能，视频元数据和用户对象被缓存。
- 原始存储：使用 Blob 存储系统来存储原始视频。维基百科上关于 Blob 存储的描述为："Blob（Binary Large Object，二进制大对象）是一个二进制数据的集合，在数据库管理系统中是作为一个单独实体来存储的"①。
- 转码服务器：视频转码也叫作视频编码，是把视频由一种格式转换成其他格式（MPEG、HLS 等）的过程，它能基于不同的设备和带宽提供最合适的视频流。
- 转码存储：一个 Blob 存储系统，用于存储转码后的视频文件。
- CDN：视频在 CDN 中缓存。当你点击"播放"按钮时，视频就会从 CDN 中进行流式传输。
- 完成队列：它是一个消息队列，存储关于视频转码完成事件的信息。
- 完成处理器：它由一系列 Worker 组成，它们从完成队列中拉取事件数据并更新元数据缓存和数据库。

① 请参见维基百科中的"Binary Large Object"词条。

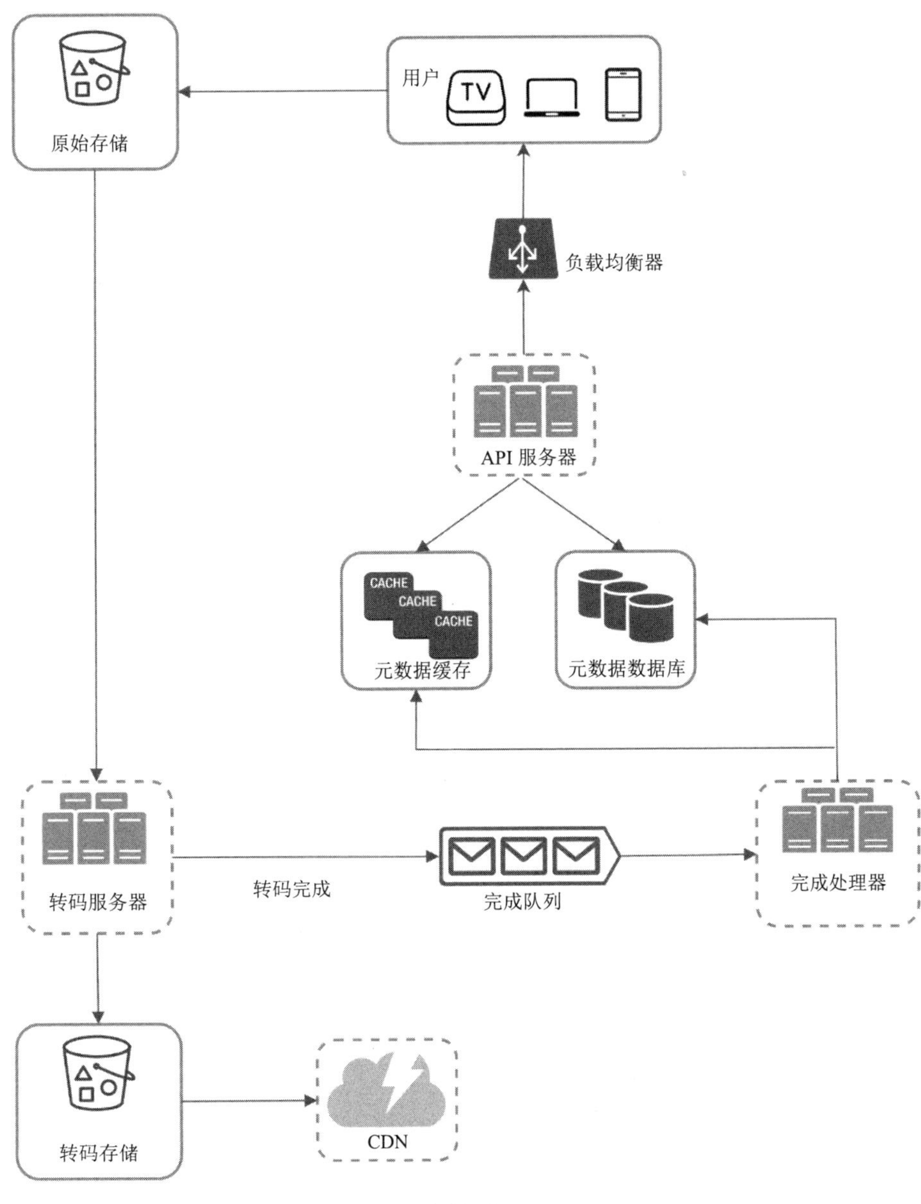

图 14-3

我们了解了每个组件，现在来看视频上传流程是如何进行的。整个流程分为如下两个并行运行的子流程：

a．上传实际视频。

b．更新视频元数据。元数据包含视频的 URL、大小、分辨率、格式、用户数据等信息。

流程 a：上传实际视频

图 14-4 展示了如何上传实际视频。

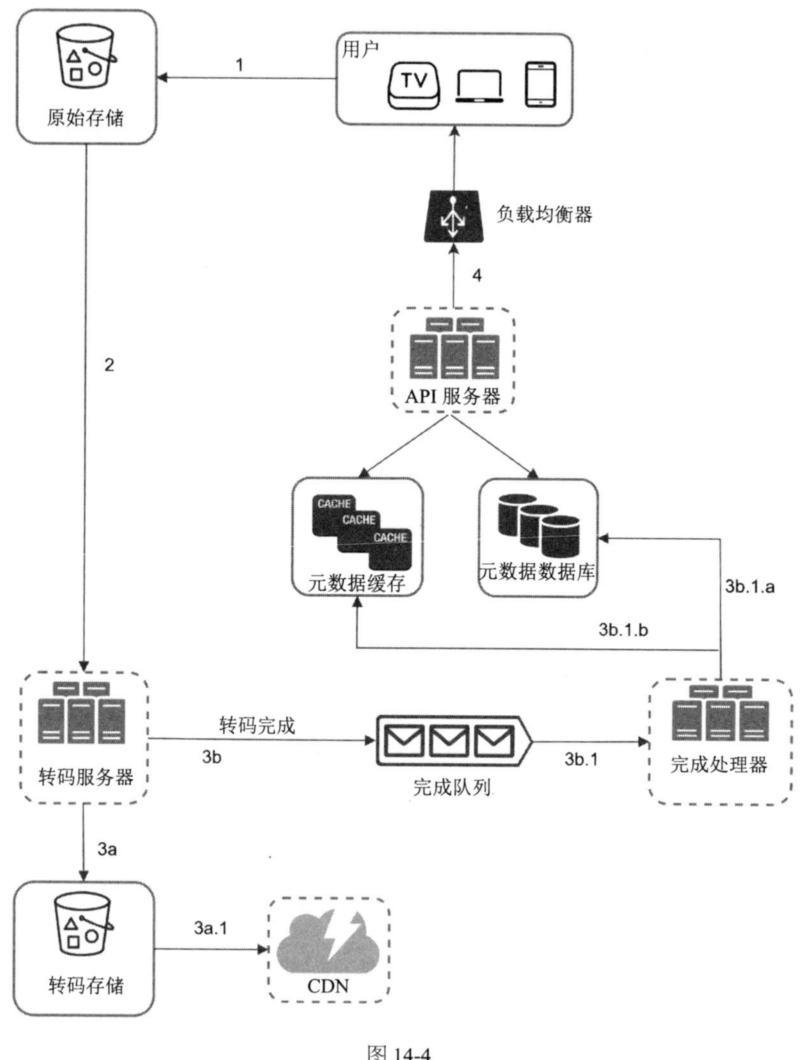

图 14-4

1．视频被上传到原始存储里。

2．转码服务器从原始存储里获取视频并开始转码。

3．一旦转码结束，下面两个步骤（3a 与 3b）就开始并行执行。

3a．转码后的视频被发到转码存储里。

3b．转码完成事件被加入完成队列并开始排队。

3a.1．转码后的视频被分配到 CDN 中。

3b.1．在完成处理器中有一组 Worker 不断地从完成队列中拉取事件数据。

3b.1.a．和 3b.1.b．当视频转码完成后，完成处理器更新元数据数据库和元数据缓存。

4．API 服务器通知客户端，视频已成功上传且准备好流式传输。

流程 b：更新视频元数据

当一个文件被上传到原始存储时，客户端会并行发送一个请求来更新视频元数据，如图 14-5 所示。这个请求包含视频元数据，包括文件名、大小、格式等。API 服务器将更新元数据缓存和元数据数据库。

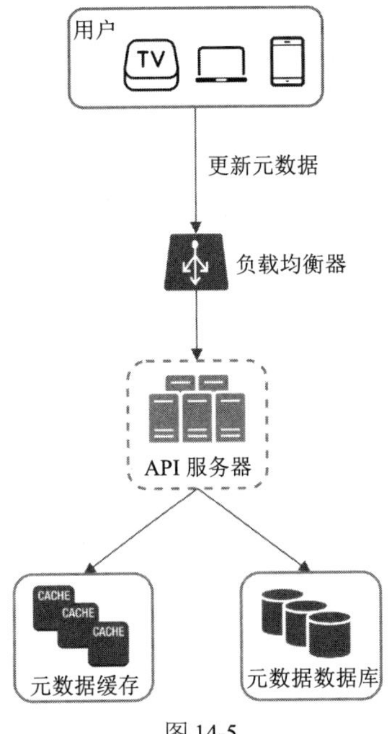

图 14-5

14.2.2 视频流式传输流程

用户在 YouTube 上看视频时，视频总是立即开始被流式传输，用户不需要等到整个视频下载完。“下载完”意味着整个视频被复制到用户的设备上，而“流式传输”意味着用户的设备持续地从远端视频源接收视频流。当用户观看视频时，客户端会逐步加载一小部分数据，这样他们就可以立刻观看视频并可以连续地观看了。

在我们讨论视频流式传输流程之前，先了解一个重要的概念：流媒体协议（Streaming Protocol）。这是一个控制视频流式传输的标准方法。常用的流媒体协议有：

- MPEG–DASH。MPEG 指的是 Moving Picture Experts Group，DASH 指的是 Dynamic Adaptive Streaming over HTTP。
- Apple HLS。HLS 指的是 HTTP Live Streaming。
- Microsoft Smooth Streaming。
- Adobe 的 HDS（HTTP Dynamic Streaming）。

因为这些协议涉及底层细节且需要特定的领域知识，所以你不需要完全理解甚至记住它们的名字。这里重要的是理解不同的流媒体协议支持不同的视频编码和播放器。在设计一个视频流服务时，我们必须选择合适的流媒体协议来支持我们的使用场景。想要更多地了解流媒体协议，可以参考技术博客 Dacast 上 Emily Krings 的文章“Streaming Protocols for Live Broadcasting: Everything You Need to Know [2023 Update]”。

视频直接从 CDN 开始流式传输。离用户最近的边缘服务器会传送视频给用户，因此延时非常短。图 14-6 展示了视频流式传输流程的高层级设计。

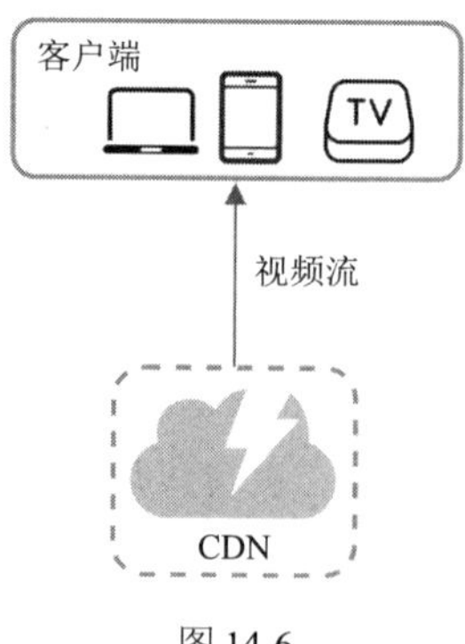

图 14-6

14.3 第三步：设计继续深入

在高层级设计中，整个系统被分成两个流程：视频上传和视频流式传输。在本节中，我们会通过重要的优化来改进这两个流程，并引入错误处理机制。

14.3.1 视频转码

当你录制视频时，设备（通常是手机或者摄像机）会将视频保存为特定格式的文件。如果你希望录制的视频在其他设备上也可以平滑地播放，就需要将该视频编码成兼容的比特率（bitrate）和格式的视频。比特率是视频中每秒传输的比特数。比特率高通常意味着视频质量高。高比特率的视频流需要系统具备更强的处理能力和更快的网速。

视频转码非常重要，原因如下：

- 原始视频占用大量的存储空间。时长 1 小时的高分辨率视频如果按每秒 60 帧的速度录制的话，会占用几百 GB 的空间。
- 很多设备和浏览器只支持特定类型的视频格式。因此，把视频编码成不同的格式以确保兼容性很重要。
- 为了确保用户在观看高质量视频的同时也能维持流畅的播放效果，可以为网络带宽高的用户提供高分辨率的视频，而为网络带宽低的用户提供低分辨率的视频。
- 网络状态可能会变化，特别是在移动设备上。为了确保视频可以连续播放，基于网络状况自动切换或者手动切换视频质量，对于顺滑的用户体验来说是必不可少的。

有很多类型的编码格式可用。尽管如此，它们多数都包含以下两个部分。

- 容器：它像一个包含视频文件、音频和元数据的篮子。你可以通过文件扩展名（比如.avi、.mov 或者.mp4）来确定容器格式。
- 编解码器（Codec）：指的是压缩和解压缩算法，旨在减小视频大小，同时保证视频质量。最常用的视频编解码器是 H.264、VP9 和 HEVC。

14.3.2 有向无环图模型

视频转码是耗费算力且耗时的任务。此外，不同的内容创作者可能有不同的视频处理需求。比如，有些内容创作者要求在其视频上加水印，有些人自己提供了缩略图，还有些人上传了高分辨率的视频，而其他人则没有这么做。

为了支持不同的视频处理流水线和保持高并行性，需要加入一定程度的抽象，让客户端程序员定义要执行的任务。举个例子，Facebook 的流式视频引擎使用了有向无环图（Directed Acyclic Graph，DAG）编程模型。该模型定义了不同阶段的任务，使得这些任务可以顺序或者并行执行[①]。在我们的设计里，采用了类似 DAG 的模型来实现灵活性和并行性。图 14-7 展示了视频转码的 DAG 模型。

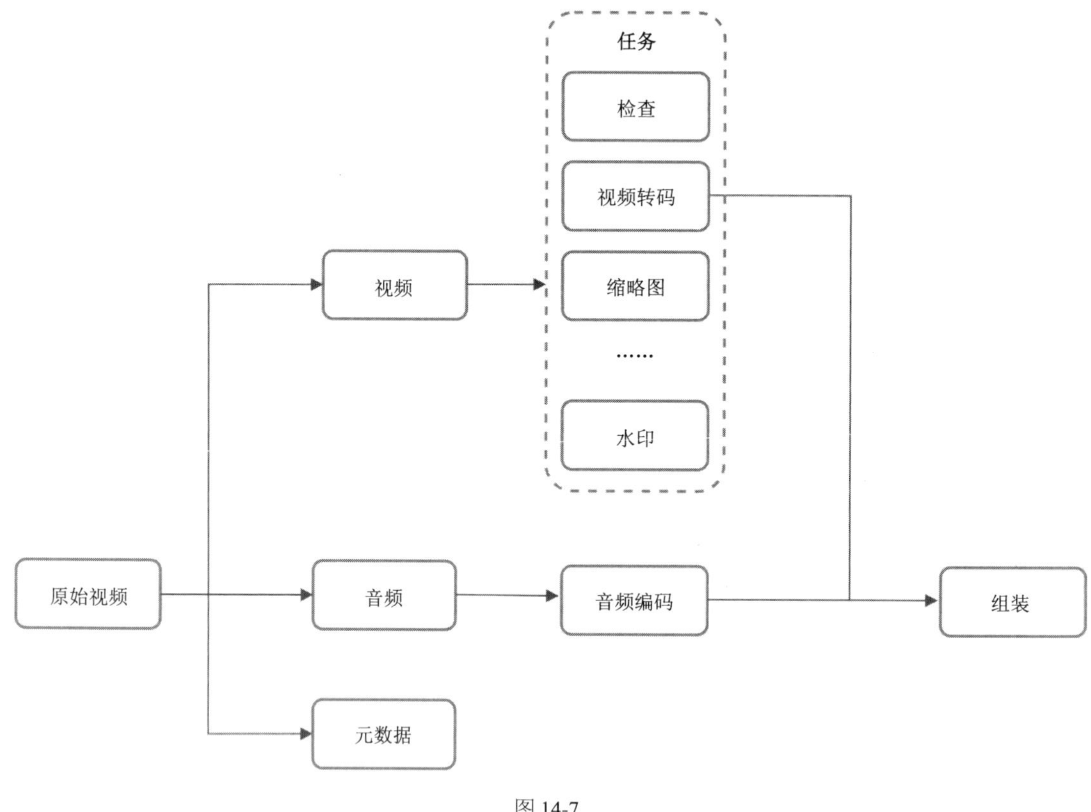

图 14-7

在图 14-7 中，原始视频被分解为视频（包含实际的视觉图像和内容）、音频（包含原始视频中的声音和音频信息）和元数据这三部分。下面是可以应用到视频文件上的一些任务。

① 请参阅 Qi Huang 等人的论文“SVE: Distributed Video Processing at Facebook Scale”。

- 检查：确保视频有好的质量，没有格式问题。
- 视频编码：对视频格式进行转换以支持不同分辨率、编解码器、比特率等。图 14-8 给出了一个例子，展示了编码后的不同文件。
- 缩略图：缩略图可以由用户上传，或由系统自动生成。
- 水印：在视频上叠加的一个图像，包含视频识别信息。

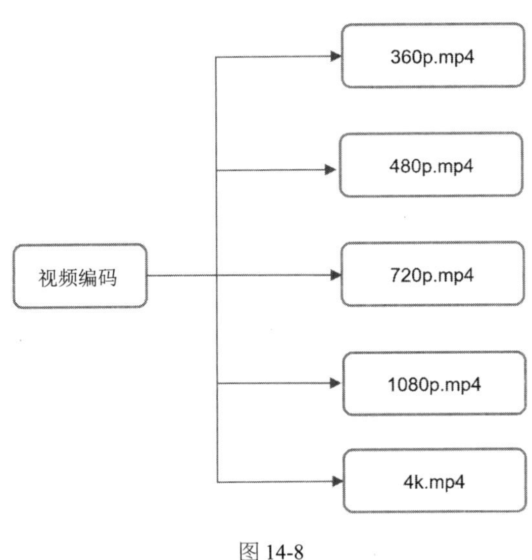

图 14-8

14.3.3 视频转码架构

使用了云服务的视频转码架构如图 14-9 所示。

该架构有 6 个主要组成部分：预处理器、DAG 调度器、资源管理器、任务 Worker、临时存储和作为输出的编码后的视频。接下来，我们仔细看看每个组成部分。

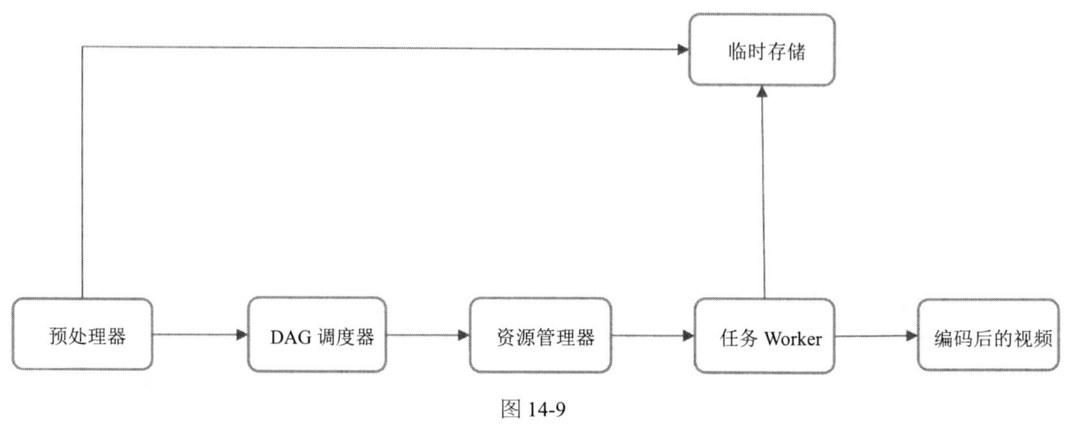

图 14-9

预处理器（见图 14-10 的灰底部分）

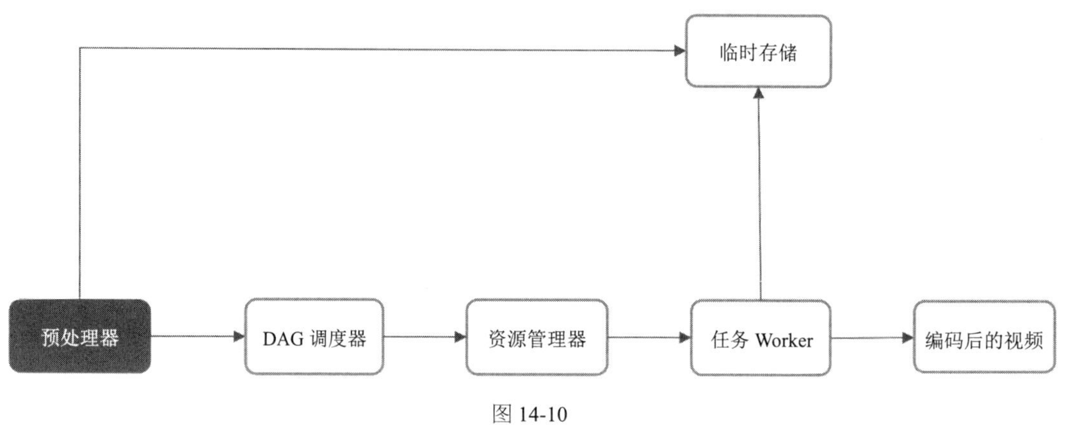

图 14-10

预处理器有 4 个职责。

1. 视频分割。将视频流分割或者进一步分割成更小的图像组（Group of Pictures，GOP），并确保这些 GOP 在视频流中的位置对齐。GOP 是一组/块按特定顺序排列的视频帧。每个块都是可以独立播放的单元，通常其长度为数秒。

2. 一些旧的移动设备或者浏览器可能不支持视频分割。预处理器会基于 GOP 对齐来为旧客户端分割视频。

3. DAG 生成。预处理器基于客户端程序员写的配置文件来生成 DAG。图 14-11 是一个简化的 DAG 示例，它有两个节点和一条边。

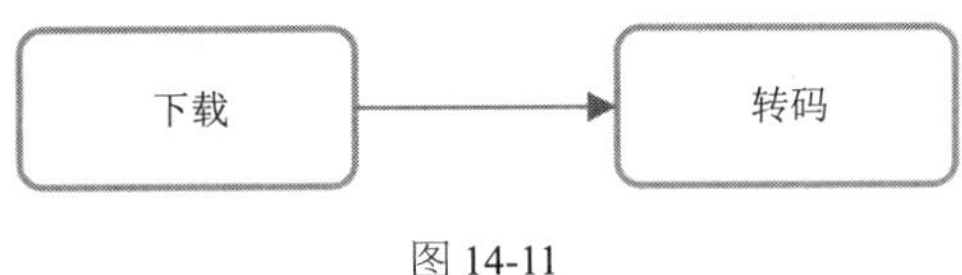

图 14-11

这个 DAG 示例是从两个配置文件中生成的（见图 14-12）。

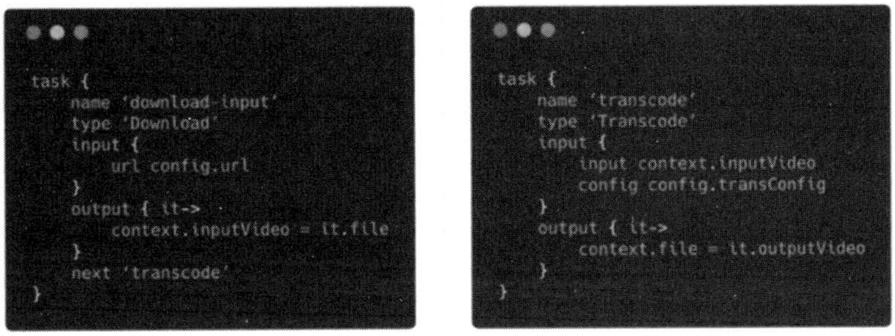

```
task {
    name 'download-input'
    type 'Download'
    input {
        url config.url
    }
    output { it->
        context.inputVideo = it.file
    }
    next 'transcode'
}
```

```
task {
    name 'transcode'
    type 'Transcode'
    input {
        input context.inputVideo
        config config.transConfig
    }
    output { it->
        context.file = it.outputVideo
    }
}
```

图 14-12①

4. 缓存数据。预处理器是一种缓存，用于存储分割后的视频。为了提高可靠性，预处理器在临时存储中存储了 GOP 和元数据。如果视频编码失败，系统可以使用保存的数据来重试。

DAG 调度器（见图 14-13 的灰底部分）

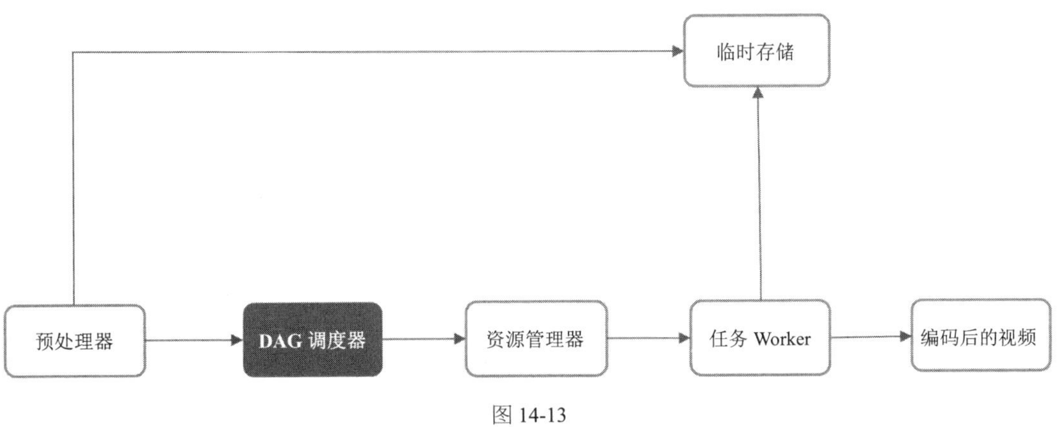

图 14-13

① 引自新浪微博工程师杜东澄的技术演讲 PPT《微博视频转码系统架构演进》。

DAG 调度器把一个 DAG 分成不同阶段的任务，并把它们放到资源管理器的任务队列中。图 14-14 展示了 DAG 调度器是如何工作的。

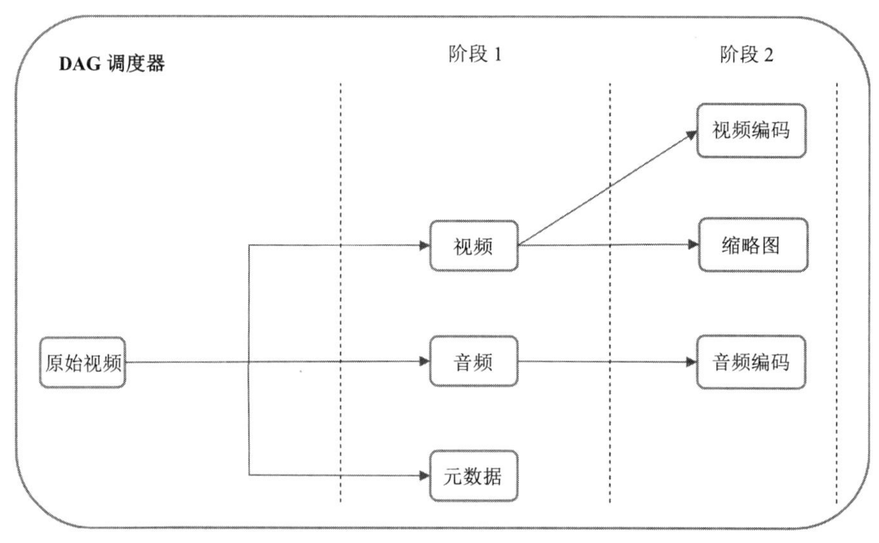

图 14-14

如图 14-14 所示，原始视频的转码被分成了两个阶段。阶段 1 处理视频、音频和元数据。对视频的处理在阶段 2 被进一步分成两个任务：视频编码和缩略图。在阶段 2 中，还需要对音频文件进行音频编码。

资源管理器（见图 14-15 的灰底部分）

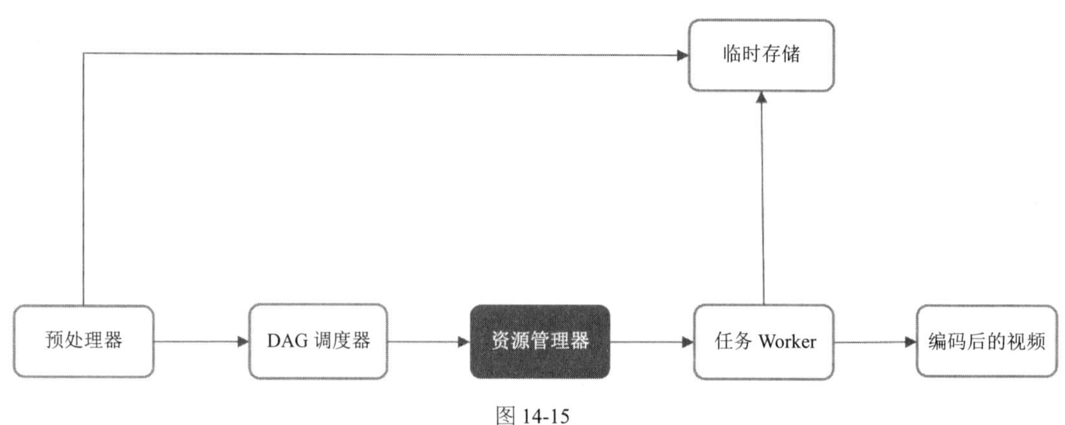

图 14-15

资源管理器负责管理资源分配的效率。它包含三个队列和一个任务调度器，如图 14-16 所示。

- 任务队列：包含待执行任务的优先级队列。
- Worker 队列：包含 Worker 使用信息的优先级队列。①
- 运行队列：包含与当前正在运行的任务和执行这些任务的 Worker 有关的信息。
- 任务调度器：它选取最合适的任务与 Worker，并指示选中的 Worker 来执行任务。

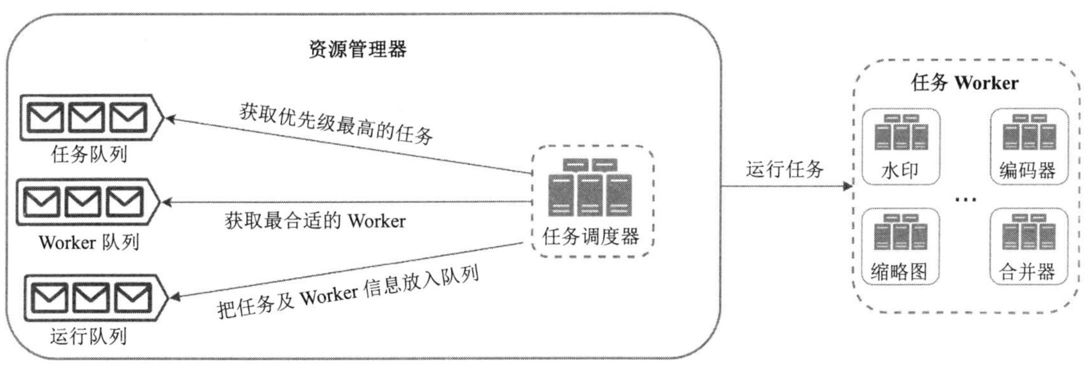

图 14-16

任务调度器的工作内容如下：

- 从任务队列里获取优先级最高的任务。
- 从 Worker 队列里获取最合适的 Worker。
- 指示选中的 Worker 来执行任务。
- 将任务与 Worker 信息绑定，并把它们放到运行队列里。
- 一旦任务完成，任务调度器就从运行队列里移除该任务。

---

① 该队列根据 Worker 的可用性和资源利用情况来排序，任务调度器会从 Worker 队列中选择最合适的 Worker 来执行任务。

任务 Worker（见图 14-17 的灰底部分）

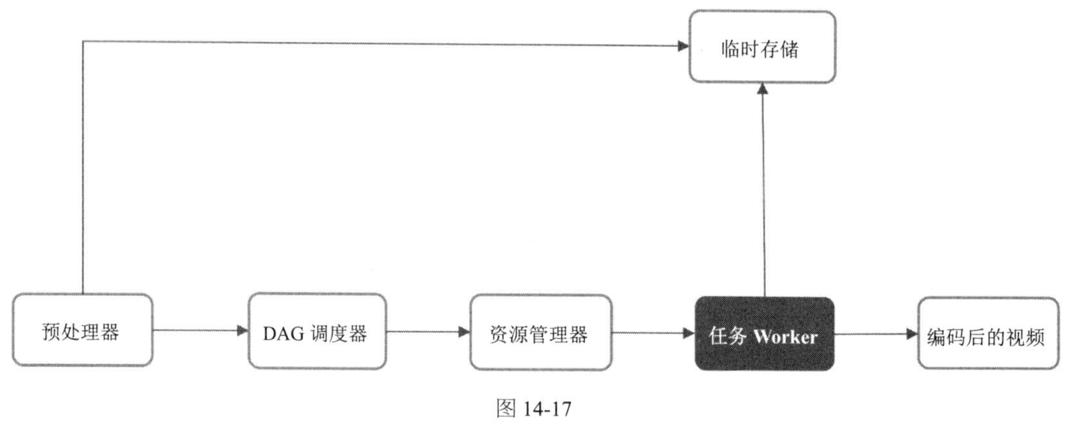

图 14-17

任务 Worker 执行在 DAG 中定义的任务。不同的任务 Worker 可能会执行不同的任务，如图 14-18 所示。

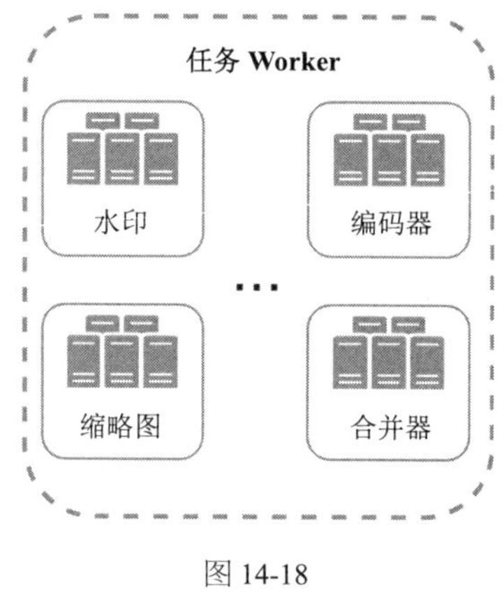

图 14-18

临时存储（见图 14-19 的灰底部分）

这里用到了多个存储系统。选择使用哪个存储系统取决于数据类型、数据大小、访问频率、数据生命周期等因素。举个例子，元数据会被 Worker 频繁访问，而元数据通常很小，因此，把元数据缓存在内存中是个好主意。对于视频或者音频数据，我们把它们放在 Blob 存储中。在对应的视频被处理完以后，临时存储中的数据就会被清除。

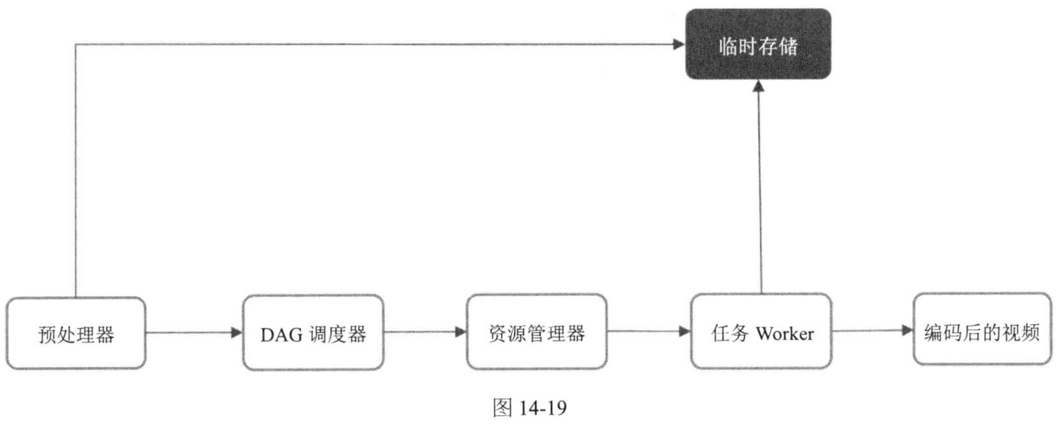

图 14-19

编码后的视频（见图 14-20 的灰底部分）

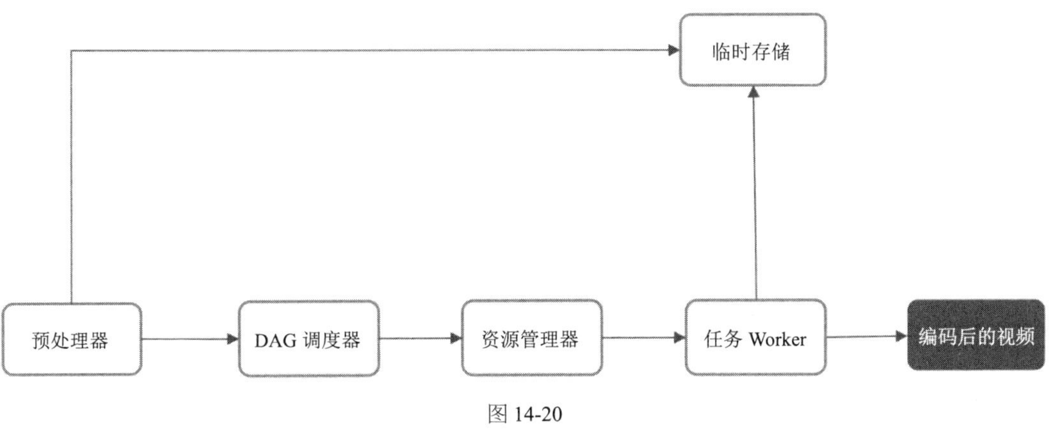

图 14-20

编码后的视频是编码流水线的最后输出。比如，输出为文件 funny_720p.mp4。

14.3.4 系统优化

现在，你应该了解了视频上传流程、视频流式传输流程和视频转码。接下来，我们会通过一些优化措施来完善系统，包括提升速度、提高安全性和节省开销。

速度优化措施 1：并行上传视频

将视频作为一个整体上传，效率不高。我们可以通过 GOP 对齐把视频分成小块，如图

14-21 所示。

图 14-21

这可以让我们在视频上传失败时快速恢复上传。按照 GOP 对齐来分割视频的工作可以在客户端执行，以提升上传速度，如图 14-22 所示。

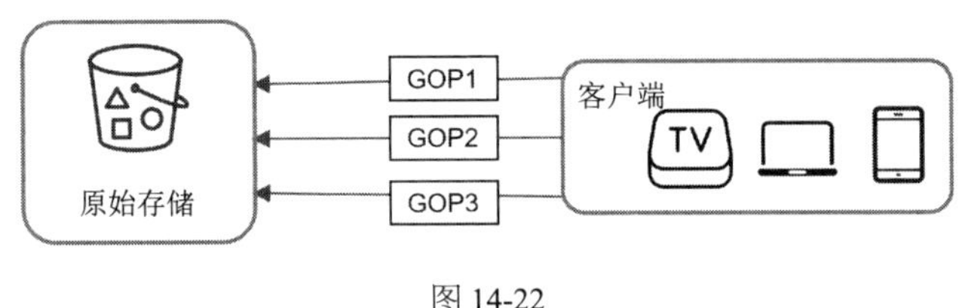

图 14-22

速度优化措施 2：把上传中心安置在离用户近的地方

另一种提升上传速度的方法是在全球设立多个上传中心。美国的用户可以将视频上传到北美上传中心，中国的用户可以将视频上传到亚洲上传中心。为此，我们使用 CDN 来作为上传中心。

速度优化措施 3：每一处都并行

为了达到低延时，需要付出很大努力。还有一个优化措施是构建一个松耦合的系统以实现高并行性。

我们需要对之前的设计做一些修改来实现高并行性。我们先仔细看一下视频从原始存储传到 CDN 的流程。如图 14-23 所示，这个流程展示了所有的输出都取决于上一步的输入。这种依赖关系使并行变得很困难。

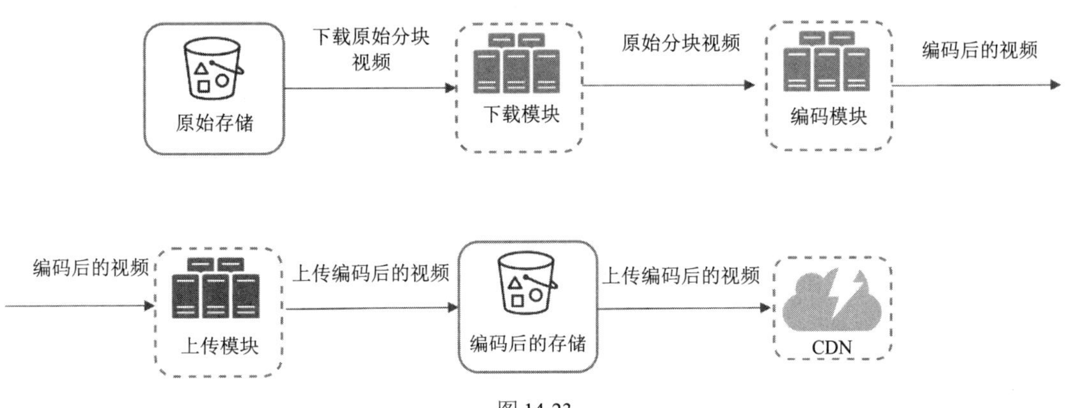

图 14-23

为了让系统各部分之间的耦合更松散，我们引入了消息队列（见图 14-24）。我们用一个例子来解释消息队列是如何让系统变成松耦合的。

- 在引入消息队列之前，编码模块必须等待下载模块的输出。
- 在引入消息队列之后，编码模块再也不需要等待下载模块的输出。如果在消息队列中有事件（编码任务），编码模块可以并行地处理这些编码任务。

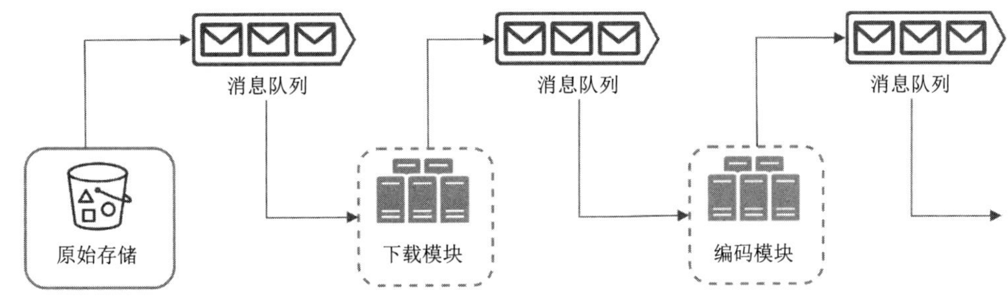

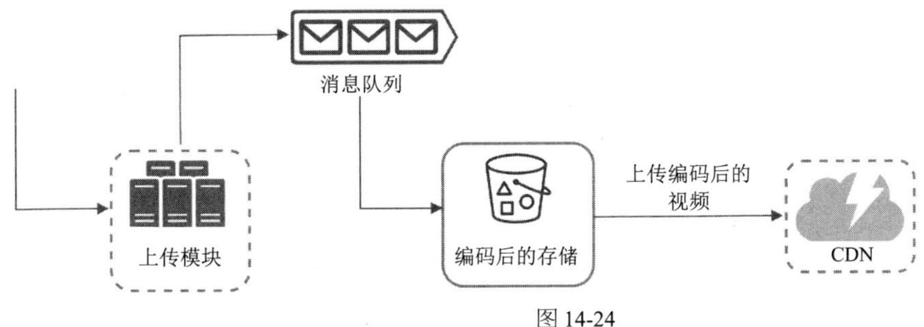

图 14-24

安全性优化措施 1：预签名 URL

对于任何产品，安全都是最重要的一个方面。为了确保只有获得授权的用户才可以将视频上传到正确的地址，我们引入了如图 14-25 所示的预签名 URL。

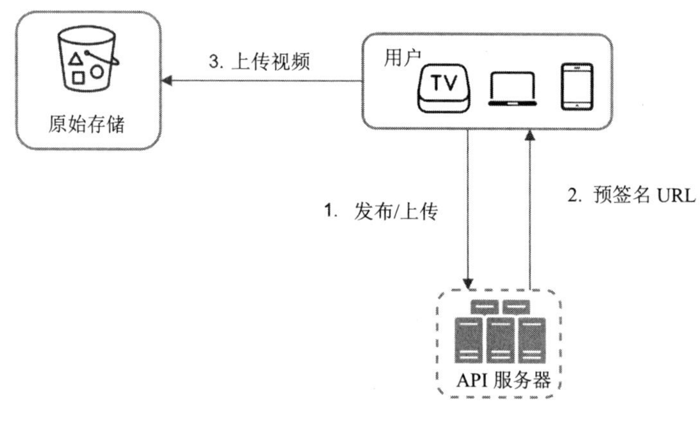

图 14-25

上传流程的变化如下：

1. 客户端向 API 服务器发送 HTTP 请求来获取预签名 URL，从而获取预签名 URL 中所标识的对象的访问权限。将文件上传到 Amazon S3 时会使用“预签名 URL”这个术语。别的云服务提供商可能使用的是不同的说法。比如，微软的 Azure Blob 存储支持同样的功能，但是其名字为“共享访问签名”（Shared Access Signature）[①]。

2. API 服务器返回一个预签名 URL。

3. 一旦客户端收到响应，就使用这个预签名 URL 来上传视频。

安全性优化措施 2：保护有版权的视频

很多内容制作者不想把视频发布到网上，因为他们害怕自己的原创视频会被盗用。为了保护有版权的视频，我们可以采用下面 3 个安全性选项。

- 数字版权管理（Digital Rights Management，DRM）系统：Apple FairPlay、Google Widevine 和 Microsoft PlayReady 是 3 个主要的 DRM 系统。

---

① 请参阅微软官网上的文档“Delegate Access by Using a Shared Access Signature”。

- AES 加密：你可以加密视频并配置身份验证策略。加密视频会在播放时被解密。这确保了只有授权用户才可以观看加密视频。
- 可视水印：这是一个浮在视频上的图像，包含视频的标识信息。它可以是公司的 logo 或者公司名。

节省开销的措施

CDN 是我们系统中的关键组件，它确保了视频在全球范围内快速传输。但是，基于封底估算，我们知道 CDN 很贵，特别是当数据量很大时。怎样才能减少开销呢？

之前的研究表明，YouTube 视频流遵循长尾分布（Long-Tail Distribution）[①, ②]。这意味着少数热门视频会被频繁地播放，而很多其他的视频只有很少的观众或者没有人看。基于这个发现，我们可以实施如下优化措施。

1. 仅经由 CDN 提供最流行的视频，而其他视频则由我们的大容量视频服务器提供（图 14-26）。

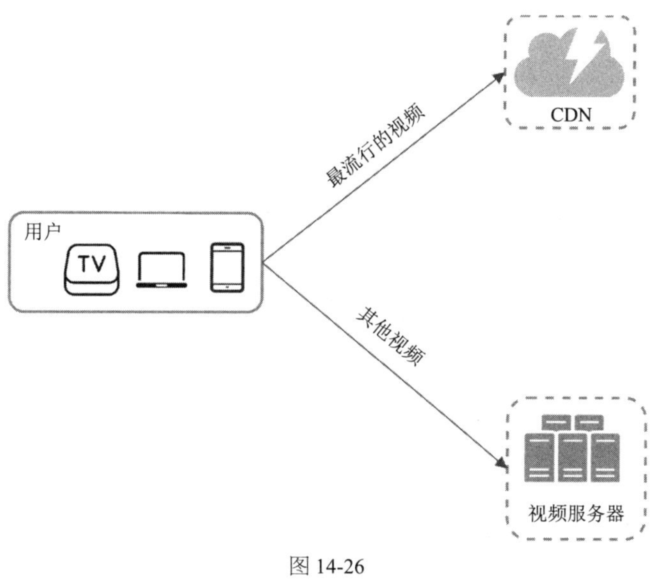

图 14-26

① 请参阅 Xu Cheng 等人的论文“Understanding the Characteristics of Internet Short Video Sharing: YouTube as a Case Study”。

② 请观看 Cuong Do 的技术演讲“YouTube Scalability”。

2. 对于不那么流行的视频，我们可能不需要存储多个编码过的视频版本。对短视频可以按需编码。

3. 一些视频只在特定地区流行，没有必要把这些视频分发到其他地区。

4. 像 Netflix 一样构建自己的 CDN 并和 ISP（Internet Service Provider，互联网服务提供商）建立合作关系。构建自己的 CDN 是个巨大的项目，但对于大型流媒体公司来说，这种做法很有意义。ISP 可以是 Comcast、AT&T、Verizon 或者其他互联网服务提供商。ISP 遍布全球，靠近用户。和 ISP 合作可以提升用户的观看体验并减少带宽费用。

所有优化都要基于视频内容的流行度、用户访问模式、视频大小等因素进行。在做优化之前分析用户的历史观看模式很重要。关于这个话题，可以参阅 Mohit Vora、Lara Deek、Ellen Livengood 的文章“Content Popularity for Open Connect”，以及 Xu Cheng 等人的论文“Understanding the Characteristics of Internet Short Video Sharing: YouTube as a Case Study”。

14.3.5 错误处理

对于一个大型系统，系统错误是无法避免的。为了创建一个高度容错的系统，我们必须优雅地处理错误并从错误中快速恢复。一般来说，像 Youtube 这种视频分享系统存在以下两种类型的错误。

- 可恢复错误。对于可恢复错误，如视频分块转码失败，一般的做法是将操作重试几次。如果任务持续失败，并且系统认为不可恢复，就会返回一个合适的错误码给客户端。
- 不可恢复错误。对于不可恢复错误，比如视频格式有问题，系统会停止与视频有关的正在运行的任务，并返回合适的错误码给客户端。

以下是各个系统组件的典型错误和应对方案。

- 上传错误：重试几次。
- 视频分割错误：如果老版本的客户端无法按照 GOP 对齐的方式来分割视频，就把整个视频传给服务器，在服务器端完成分割视频的工作。
- 转码错误：重试。
- 预处理器错误：重新生成 DAG。

- DAG 调度器错误：重新调度任务。
- 资源管理器队列不可用：使用副本。
- 任务 Worker 不可用：在新 Worker 上重试任务。
- API 服务器不可用：API 服务器是无状态的，所以请求会被重定向到另一个 API 服务器。
- 元数据缓存服务器不可用：将数据复制多次。如果一个节点不可用，你依然可以访问其他节点来获取数据。我们可以启用一个新的缓存服务器来替换宕机的那个。
- 元数据数据库不可用。
  - 主库不可用。如果主库不可用，就推举一个从库来做新的主库。
  - 从库不可用。如果从库不可用，可以使用另一个从库来做读操作，再启用一个数据库服务器来替换宕机的那个。

14.4 第四步：总结

在本章中，我们展示了类似 YouTube 的视频流媒体服务的架构设计。如果在面试的最后还有多余的时间，可以讨论下面的几个话题。

- 扩展 API 层：因为 API 服务器是无状态的，所以可以很容易地横向扩展 API 层。
- 扩展数据库：你可以谈论数据库复制和分片。
- 直播流媒体：指的是实时录制和广播视频。尽管我们的系统不是专门设计来进行直播的，但是直播和非直播流媒体有一些相似点，比如都需要对视频进行上传、编码和流式传输等操作。

  直播和非直播流媒体的显著区别有：
  - 直播有更高的延时要求，所以它可能需要使用不同的流媒体协议。
  - 直播有更低的并行要求，因为小块的数据已经被实时处理了。
  - 直播需要采用不同的错误处理方法。任何要耗时的错误处理方法都是不可接受的。
- 视频下架：所有侵犯版权、包含色情内容或者存在其他非法行为的视频应该被移除。这类视频中有一些在上传过程中就可以被系统发现，而其他的则可能要通过用户标记来发现。

恭喜你已经看到这里了。给自己一些鼓励。干得不错！

15 设计云盘

近些年，谷歌云盘（Google Drive）、Dropbox、微软 OneDrive 和苹果 iCloud 等云存储服务变得很流行。在本章中，你被要求设计一个像谷歌云盘的系统。

在开始设计之前，让我们花点时间来了解谷歌云盘。谷歌云盘提供文件存储和同步服务，它可以帮我们在云端存储文档、照片、视频和其他文件。你可以在电脑、智能手机和平板上访问你的文件，也可以很轻松地将这些文件共享给朋友、家人和同事[①]。图 15-1 和 15-2 分别展示了谷歌云盘在浏览器上和移动应用上的界面。

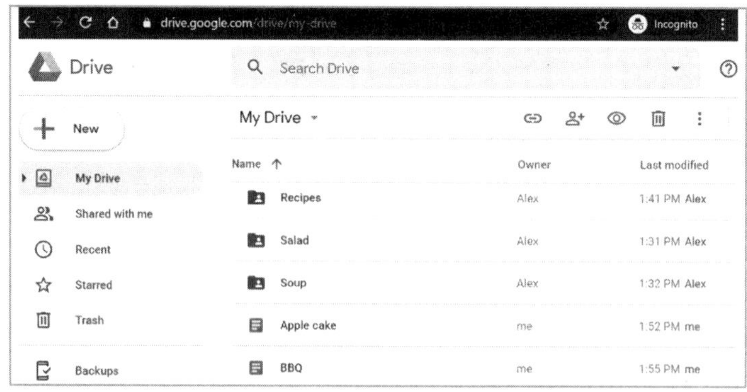

图 15-1

① 访问谷歌云盘官网可了解更多。

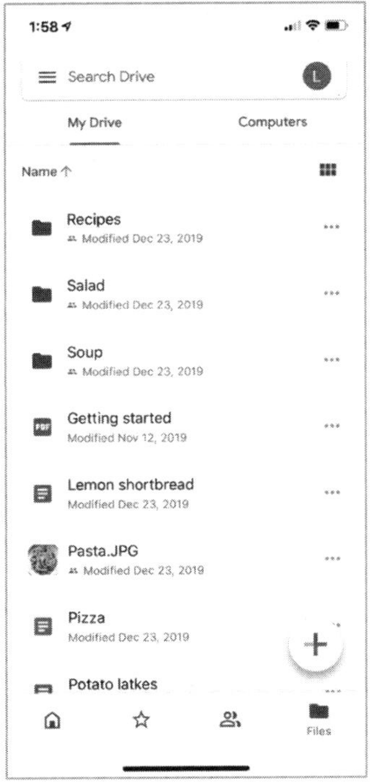

图 15-2

15.1　第一步：理解问题并确定设计的边界

设计一个像谷歌云盘那样的系统是个大项目，所以先问几个问题来缩窄设计范围是很重要的。

候选人：什么是最重要的功能？

面试官：上传和下载文件，文件同步和通知。

候选人：它是一个移动应用还是一个网页应用？或者二者都是？

面试官：都是。

候选人：它支持哪些文件格式？

面试官：任意文件类型。

候选人：文件需要加密吗？

面试官：是的，存储中的文件必须加密。

候选人：文件大小有限制吗？

面试官：是的，文件最大为 10 GB。

候选人：这个产品会有多少用户？

面试官：1000 万 DAU。

在本章中，我们重点关注如下功能：

- 添加文件。最简单的添加文件的方式是将文件拖放到云盘中。
- 下载文件。
- 在多个设备间同步文件。当一个文件被添加到一个设备中时，它会自动同步到其他设备中。
- 查看文件修改历史。
- 与朋友、家人和同事共享文件。
- 当一个文件被编辑、删除或者共享给用户时，给用户发送通知。

在本章中不会讨论谷歌文档（Google Doc）编辑和协作功能。谷歌文档允许多人同时编辑同一个文件。这不在我们的设计范围内。

除了厘清总体设计需求，理解如下非功能性需求也很重要。

- 可靠性。对于存储系统而言，可靠性极其重要。数据丢失是不可接受的。
- 快速同步。如果文件的同步需要很长时间，用户会变得不耐烦，然后放弃使用产品。
- 带宽的使用。如果产品占用了很多网络带宽，用户会不开心，特别是他们在使用移动数据流量套餐时。
- 可扩展性。系统应该有能力应对大流量。
- 高可用性。即使有服务器离线、变慢或者出现意外的网络故障，用户应该依然可以使用系统。

15.1.1　封底估算

假设这个应用：

- 有 5000 万注册用户和 1000 万的 DAU。
- 每个用户有 10 GB 的免费空间。
- 每位用户每天上传两个文件，每个文件的平均大小是 500 KB。
- 用户的读写操作的比例为 1:1。

  那么，可以得出以下估算数字。
- 总存储空间：5000 万×10 GB = 500 PB。
- 上传 API 的 QPS：1000 万×2÷24÷3600≈240。
- 峰值 QPS = QPS×2≈ 480。

15.2　第二步：提议高层级的设计并获得认同

在本节，我们会使用稍微不同的方式讲解，而不是一上来就展示高层级设计图。我们会从简单的工作开始，在单服务器中构建所有的组件。然后，对组件进行扩展以支持百万量级的用户。通过这个练习，你可以复习本书所讲的一些重要知识。

我们从单服务器设置开始。

- 用一个 Web 服务器来上传和下载文件。
- 用一个数据库来追踪元数据，如用户数据、登录信息和文件信息等。
- 用一个存储系统来存储文件。我们分配 1 TB 存储空间来存储文件。

我们花几小时配置了一个 Apache Web 服务器、一个 MySQL 数据库，并创建了一个叫作"/drive"的目录（将其作为根目录来存储上传的文件）。在"/drive"目录下还有一系列目录，它们被称作命名空间。每个命名空间包含一个用户上传的所有文件。服务器上的文件名和原始文件名保持一致。每个文件或者文件夹都可以通过命名空间和相对路径的组合来唯一标识。

图 15-3 的左边展示了一个"/drive"目录的例子，并在右边展示了它展开后的样子。

图 15-3

15.2.1 API

API 看起来是什么样子的？我们主要需要 3 个 API：一个用于上传文件，一个用于下载文件，还有一个用于获取文件修改信息。

上传文件至云盘

我们支持两种类型的上传。

- 简单上传。如果文件较小，就使用这种上传类型。
- 可续传上传。如果文件很大，而且网络中断的概率很高，就使用这种上传类型。

可续传上传的 API 示例：https://api.example.com/files/upload?uploadType=resumable

参数：

- uploadType=resumable
- data：要上传的本地文件。

可续传上传通过如下 3 步来实现[①]：

- 发送初始请求来获取可续传 URL。
- 上传数据并监控上传状态。
- 如果上传被中断，则恢复上传。

① 请参阅谷歌开发者网站上的文档"Upload File Data"。

从云盘下载文件

示例 API：https://api.example.com/files/download

参数：

- path：下载文件的路径。

示例参数：

```
{
"path": "/recipes/soup/best_soup.txt"
}
```

获取文件修改信息

示例 API：https://api.example.com/files/list_revisions

参数：

- path：要获取其修改历史的文件的路径。
- limit：可返回的修改记录的最大数量。

示例参数：

```
{
"path": "/recipes/soup/best_soup.txt",
"limit": 20
}
```

所有 API 都需要验证用户身份和使用 HTTPS 协议。SSL（Secure Sockets Layer，安全套接层）协议用来保护客户端和后端服务器之间的数据传输。

15.2.2 跳出单服务器设计

随着越来越多的文件要上传，你会收到云盘空间已满的警告，如图 15-4 所示。

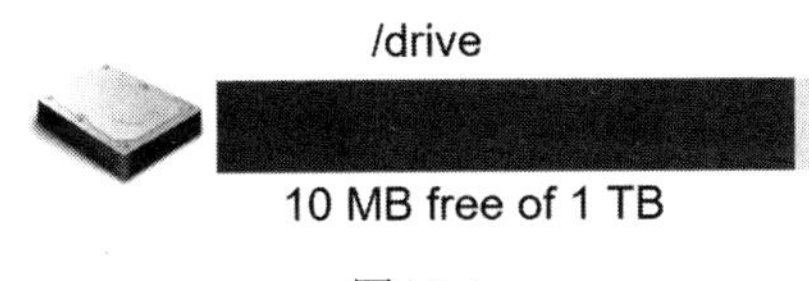

图 15-4

只剩 10 MB 的存储空间！这是一个紧急情况，因为用户不能再上传文件了。你想到的第一个解决方案是数据分片，这样数据就可以被存储在多个存储服务器上。图 15-5 展示了基于 user_id 分片的例子。

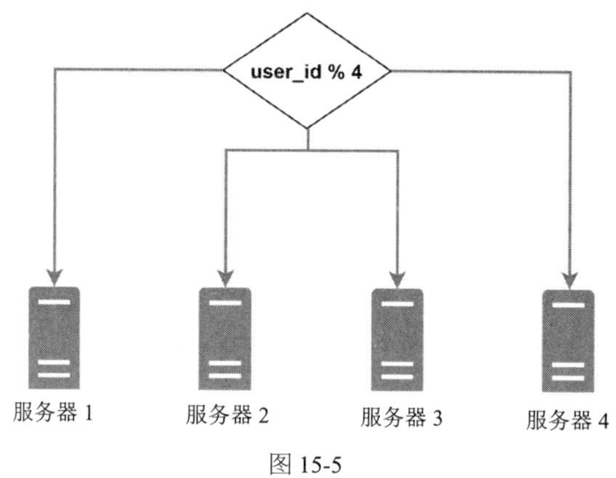

图 15-5

你通宵奋战，设置好数据库分片并仔细地监控它，一切又平稳运行了。你扑灭了火，但是依然害怕存储服务器出现故障导致数据丢失。你四处询问，你的朋友，后端专家弗兰克告诉你，很多像 Netflix 和 Airbnb 这样的大公司使用 Amazon S3 来存储数据。“亚马逊简单存储服务（Amazon Simple Storage Service，Amazon S3）是一种对象存储服务，它提供了业界领先的可扩展性、数据可用性、安全性和性能”[①]。你决定做一些调查来看看它是否适合自己。

阅读各种资料后，你对 Amazon S3 存储系统有了很好的理解，决定把文件存储在 Amazon S3 中。Amazon S3 支持同地区和跨区复制。地区是指 AWS（Amazon Web Services，亚马逊网络服务）有数据中心的地理区域。如图 15-6 所示，数据可以在同地区（左图）和跨区（右图）复制。将冗余文件存储在多个地区，可以防止数据丢失并确保可用性。桶（Bucket）就像文件系统中的文件夹。

① 访问 AWS 官网可以了解更多信息。

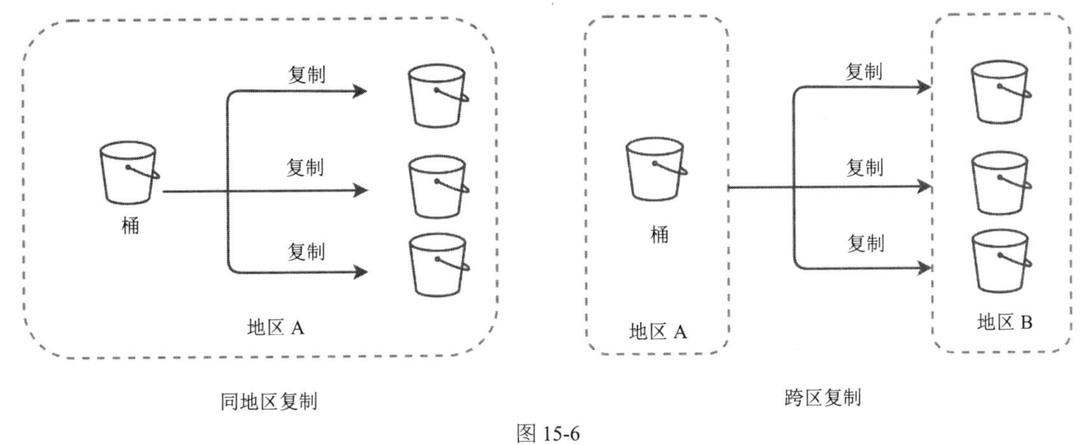

图 15-6

把文件放到 Amazon S3 后，你终于可以睡个安稳觉了，不用担心数据丢失。为了防止类似的问题再次发生，你决定做进一步的研究，找出可以改进的地方。以下是你找到的一些改进点。

- 负载均衡器：添加负载均衡器来分配网络流量。负载均衡器可以确保网络流量均匀地分布，并且如果一个 Web 服务器发生故障，负载均衡器就会重新分配流量。
- Web 服务器：在添加负载均衡器后，可以根据流量负载轻松地添加/移除 Web 服务器。
- 元数据数据库：把数据库从服务器中移出来，以避免单点故障。与此同时，设置好数据复制和分片来满足可用性和可扩展性需求。
- 文件存储：Amazon S3 被用来存储文件。为了确保可用性和持久性，文件在两个分隔的地理区域之间进行复制。

在实施上述改进措施之后，你已经成功地从单服务器中解耦出 Web 服务器、元数据数据库和文件存储。更新后的设计如图 15-7 所示。

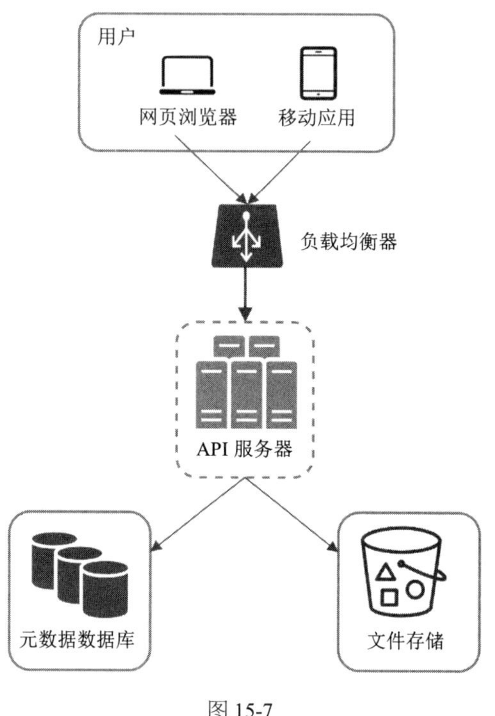

图 15-7

15.2.3 同步冲突

对于像谷歌云盘这样的大型存储系统，同步冲突会时不时发生。当两个用户在同一时间修改同一个文件或者文件夹时，冲突就会发生。如何解决冲突？我们的策略是：系统先处理的版本胜出，系统后处理的版本将收到冲突通知。图 15-8 展示了一个同步冲突的例子。

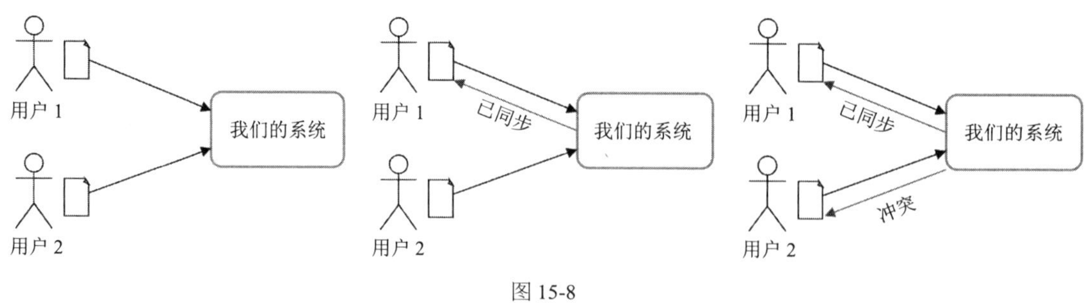

图 15-8

在图 15-8 中，用户 1 和用户 2 尝试在同一时间更新同一个文件，但是我们的系统先处理了用户 1 的文件。用户 1 完成了更新，用户 2 遇到了同步冲突。怎么解决用户 2 遇到的同步冲突呢？我们的系统展示了同一个文件的两个副本：用户 2 的本地版本和服务器上的最新版本（如图 15-9 所示）。用户 2 可以选择把两个文件合并，或者用一个版本覆盖另一个版本。

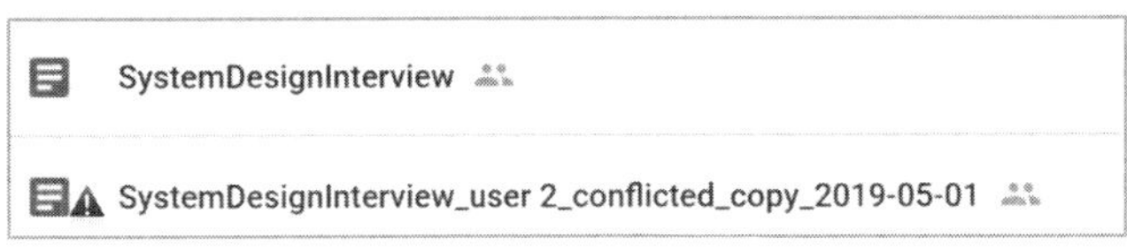

图 15-9

当多个用户同时编辑同一个文件时，保持文件同步是很有挑战性的事情。感兴趣的读者可以自行阅读 Neil Fraser 的文章“Differential Synchronization”，也可以找他所做的同名技术演讲的视频来看一看。

15.2.4 高层级设计

图 15-10 展示了高层级设计。我们来看系统的每个组件。

用户：用户通过浏览器或者移动应用来使用该应用程序。

块服务器（Block Server）：块服务器将块上传到云存储。块存储，也叫作块级存储，是一种在云端存储数据文件的技术。一个文件可以被分成几个块（Block）。每个块都有一个唯一的哈希值，存储在我们的元数据库里。每个块都被当作独立的对象并存储在我们的存储系统中（Amazon S3）。要重新构建一个文件时，按照特定的顺序将块连接在一起。至于块的大小，我们可以参考 Dropbox 的设置，它设定一个块最大为 4 MB[①]。

云存储：一个文件可以被分成小块并存储在云存储里。

冷存储：一个专门用于存储不活跃数据的计算机系统。不活跃数据指的是在很长时间内都没有被访问过的文件。

负载均衡器：平均地在 API 服务器之间分配请求。

① 请参考 Kevin Modzelewski 的技术演讲“How We’ve Scaled Dropbox?”。

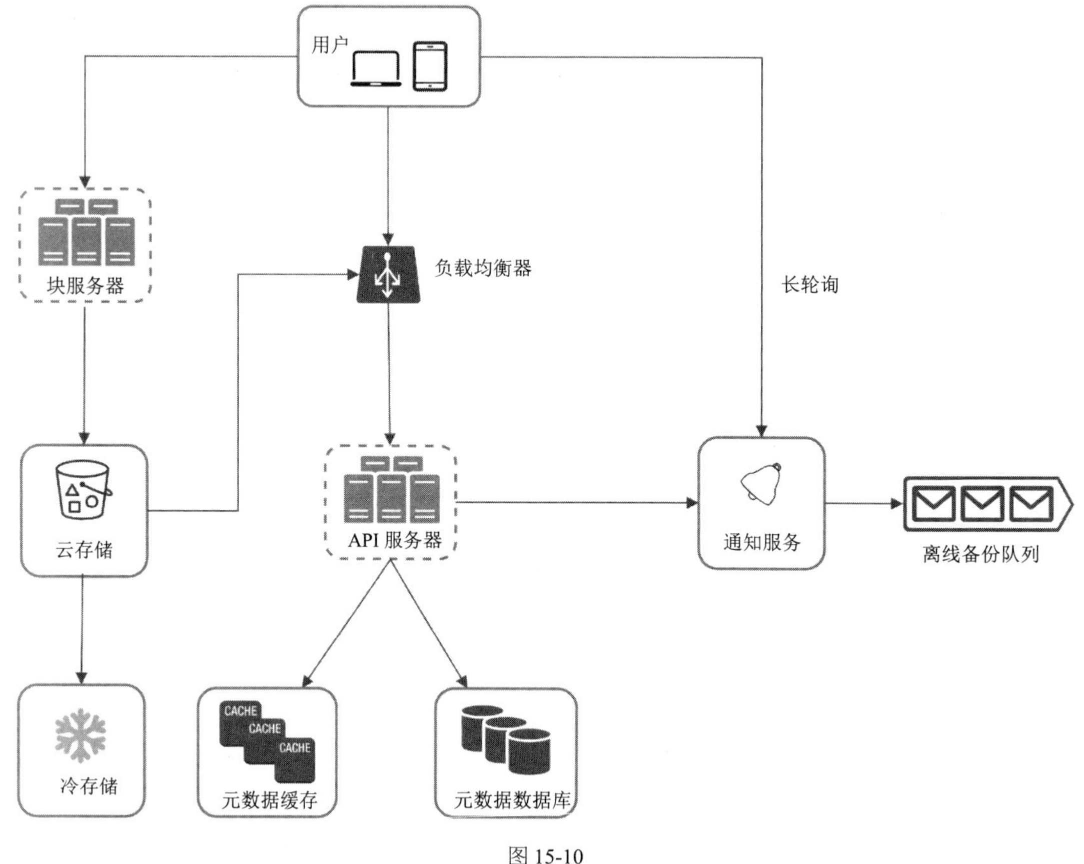

图 15-10

API 服务器：负责除了上传流程之外的几乎所有事情。API 服务器用于验证用户身份、管理用户资料、更新文件元数据等。

元数据数据库：存储用户、文件、块、版本等元数据。请注意，文件是存储在云上的，元数据数据库中只包含元数据。

元数据缓存：缓存某些元数据以便快速获取。

通知服务：它是一个发布者—订阅者系统。当特定事件发生时，它允许数据经由通知服务传输到客户端。在我们的场景中，当一个文件被添加、编辑，或移到别的地方时，通知服务通知相关客户端，使它们可以获知文件最新的状态。

离线备份队列：如果一个客户端离线，无法及时接收通知服务发送的文件更改通知时，离线备份队列会存储这些信息，这样当客户端上线时就可以同步更新自己的文件。

我们已经讨论了谷歌云盘的高层级设计。其中有些组件很复杂，值得仔细分析，我们会在下一节讨论它们的细节。

15.3 第三步：设计继续深入

在本节中，我们会详细讨论下面的话题：块服务器、元数据数据库、上传流程、下载流程、通知服务、节约存储空间和故障处理。

15.3.1 块服务器

对于经常更新的大文件，如果每次更新时都发送整个文件会消耗很多带宽。为了最小化传输的数据量，我们提出以下两个优化方法。

- 增量同步（Delta Sync）。当文件被修改时，通过使用同步算法，仅同步被修改的块而不是同步整个文件[①, ②]。
- 压缩。对块进行压缩可以显著减小数据大小。因此，可以基于文件类型，使用压缩算法来压缩块。举个例子，可以将 gzip 和 bzip2 用于压缩文本文件。对于图像和视频则需要采用不同的压缩算法。

在我们的系统中，块服务器为了上传文件承担了繁重的工作。块服务器处理传给客户端的文件，包括把文件分割成块、对每个块进行压缩和加密。我们并不会将整个文件上传到存储系统，而只传输有改动的块。

图 15-11 展示了一个新文件被添加进来时块服务器是如何工作的。

- 将文件分割成小块。
- 使用压缩算法压缩所有块。
- 为了确保安全性，在把每个块发送到云存储之前先对其加密。
- 将块上传到云存储。

---

① 请参阅 Andrew Tridgell 与 Paul Mackerras 合著的论文“The Rsync Algorithm”。

② 请参阅 GitHub 上的 librsync 库代码。

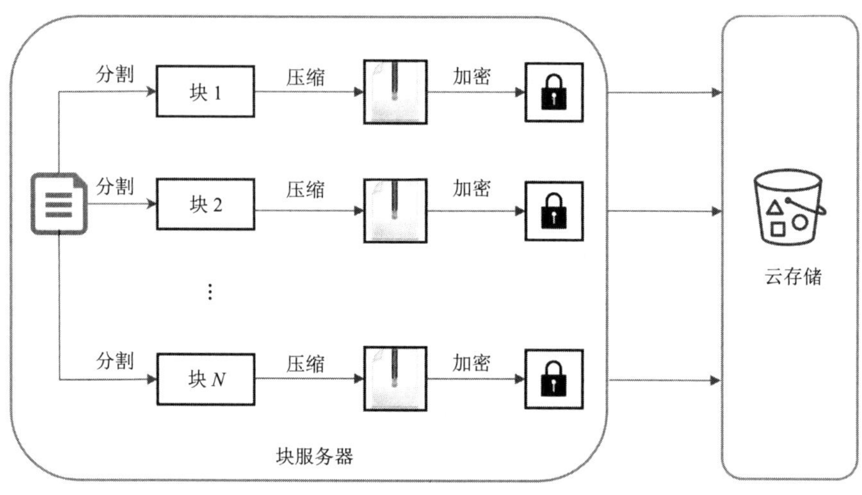

图 15-11

图 15-12 展示了增量同步的例子，这意味着只有更改过的块才会被传给云存储。黑底的“块 2”和“块 5”为更改过的块。如果使用增量同步，则只有这两个块会被上传到云存储中。

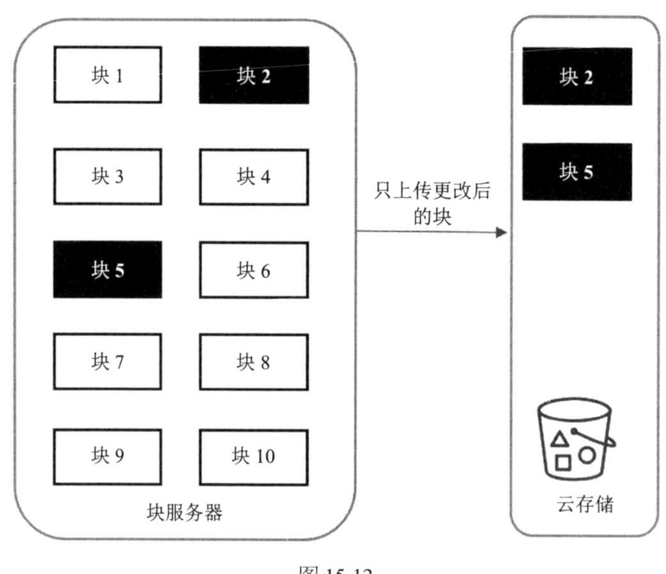

图 15-12

块服务器通过增量同步和压缩数据，帮我们节省了网络流量。

15.3.2 高一致性需求

我们的系统默认要求强一致性。在同一时间内，不同客户端上展示的同一个文件必须是一致的。系统需要为元数据缓存和数据库层提供强一致性支持。

内存缓存默认采用最终一致模型，这意味着不同的副本可能有不同的数据。为了实现强一致性，我们必须确保如下两点。

- 缓存的副本中的数据和主数据库中的数据是一致的。
- 对数据库写入时让缓存失效，以确保缓存和数据库持有相同的值。

在关系型数据库中实现强一致性是容易的，这是因为它维护了 ACID（Atomicity，原子性；Consistency，一致性；Isolation，隔离性；Durability，持久性）特性[①]。但是，NoSQL 默认不支持 ACID 特性，必须通过编程将 ACID 特性纳入同步逻辑。在我们的设计中，我们选择关系型数据库，因为它天然支持 ACID 特性。

15.3.3 元数据数据库

图 15-13 展示了数据库 Schema 设计。请注意，这是一个高度简化的版本，只包括最重要的表和想要关注的字段。

用户表（user）：包含用户的基本信息，比如用户名、电子邮件地址、个人照片等。

设备表（device）：存储设备信息。push_id 用于发送和接收手机推送通知。请注意，一个用户可以有多个设备。

命名空间（workspace）：命名空间是用户的根目录。

文件表（file）：存储与最新文件有关的所有信息。

文件版本（file_version）：存储一个文件的版本历史。已有的行都是只读的，从而保证文件修订历史的完整性。

块（block）：存储关于文件块的所有信息。只要按正确的顺序连接所有块，就可以重新构建任意版本的文件。

---

① 请参阅维基百科上的词条“ACID”。

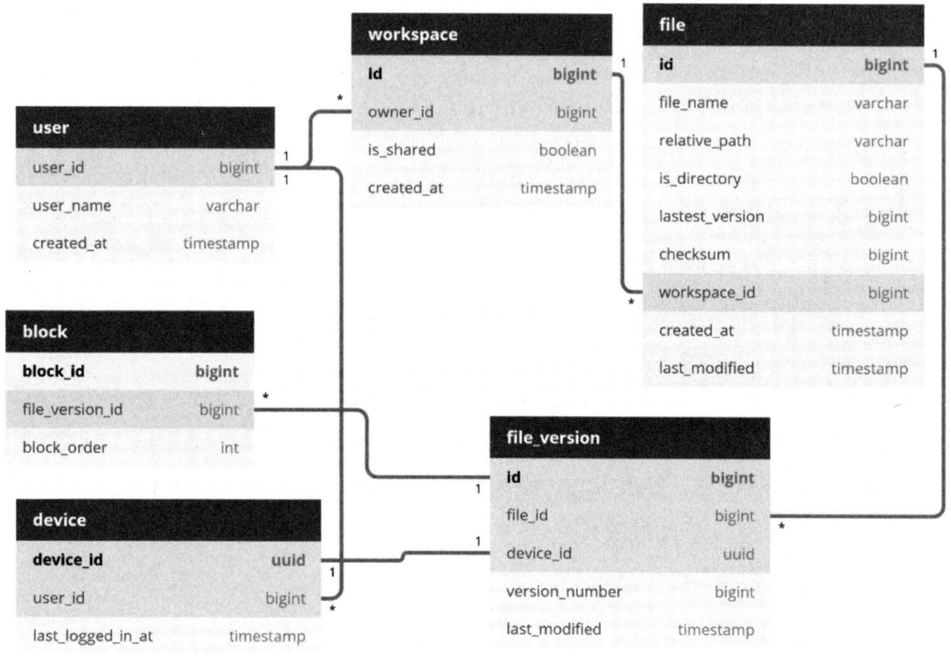

图 15-13

15.3.4 上传流程

下面我们讨论当客户端上传一个文件时会发生什么。为了更好地理解这个流程，我绘制了如图 15-14 所示的顺序图。

在图 15-14 中，并行发送两个请求：添加文件元数据和上传文件至云存储。这两个请求都来自客户端 1。

添加文件元数据

1. 客户端 1 发送请求，添加新文件的元数据。

2. 在元数据数据库中存储新文件元数据，并将文件上传状态改为“等待”。

3. 告知通知服务有一个新文件正在被添加。

4. 通知服务通知相关客户端（客户端 2）有一个文件正在被上传。

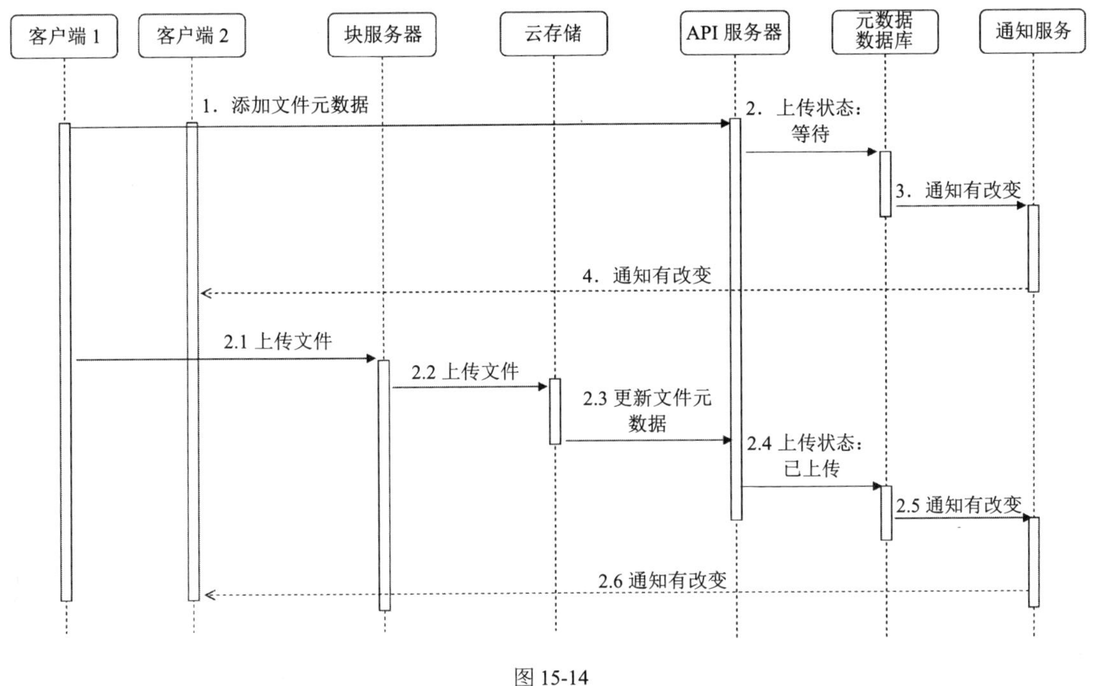

图 15-14

上传文件至云存储

2.1 客户端 1 将文件内容上传到块服务器。

2.2 块服务器把文件分成块，对块进行压缩和加密并把它们上传到云存储。

2.3 一旦文件被上传，云存储就会触发上传完成回调，并将请求发送给 API 服务器。

2.4 在元数据数据库中，文件状态被改为“已上传”。

2.5 告知通知服务有一个文件状态被改为“已上传”。

2.6 通知服务发通知给相关客户端（客户端 2），文件已上传。

当文件被编辑时，流程是类似的，所以不再赘述。

15.3.5 下载流程

当添加文件或者在别的地方编辑它时会触发下载流程。客户端如何知道有文件被添加或者别的客户端在编辑文件呢？有两个方法可以让客户端知道。

- 如果其他客户端在修改文件时，客户端 A 在线，那么通知服务会告知客户端 A 有文件发生变更，所以它需要拉取最新的数据。
- 如果其他客户端在修改文件时，客户端 A 已离线，那么数据会被存储到缓存中。当客户端 A 再次上线时，它将拉取最新的数据。

一旦客户端知道文件被更改，它首先会通过 API 服务器请求元数据，再下载块来构建文件。图 15-15 展示了详细流程。请注意，因为版面有限，这里只展示了最重要的组件。

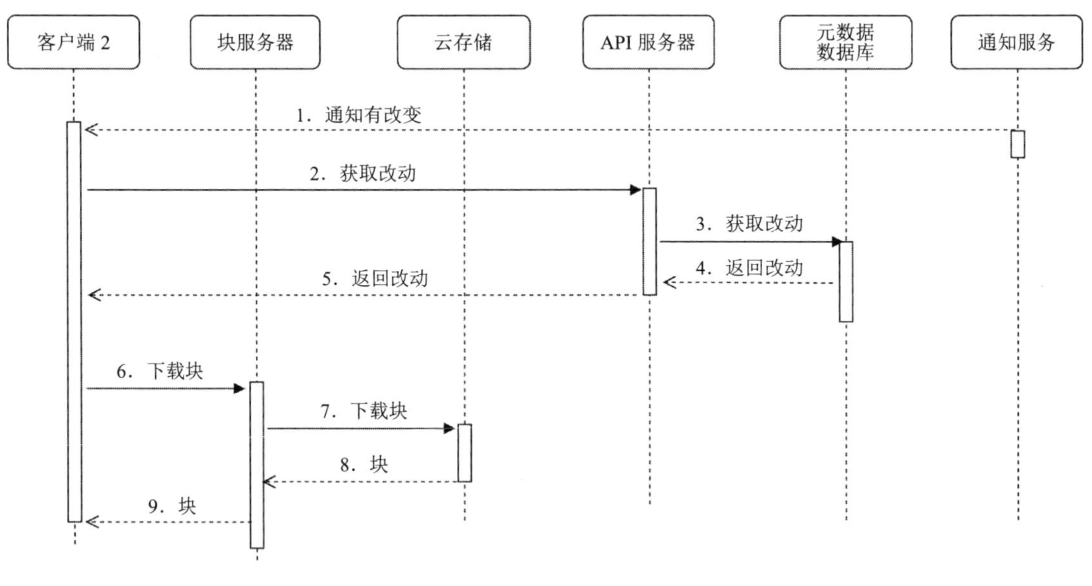

图 15-15

1. 通知服务告知客户端 2，文件在别的地方被更改了。

2. 一旦客户端 2 知道有新的更新，就发送请求来获取元数据。

3. API 服务器向元数据数据库发送请求以获取改动的元数据。

4. 元数据被返回给 API 服务器。

5. 客户端 2 获取元数据。

6. 一旦客户端收到元数据，就向块服务器发送请求来下载块。

7. 块服务器首先从云存储下载块。

8. 云存储将块返回给块服务器。

9. 客户端 2 下载所有新块来重新构建文件。

15.3.6 通知服务

为了保持文件的一致性，在本地发生的任何文件变更都需要通知其他客户端，以减少冲突。为了达到这个目的，要创建通知服务。当事件发生时，通知服务将数据传输给客户端。下面是一些方法。

- 长轮询。Dropbox 使用的就是长轮询①。
- WebSocket。WebSocket 提供客户端和服务器之间的持久连接。通信是双向的。

尽管两个方法都可以用，但出于下面两个原因，我们选择长轮询。

- 与通知服务的通信不是双向的。服务器发送文件变更的信息给客户端，但不会反过来。
- WebSocket 适用于实时双向的通信，比如聊天应用。对于云盘，当没有数据爆发时，不会经常发送通知。

通过长轮询，每个客户端建立一个长轮询连接到通知服务。如果检测到某个文件的变更，客户端会关闭这个长轮询连接。关闭连接意味着客户端必须连接元数据服务器来下载最新的变更。在收到响应或者连接超时后，客户端会立刻发送一个新请求来保持连接打开。

15.3.7 节约存储空间

为了支持文件版本历史和确保可靠性，同一个文件的多个版本被存储在多个数据中心内。频繁备份文件的所有修订会会很快填满存储空间。我们提议采用以下 3 个技术来降低存储成本。

---

① 请参阅 Dropbox 官网上发布的白皮书“Dropbox Business Security”。

- 数据块去重。在账号级别消除冗余块是节省空间的一个简单方法。如果两个块有相同的哈希值，我们就认为它们是一样的。
- 采用智能数据备份策略。可以应用以下两个优化策略。
  - 设定一个阈值。我们可以设定存储的版本的最大数量。如果达到阈值，最老的版本就会被替换为新版本。
  - 仅保存有价值的版本。有些文件可能经常被修改。例如，保存一个被多次修改的文件的每个版本，可能意味着在短时间内要保存这个文件超过 1000 次。为了避免产生不必要的副本，我们可以限制保存的版本的数量，给最新的版本更高的权重。做实验有助于找出要保存的最合理的版本数量。
- 把不常用的数据放到冷存储里。冷数据是那些几个月甚至几年都未被使用的数据。Amazon S3 Glacier 这样的冷存储比 Amazon S3 便宜多了[①]。

15.3.8 故障处理

大型系统可能出现故障，我们必须在设计中采用特定策略来解决这些故障。面试官可能会想听你谈一谈如何处理下列系统故障。

- 负载均衡器故障：如果负载均衡器坏了，备用负载均衡器会启动并接管流量。负载均衡器之间通常用心跳信号来互相监控。心跳信号是在负载均衡器之间定期发送的信号。如果某负载均衡器在一段时间内没有发送心跳信号，就会被认为发生了故障。
- 块服务器故障：如果某个块服务器发生故障，其他块服务器就会接管未完成或者待处理的工作。
- 云存储故障：将 S3 桶在不同地区复制多次。如果某文件在一个地区无法访问，可以从不同的地区获取它。
- API 服务器故障：API 服务器是无状态的，如果一个 API 服务器发生故障，流量会通过负载均衡器重定向到别的 API 服务器。
- 元数据缓存服务器故障：将元数据缓存服务器复制多次，如果一个节点发生故障，你依然可以通过访问其他节点来获取数据。我们会启用一个新缓存服务器来替换发生了故障的那个。

---

① 请访问 AWS 官网了解更多详情。

- 元数据数据库故障。
  - 如果是主节点发生故障，则将一个从节点提升为新的主节点，并启用一个新的从节点。
  - 如果是从节点发生故障，可以用另一个从节点来执行读操作，并启用一个新的数据库服务器来替换发生故障的节点。
- 通知服务故障：每个在线的用户和通知服务器都保持了长轮询连接。因此，每个通知服务器和很多用户建立了连接。根据 Kevin Modzelewski 的技术演讲“How We've Scaled Dropbox?”，每个服务器每秒有超过 100 万个连接。如果一个服务器发生故障，所有长轮询连接都会丢失，客户端必须重连到另一个服务器。尽管一个服务器可以保持很多打开的连接，但它无法同时重连所有丢失的连接。与所有丢失的客户端重新建立连接是一个相对慢的过程。
- 离线备份队列故障：将队列复制多次。如果一个队列发生故障，队列的消费者可能需要重新订阅备份队列。

15.4 第四步：总结

在本章中，我们提出了一个类似谷歌云盘的系统设计。强一致性、低网络带宽和快速同步，这些特性让这个设计很有趣。我们的设计包含两个流程：管理文件元数据和文件同步。通知服务是系统的另一个重要组成部分。它使用长轮询使客户端实时了解文件变更。

和所有系统设计面试问题一样，这个问题没有完美解决方案。每个公司有特定的限制，而你必须设计一个满足这些限制的系统。了解设计的权衡和技术选择是重要的。如果面试的最后还剩几分钟时间，你可以讨论一下不同的设计选择。

例如，我们可以从客户端直接将文件上传到云存储而不是通过块服务器上传。这个方法的优点是文件上传速度更快，因为文件只需要往云存储中传输一次。在我们的设计中，文件先被传输到块服务器，然后才被传输到云存储中。尽管如此，新方法还是有缺点。

- 首先，对于同样的分块，其压缩和加密逻辑必须在不同的平台（iOS 系统、安卓系统、桌面浏览器）上实现。这容易产生错误，并且需要做很多工程工作。在我们的设计中，所有这些逻辑都在一个中心化的地方实现——块服务器。

- 其次，因为客户端容易被入侵或者操控，在客户端上实现加密不是理想的方式。

系统的另一个有趣演进是把在线/离线逻辑移到一个单独的服务中。我们把这个服务叫作在线状态服务。把在线状态服务从通知服务器中移出，就可以将在线/离线功能集成到其他服务中。

恭喜你已经看到这里了。给自己一些鼓励，干得不错！

16

设计支付系统

从网约车、旅游、外卖到电商或者医疗保健，幕后运行的支付系统让所有的经济活动变成可能，图 16-1 列出了一些常见的支付系统。近年来，设计一个可靠、可扩展、灵活的支付系统成为流行的系统设计面试题。

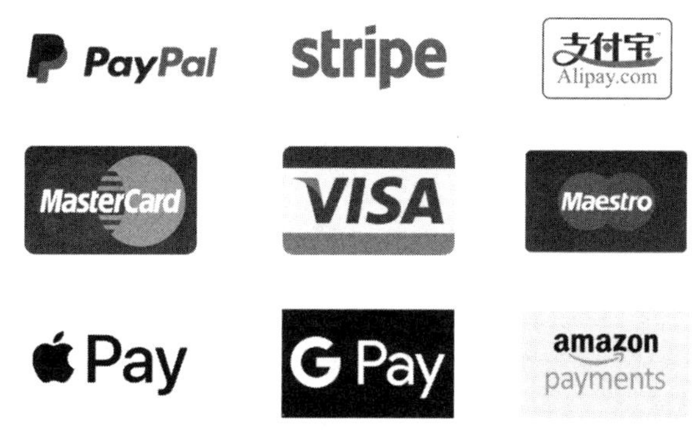

图 16-1

什么是支付系统？维基百科上是这么说的，“支付系统是通过转移货币价值来完成金融交易的系统，包括促成交易的机构、工具、人员、规则、程序、标准和技术。”支付系统被广泛使用。从表面上来看，支付系统很容易理解，但是对大部分开发人员来说它很可怕，因为一个很小的问题就可能导致重大的收入损失及用户流失。在本章中，我们会解密支付系统。

16.1 第一步：理解问题并确定设计的边界

对不同的人来说，支付系统可能有非常不同的含义。有些人可能会认为它是像 Apple Pay 或者 Google Pay 之类的电子钱包；有些人可能认为它是一个处理支付的后端系统；还有一些人认为它是支持 PayPal 或者信用卡支付的系统。在面试时，确定准确的需求非常重要。你可以问面试官如下问题。

候选人：我们要构建什么样的支付系统？

面试官：假设你要为一个类似亚马逊这样的电商应用构建后端支付系统，需要支持两个常见使用场景。

- 当顾客在亚马逊下单时，支付系统处理与资金交易相关的所有事情。
- 定期付款给卖家（比如每月一次）。

候选人：这是一个移动应用还是网页应用？或者二者都是？

面试官：都是。

候选人：需要支持哪些支付方式？信用卡、PayPal、银行卡等？

面试官：系统要支持提到的所有主流支付方式。

候选人：我们自己构建支付处理器（Payment Processor）吗？

面试官：不，我们使用第三方支付处理器，比如 Stripe、Braintree、Square 等。

候选人：我们在系统中存储信用卡数据吗？

面试官：因为安全和合规需求极高，我们在系统中不直接存储信用卡数据，而是存储支付令牌（Token）。支付令牌可以用于支付交易。

候选人：这个应用是全球可用的吗？我们需要支持不同货币和国际支付吗？

面试官：好问题。是的，这个应用是全球性的，并且在设计时应该把货币差异和国际支付考虑进来。

候选人：每天有多少笔支付交易？

面试官：100 万笔。

以上是你可以向面试官提出的问题样例。在本章中，我们聚焦于设计一个能支持如下使用场景的支付系统。

- 收款流程：支付系统代表卖家向顾客收款。
- 付款流程：支付系统每个月给全世界的卖家付款。
- 实时卖家仪表板：显示卖家将要收到的款项。

仅了解顾客的使用场景并不足以提出可靠的设计。为了设计出可以处理数百万笔交易的支付系统，理解电商商家可能面临的挑战很重要。

2018 年 MRC Global Payments Survey 做了一次调查[①]，将商家管理电商支付时遇到的挑战做成了一个排行榜（如图 16-2 所示）。在我们的设计中，我们会把一些排名靠前的挑战考虑进来。

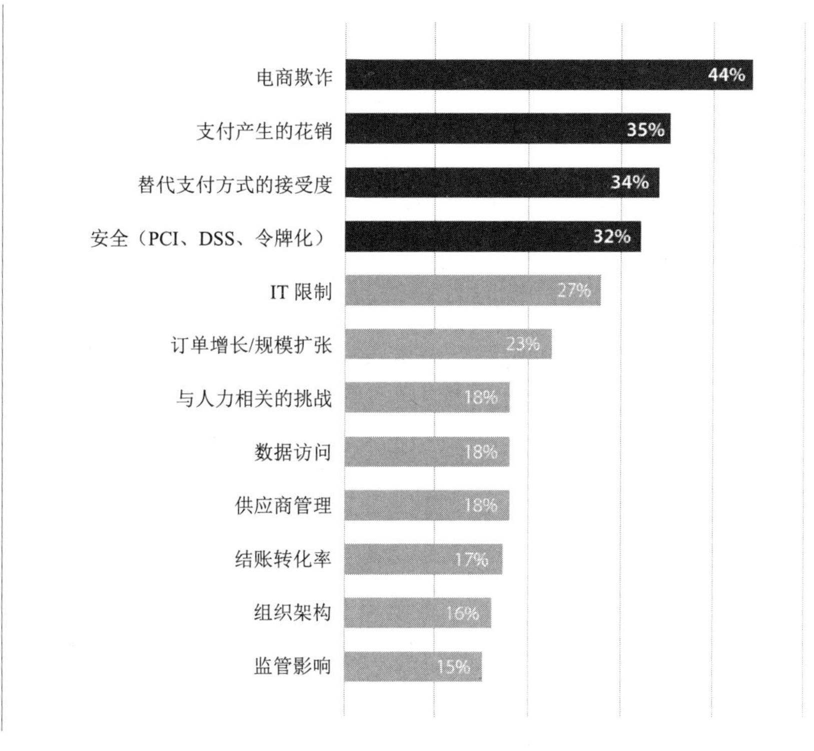

图 16-2

① 请参阅 CyberSource 的报告“Payment Management Strategies of Forward-Thinking Global Merchants”。

16.2 第二步：提议高层级的设计并获得认同

在高层级上，这个系统可以分成 3 个部分：

- 收款流程。
- 付款流程。
- 实时卖家仪表板。

16.2.1 收款流程

我们先看一下当顾客在亚马逊下单之后会发生什么，如图 16-3 所示。

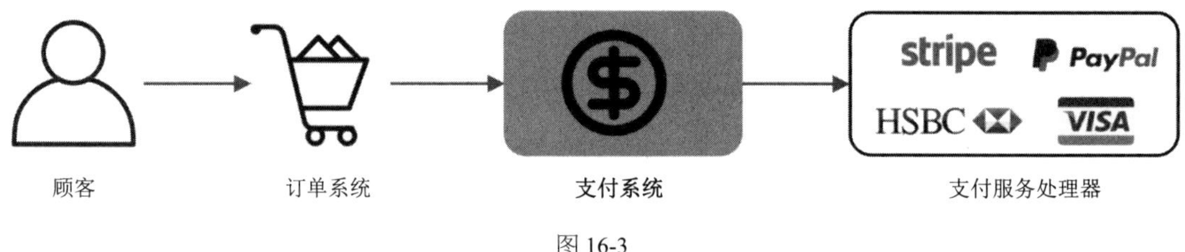

图 16-3

- 顾客：将产品添加到购物车中。
- 订单系统：创建订单。
- 支付系统：记录资金的流动，但是并没有真正地转移资金。
- 支付服务处理器（Payment Service Processor，PSP）：PSP 把资金从账户 A 转移到账户 B。“PSP”这个词在本章中也代表银行。请注意，真实的资金流动过程很复杂，图 16-3 是对现实的简化和抽象。

流程的抽象

亚马逊不仅仅有购物网站，它还有超过 40 家子公司，包括 Audible、IMDB、Zappos、AWS 等[①]。其中的一些子公司可能共享同一个支付系统。此外，亚马逊还有不同的业务线，比如购物、亚马逊 Prime 视频、亚马逊音乐等。为了支持所有这些业务，我们对支付流程相关的组件进行抽象，并提供一个如图 16-4 所示的简单模型。

---

① 请参见维基百科上的词条“Amazon(company)”。

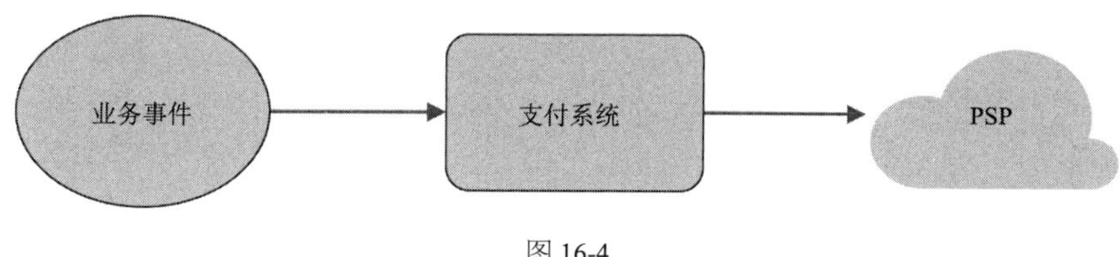

图 16-4

- 业务事件：业务事件触发资金的流动。这些事件包括顾客下单、订阅亚马逊 Prime 视频等。
- 支付系统：之前已经解释过了。
- PSP：之前已经解释过了。

这里会有多种类型的业务事件和很多不同的 PSP，如图 16-5 所示。

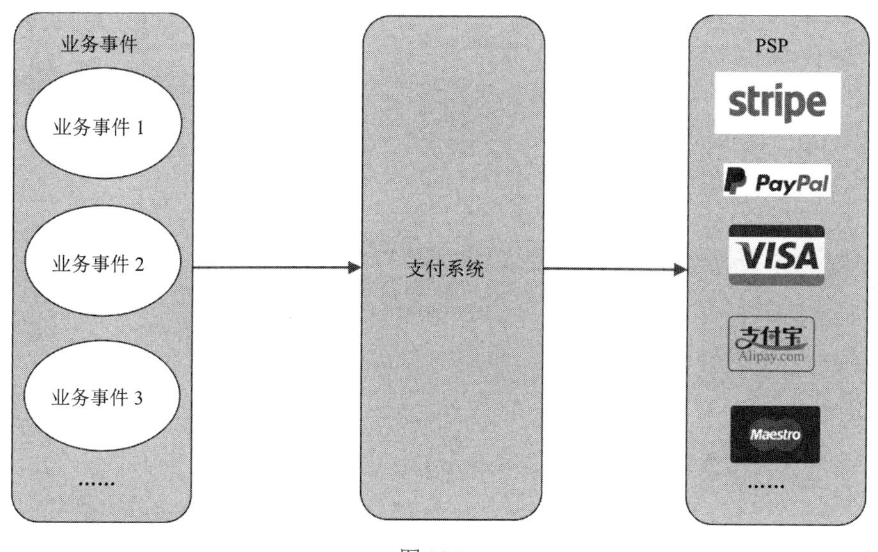

图 16-5

当我们设计支付系统时，很重要的一点是把不断变化的组件与稳定的组件分开。举个例子，亚马逊不断拓展新的市场并增加新业务线。新的业务线通常意味着新的支付业务事件。现在没有单一的 PSP 可以接受所有的支付方式。为了支持国际支付，你需要添加更多的支付服务提供商。

我们看看收款流程的哪些部分是稳定的，哪些部分是不断变化的。收款流程有 3 个组件：支付 API、支付核心和支付传输（见图 16-6）。

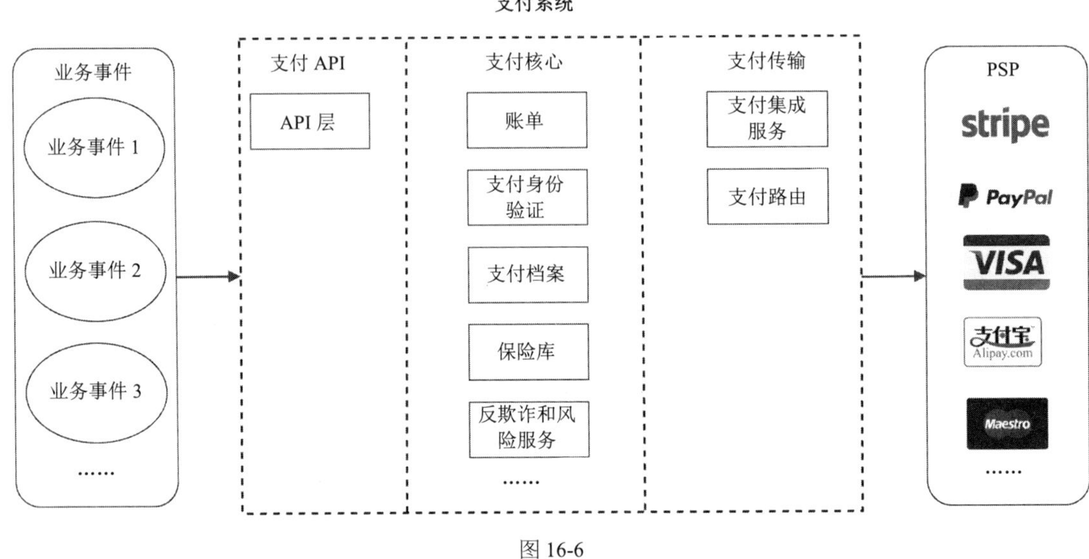

图 16-6

支付 API：隐藏了系统其他组件的复杂性，并为业务事件提供了高层级接口。这个组件应该具有可扩展性以容纳新的业务事件。

支付核心：代表系统的核心。这个组件通常是稳定的。

支付传输：提供了支付路由以及与不同 PSP 的集成。这个组件应该具有可扩展性以接纳新的 PSP。

16.2.2 复式记账系统（Double-Entry System）

在继续详解高层级设计之前，让我们看一个重要概念：复式记账系统（也叫作复式记账/簿记）①。复式记账系统是支付系统的基础，并且对记录资金的流动很关键。它把每笔支付交易记录在两个相互独立的账户中，金额相同，一个账户借记，另一个账户就会贷记相同金额（见图 16-7）。

复式记账系统声明所有交易分录之和必须等于 0。每一个账户中损失的金额（比如，失去 1 分钱），必然对应在另一个账户中获得的相同金额（比如，得到 1 分钱）。它提供

① 请参阅维基百科上的词条“Double-entry Book Keeping”。

了端到端的可追踪性并确保了整个支付周期的一致性。复式记账系统的详细实现超出了本书的范围。感兴趣的读者请自行阅读 Square 工程博客上的文章“Books, an Immutable Double-Entry Accounting Database Service”。

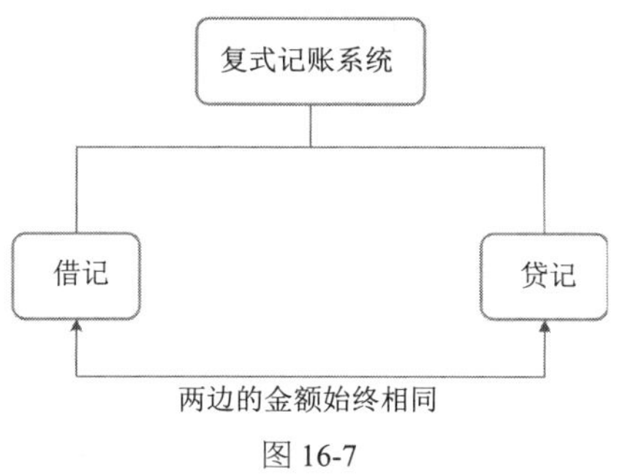

图 16-7

16.2.3 托管支付页面

大部分中小型公司倾向于不存储顾客的信用卡账户信息，因为如果要这么做，就必须遵守支付卡行业数据安全标准（Payment Card Industry Data Security Standard，PCI DSS）中的所有复杂规定。为了避免处理信用卡信息，这些公司会使用由 PSP 提供的托管信用卡页面。在网站上，它可能是一个窗口小组件或者 iframe；在移动应用中，它可能是一个支付 SDK 预先构建的页面。图 16-8 是一个集成了 PayPal 的结账界面。这里的关键点是 PSP 提供了一个托管支付页面，可以直接获取顾客的信用卡信息而不是由支付系统来获取。

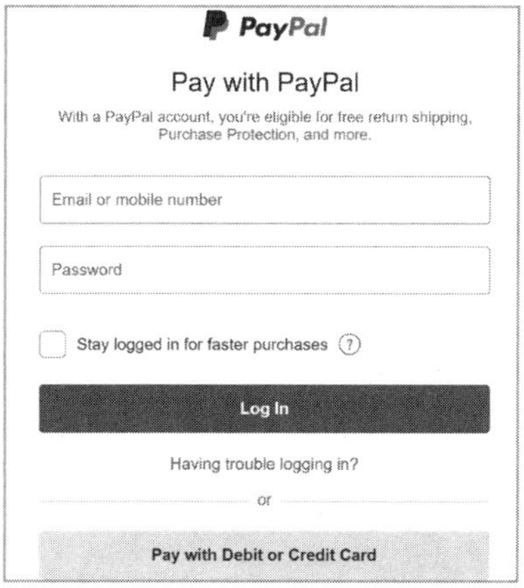

图 16-8

高层级架构

收款流程的高层级架构如图 16-9 所示。

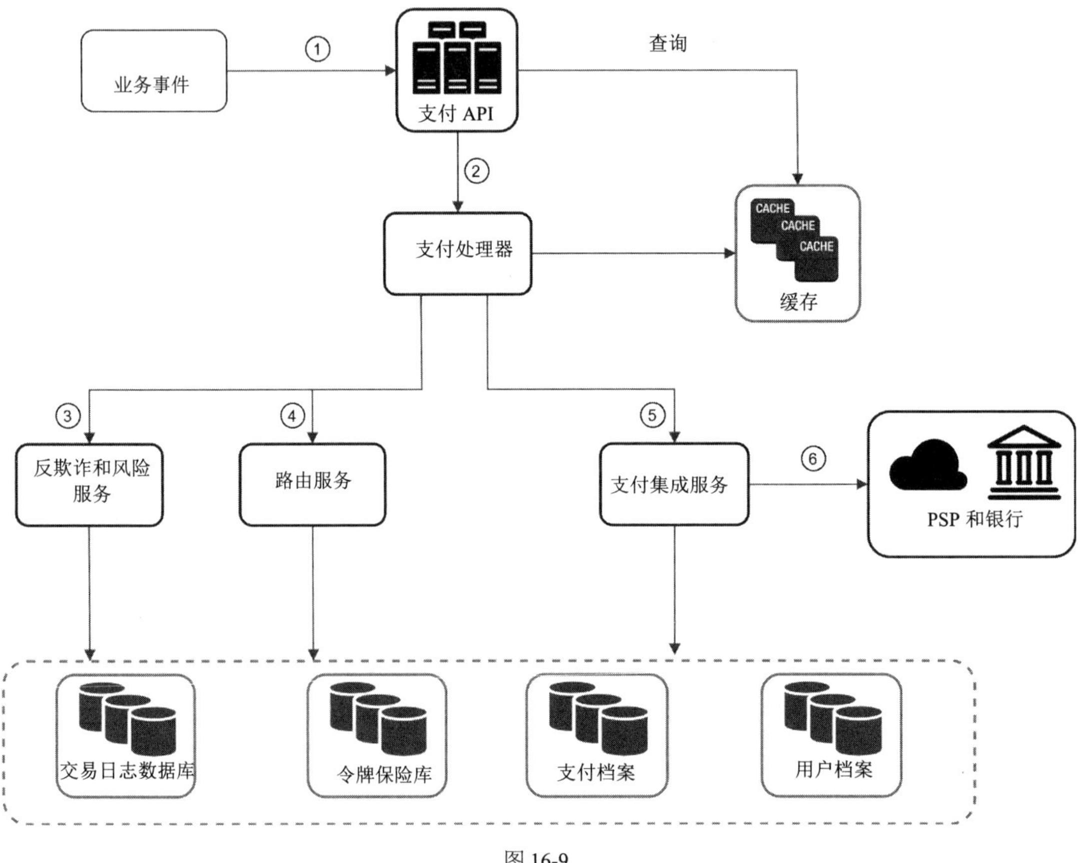

图 16-9

我们先仔细看每个组件，然后理解它们是如何一起工作的。圆圈里的数字代表处理支付时的流程顺序。

业务事件

如之前解释的那样，资金的流动是通过业务事件来触发的。

支付 API

我们的支付 API 支持幂等性，所以顾客可以安全地重试支付请求而不用担心会重复付款。有关幂等性的详细内容会在 16.3.1 节介绍。最常用的支付 API 有如下 4 个。

（1）创建支付：请求付款。

```
POST /v1/payments
```

请求头（Header）和路径参数：amount（金额）、currency（币种）

（2）重试支付：因为网络故障或者超时而重试支付操作。

```
POST /v1/payments
```

添加额外的幂等性键 Idempotency-Key：<key>header，避免做重试操作的时候向顾客收两次钱。

（3）获取支付细节：获取特定支付的相关信息。

```
GET /v1/payments/{id}
```

（4）退款：把钱款退回顾客。

```
POST /v1/payments/{id}/refunds
```

嵌入的{id}表示某支付交易的 ID。

上面提到的支付 API 和 PSP API 类似。如果你想更全面地了解支付 API，请参阅 Stripe 官网上的 API 文档。

支付处理器

支付处理器协调和管理不同的支付服务。它把支付系统其他服务的复杂性都隐藏起来。它是一个提供如下功能的编排层。

- 调用反欺诈和风险服务，检查支付中是否存在欺诈行为。
- 调用路由服务，决定哪个 PSP 对于支付交易是最好的选择。
- 调用支付集成服务，处理支付交易。

反欺诈和风险服务

反欺诈和风险服务接受正常的交易并拒绝欺诈性交易。支付生命周期的任何阶段都可能存在风险，所以这个服务在一个支付交易中可能会被请求很多次。

路由服务

路由服务定义了支付路由规则，并动态地将支付交易路由到最合适的 PSP。

- 降低支付处理的成本。不同的 PSP 和银行收取的支付处理费用不同，路由服务会尽量最小化这个费用。
- 最大化成功率。如果一个支付交易失败，路由服务会选择另一个 PSP 来处理这个失败的支付交易。
- 减小故障的影响。路由服务会自动检测故障，并把交易从发生故障的 PSP 切换到备用的 PSP。
- 降低支付处理的延时。路由服务紧密地监测交易延时，并选择响应快的 PSP。

支付集成服务

没有一个全球性的 PSP 的服务可以覆盖所有国家和支付方式。因此，跨国运营的公司必须与多个 PSP 集成。支付集成服务提供统一的 API 来与第三方 PSP 和银行进行通信。一般而言，支付集成服务通过 PSP 与银行进行通信，但是有些银行自己就是 PSP。如图 16-10 所示，两种类型的通信协议被广泛使用。

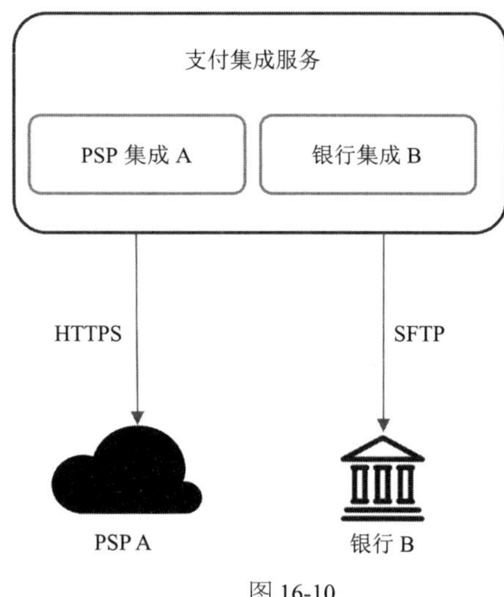

图 16-10

- 实时 API 集成（采用 HTTPS 协议）。大部分 PSP（如 PayPal、Stripe 等）为支付集成服务提供 API，用于实现实时支付。

- 批量文件集成（采用 SFTP 协议）。这种方式不是实时的，支付请求有可能需要几天时间来处理。很多银行只提供使用安全文件传输协议（Secure File Transfer Protocol，SFTP）来集成的方式。SFTP 有它的优势，可以异步处理大量的数据。我们的支付集成服务将每天的交易（或按照其他预设的频率）汇总到文件里，并将这些文件批量发送给银行。这里的一个重要考量是确定性批处理（Deterministic Batching）[①]，意思是即使多次运行同样的文件生成任务，结果也是一样的。如果服务器崩溃，只需重新运行这个任务。

PSP 和银行

根据维基百科上的定义，“支付服务提供商（Payment Service Provider，PSP）为在线购物提供服务来接受电子支付，有多种支付方式，包括信用卡、基于银行的支付（比如直接借记、银行转账）和基于网上银行的实时银行转账”。简而言之，PSP 和银行负责实际的资金收付。

数据层

我们选择关系型数据库来存储支付数据，因为它提供了 ACID 特性。一些最重要的数据库列举如下：交易日志（Transaction Log）数据库、令牌保险库（Token Vault）、支付档案（Payment Profile）和用户档案（User Profile）。

交易日志数据库

所有支付交易都存储在交易日志数据库中。它是一个关系型数据库，因为 ACID 特性对于支付数据很重要。维护数据完整性是很有挑战性的，但极度重要。16.3 节讲述了更多细节。

令牌保险库

令牌保险库是一个安全地集中存储支付令牌的地方。它也是一个关系型数据库。支付令牌化是用唯一的支付令牌来替换敏感的信用卡或者银行账户细节信息的过程（如图 16-11 所示）。因为不用暴露消费者的信用卡信息，令牌化让无卡支付变为可能。安全是最重要

---

① 请参见 Paul Sorenson 所做的技术演讲“To the Nines: Building Uber's Payments Processing System”。

的。令牌保险库必须符合 PCI 规程[①]。

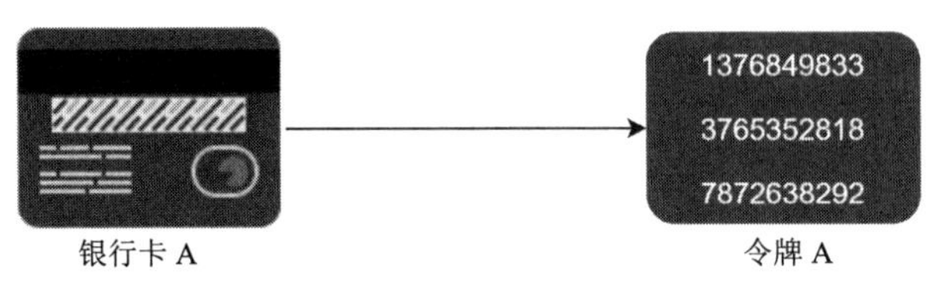

图 16-11

支付档案

支付档案存储如下信息。

- 支付方式：信用卡、借记卡、银行账户、PayPal 等。
- 订阅和定期支付（Recurring Payment）数据。
- 支付方式对应的账户持有人的名字和账单地址。

图 16-12 展示了创建支付档案的例子。尽管这里输入了卡号，但是我们的支付系统并不存储完整的卡号，而通常只存储最后 4 位和信用卡的到期日期。只有在传输或者完整保存时，主账号（Primary Account Number，PAN）才会被视为敏感数据。

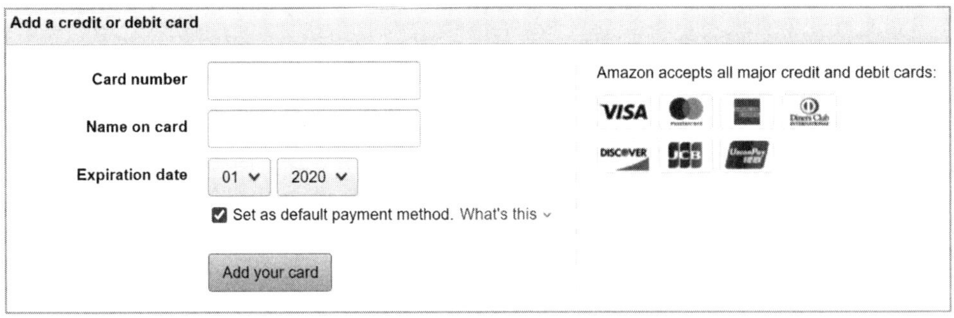

图 16-12

用户档案

用户档案存储了用户数据，包括姓名、密码、地址等。

① 请参阅网站 ProcessOut 上的文章“Credit Card Vaulting: Advantages & Ways to Do It”。

缓存

在支付系统中，读请求（例如检查支付状态）通常比实际的交易支付请求多。使用缓存不仅可以减少数据库和核心支付服务的负载，还可以显著提升读速度。

16.2.4 付款流程

付款流程指的是亚马逊按照预先设定的频率（比如每个月一次）给卖家付款的流程。付款流程如图 16-13 所示。

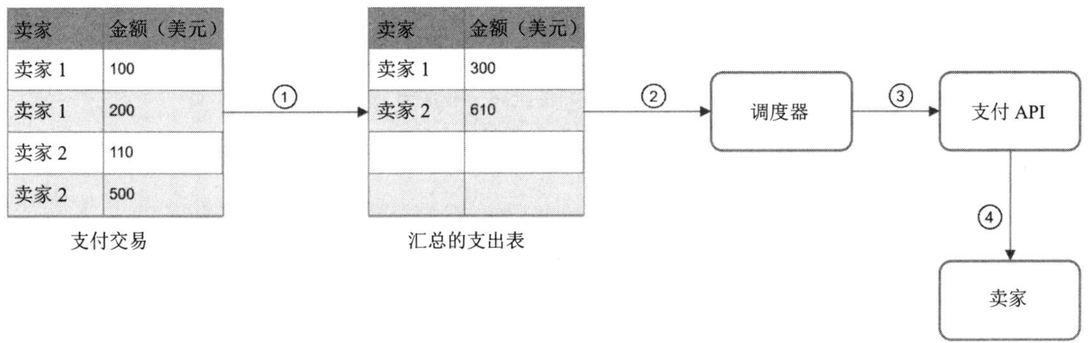

图 16-13

1. 支付金额汇总在支出表里。

2. 调度器从汇总的支出表中获取支出金额。

3. 调用支付 API 请求付款给卖家。

4. 把钱付给卖家。这个流程和图 16-9 中的收款流程一样：支付 API 请求支付处理器，并最终请求 PSP 转移资金。

16.2.5 实时卖家仪表板

除了收款和付款流程，卖家仪表板是我们想要支持的第三个功能。卖家仪表板展示卖家在下一个付款周期将要收到的总金额的实时数据。图 16-14 展示了利用 Apache Kafka 支持实时卖家仪表板的设计。Apache Kafka 是一个发布—订阅消息系统。它很快，具有高可扩展性、可用性以及对节点故障的容错性。Kafka 类似于消息队列，但有几个关键区别。

- 对于消息队列，消息/事件一旦被处理，就将从队列中被移除。一个消息/事件是由一个消费者处理的。
- 对于 Kafka，消息/事件被处理后并没有从 Kafka 中被移除，而是停留在队列中，直到队列大小超过了限制。这使我们能重新处理消息/事件。

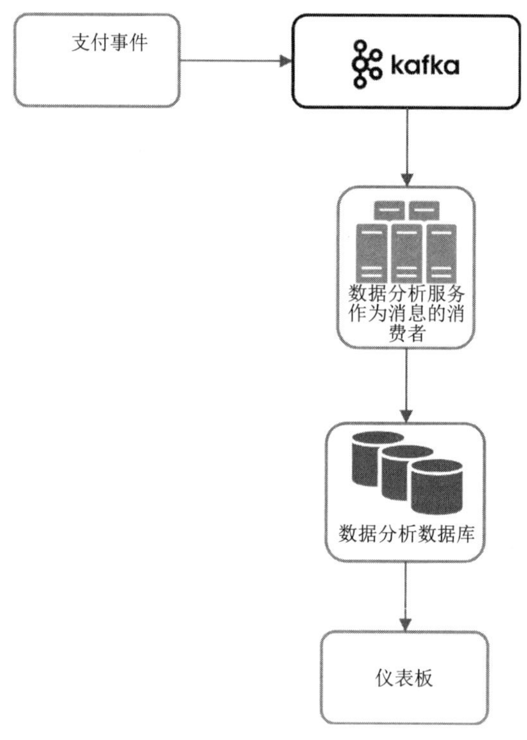

图 16-14

因为同一个支付事件通常由多个下游服务来处理，比如付款流程、报告流水线、数据分析服务、会计等，所以很合适用 Kafka。在创建实时仪表板时，经常要用到 Vertica、Druid 、Amazon Redshift、Google BigQuery 等分析型数据库。分析型数据库是为数据分析优化过的专业数据库。它们针对查询性能和可扩展性做了优化。

16.3 第三步：设计继续深入

在本节中，我们会重点讨论如何使系统更加健壮和安全。在分布式系统中，错误不仅无法避免，还很常见。举个例子，如果顾客多次点击付款按钮会发生什么？他会被多次收费吗？如何处理因为网络连接差而造成的支付失败？在本节中，我们会深入探讨如下关键话题。

- 重试：至少一次交付。
- 幂等：至多一次交付。
- 维持一致性。
- 修复不一致的数据。
- 处理支付失败。

16.3.1 重试和幂等

为了确保顾客只被收费一次，我们需要确保支付交易至少发生一次，至多也只发生一次。你可能会疑惑为什么我们不直接说就发生一次。这是因为“至少一次”和“至多一次”解决的是两个不同的技术问题。

重试

因为网络故障或者超时，我们偶尔需要重试支付交易。重试可以保证支付交易至少发生一次。例如，如图 16-15 所示，客户端（顾客）尝试请求支付 10 美元，但是因为网络连接不佳，支付总是失败。考虑到网络状况过一段时间可能会变好，客户端重试这个请求，并且在第 4 次的时候终于成功。

确定合适的重试时间间隔很重要。这里有一些常见的重试策略。

- 立即重试：客户端立即重新发送请求。
- 固定间隔：在支付失败和重试之间等待固定长的时间。
- 递增间隔：客户端在第一次重试时等待较短时间，后面每一次重试时则逐渐增加等待时长。
- 指数退避（Exponential Backoff）[1]：在每次重试失败之后增加重试之间的等待时间。例如，当一个请求第一次失败时，我们在 1 秒之后重试；如果它第二次也失败了，

① 请参见维基百科上的词条“Exponential Backoff”。

在重试之前我们等待 2 秒；如果它第三次仍然失败，我们在重试之前等待 4 秒。

- 取消：客户端可以取消请求。这是当请求总是失败或者重试不太可能成功时的常见操作。

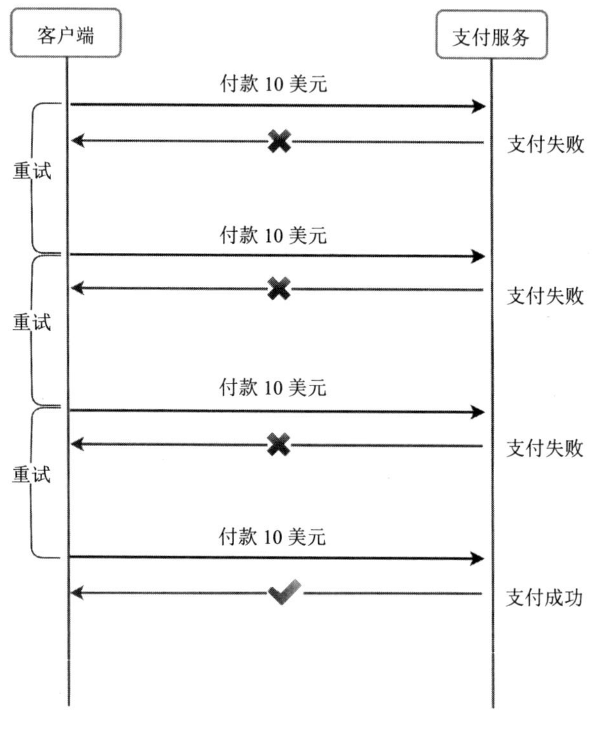

图 16-15

选定合适的重试策略是有难度的。没有哪个解决方案适合所有场景。一般的做法是，如果网络故障不太可能在短时间内解决，则使用指数退避。激进的重试策略会浪费计算资源并导致服务过载。好的做法是在 Retry-After 请求头里提供错误码。

重试可能造成的问题是重复支付。我们看下面两个场景。

场景 1：顾客快速点击了两次支付按钮。

场景 2：PSP 成功地处理了支付请求，但是因为网络错误，响应未能到达我们的支付系统，如图 16-16 所示①。

① 此图引自 Paul Sorenson 所做的技术演讲“To the Nines: Building Uber's Payments Processing System”。

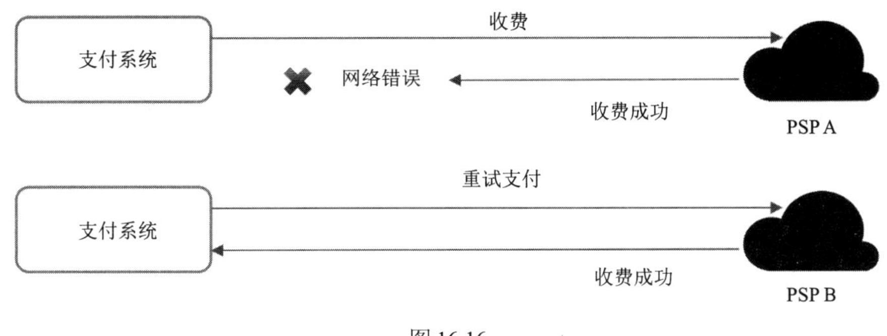

图 16-16

如图 16-16 所示，顾客被 PSP A 成功收费，但是因为网络错误，我们的支付系统没有收到收费成功的响应。支付系统认为 PSP A 发生故障，并且用 PSP B 来重试支付，导致重复收费。

接下来介绍解决这两种重复支付问题的方法。

幂等性

幂等性是确保“至多一次”的关键。根据维基百科上的定义，“幂等性是一种在数学和计算机科学中特定操作所拥有的特性。由于具有此特性，这些操作可以进行多次但结果在第一次操作之后就不会再改变”。从 API 的角度来看，幂等性意味着客户端可以重复发送同一个请求且产生的结果相同。

对于客户端（网页/移动应用）和服务器之间的通信，幂等键（Idempotency Key）通常是客户端生成的唯一值，它会在一定时间后过期。UUID 通常被用作幂等键，并且受到很多科技公司的推荐，比如 Stripe 和 PayPal[①]。为了执行幂等支付请求，要将幂等键添加到 HTTP 请求里，HTTP 请求头是存放“idempotency-key:<key>”这个键值对的常见地方。

现在我们理解了幂等性的基本概念，让我们看看它如何帮我们解决之前提到的重复支付问题。

如果顾客快速点击了两次付款按钮会怎样？

如图 16-17 所示，当用户第一次点击付款按钮时（第一次请求），会生成一个幂等键，

① 请参阅 Stripe 和 PayPal 官网上的相关文档，了解幂等性的更多内容。

并且它作为 HTTP 请求的一部分被发给支付系统。

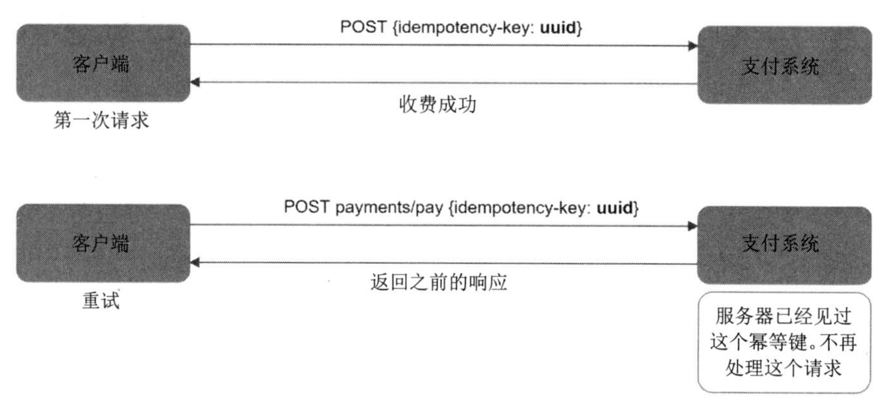

图 16-17

对于第二个请求，因为支付系统已经见过这个幂等键，所以它会将第二个请求视为重试。如果你在请求头里包含了之前指定的幂等键，支付系统会返回之前请求的最新状态。

如果支付系统检测到拥有相同幂等键的多个并发请求，则只有一个请求会被处理，对于其他请求，支付系统会返回“429 Too Many Requests”这个状态码。

如果支付请求已被成功处理，但是因为网络错误导致返回的响应丢失（如图 16-16 所示），该怎么办？

在这个场景里，我们需要在和外部系统（PSP）交互时维持幂等性，并跟踪支付状态（成功、失败、等待）。图 16-18 给出了一个例子。

1. 支付系统首先在交易日志数据库中记录带幂等键的支付请求。

2. 支付系统请求 PSP A 来初始化收款请求。

3. 收款请求被 PSP A 成功执行，但是因为网络错误，本应返回给支付系统的响应丢了。

4. 在重试支付之前，支付系统从交易日志数据库中获取之前的支付状态和它之前连上的 PSP 的信息。

5. 通过检查交易日志，支付系统知道支付请求被 PSP A 处理过，但是系统没收到响应。因此，它使用 PSP A 重试支付，并在重试请求里包含幂等键。

6. PSP A 使用幂等键来确保不会多次收款。它返回之前因为网络错误而失败的响应。

7. 在交易日志数据库中记录从 PSP A 返回的响应。

大部分 PSP 和银行的服务都以幂等的方式实现。通过在交易日志数据库中保存支付交易的状态，我们总是可以知道在支付生命周期的哪里遇到了问题。

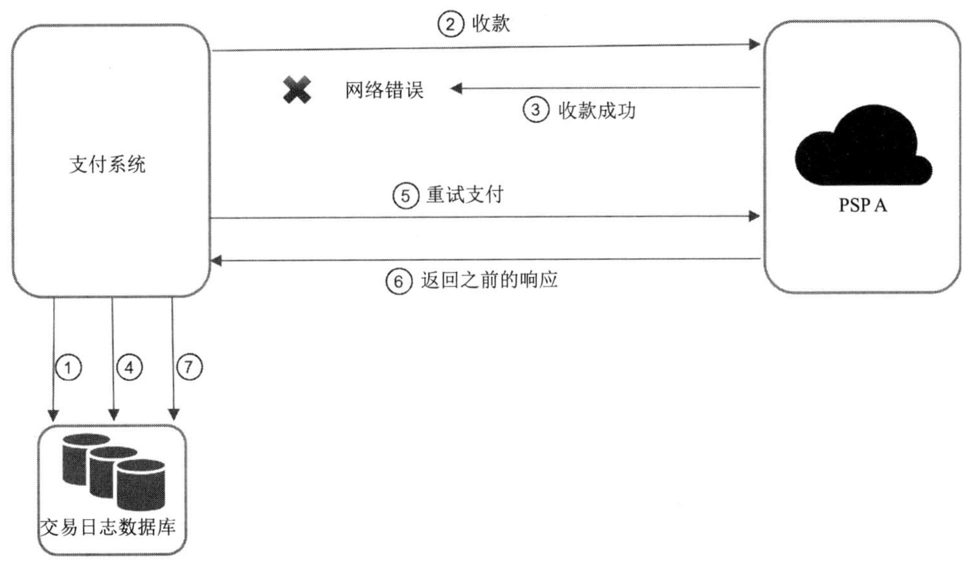

图 16-18

Airbnb 工程博客上有一篇文章“Avoiding Double Payments in a Distributed Payments System”详细讲述了如何在分布式支付系统中解决双重支付问题。感兴趣的读者可以自行阅读。

16.3.2 同步支付 vs. 异步支付

支付流程可以是同步的也可以是异步的。这是必须在设计早期做的非常重要的决策。为了做出明智的决策，我们仔细地研究这两个选项。

客户端和服务器之间的通信

在深入研究之前，理解一些术语很重要。

- 客户端：可以是移动应用、网站、API 请求等。
- 服务器：我们的支付系统。

客户端和服务器之间的通信可以分为两类。

- 同步通信：客户端发送支付请求，然后等待服务器的响应，将连接保持为打开的状态，直到知道交易结果。HTTP 就是这样工作的。
- 异步通信：客户端不等待服务器的响应，一旦发送了支付请求，连接就关闭了。当请求被处理后，结果被返回给客户端，这通常是通过一个网络钩子（Webhook）[①]来实现的。Webhook，也称为网络回调，是一个应用/服务提供实时更新给其他应用/服务的方式。

同步的客户端/服务器通信过程如图 16-19 所示。客户端发送 HTTP 支付请求，然后服务器（支付系统）通过 HTTP 响应返回结果。

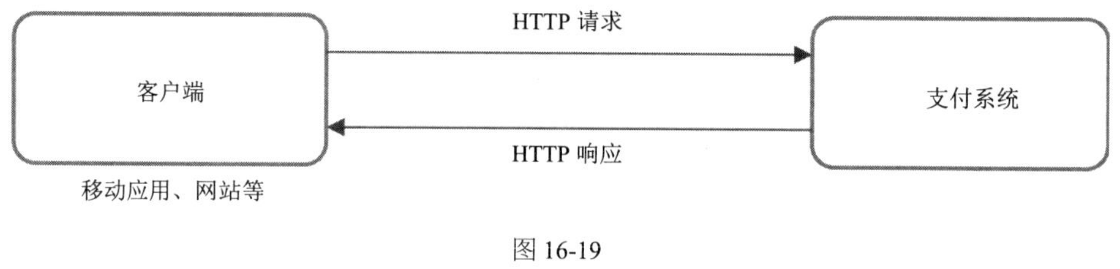

图 16-19

图 16-20 展示了异步的客户端/服务器通信过程。异步通信的关键组件是队列。在我们的讨论中，队列和 Kafka 可互换使用。异步通信按如下方式工作。

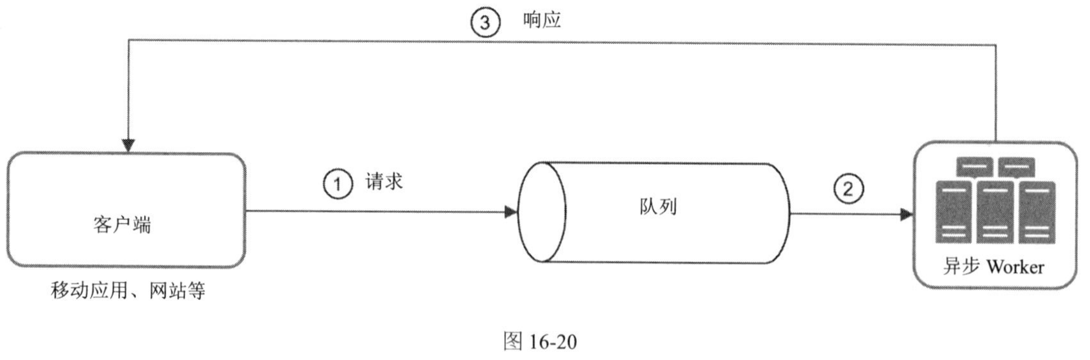

图 16-20

① 请参阅维基百科上的词条“Webhook”。

1. 客户端通常通过 HTTP 发送支付请求。这会触发一个业务事件，该事件被放入 Kafka 队列中。

2. 异步 Worker 消费业务事件。

3. 一旦业务事件被异步 Worker 处理完，后端就会发送响应给对应的客户端。

是等待响应还是把请求放入队列以便稍后再处理，这是值得好好斟酌的问题。我们来看几个使用场景。

- 当顾客在网上买实体商品时，异步通信会是一个好的选择，因为通常商家需要时间来准备发货。
- 如果顾客购买的是可下载的虚拟商品，在客户端和服务器之间使用同步通信是合理的。在允许下载虚拟商品之前，确认支付成功很重要。
- 对于基于订阅的数字内容，比如 Netflix 和 Spotify，异步通信可能是一个好选择，我们可以在收到支付成功的确认信息之前授权用户访问。大部分的交易最后都会成功，而顾客不再需要等待支付处理的结果就可以提前观看内容，这会提升用户体验。对于失败的交易，我们的系统会通知顾客，如果款项还是没有准时收到，可能会收回访问权限。
- 对于数字钱包应用，如果我们的支付系统知道准确的账户余额，异步通信是一个好主意。

内部服务之间的通信

内部服务可以使用两种通信模式：同步和异步。两者的解释如下。

（1）内部服务之间的同步通信。同步通信，比如 HTTP 协议，在小规模系统中运作得非常顺畅，但是当业务规模扩大时，问题就变得明显，如图 16-21 所示。这种通信模式创建了一个依赖很多服务的长请求和响应周期。

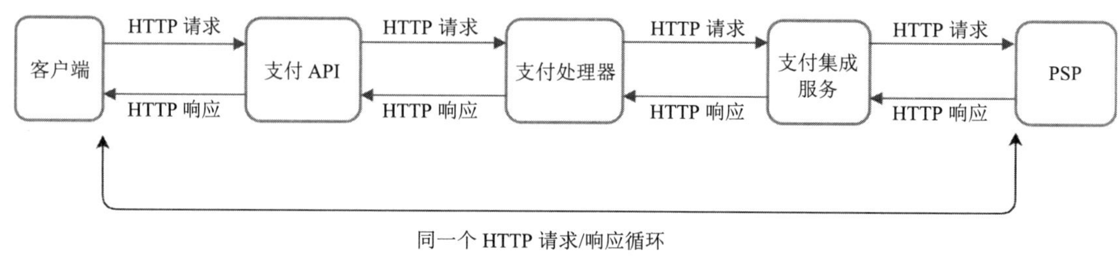

图 16-21

这个模式存在以下问题。

- 性能低。如果链条中的任何服务性能不佳，整个系统都会受到影响。
- 故障隔离差。如果 PSP 或者任何其他服务出现故障，客户端就不会收到响应。
- 耦合度高。请求的发送者需要知道接收者。
- 很难扩展。如果没有使用队列来作为缓冲区的话，系统很难扩展以支持突然增长的流量。

（2）内部服务之间的异步通信。异步通信可以分为以下两类。

- 单接收者：每个请求（消息）由一个接收者或者服务处理。这通常通过共享的消息队列来实现。消息队列可以有多个订阅者，但是一旦消息被处理，就会从队列中被移除。我们看一个具体的例子。在图 16-22 中，服务 A 和 B 都订阅了共享消息队列。一旦消息 m1 和 m2 被服务 A 和 B 分别消费，这两个消息都会从队列中被移除，如图 16-23 所示。

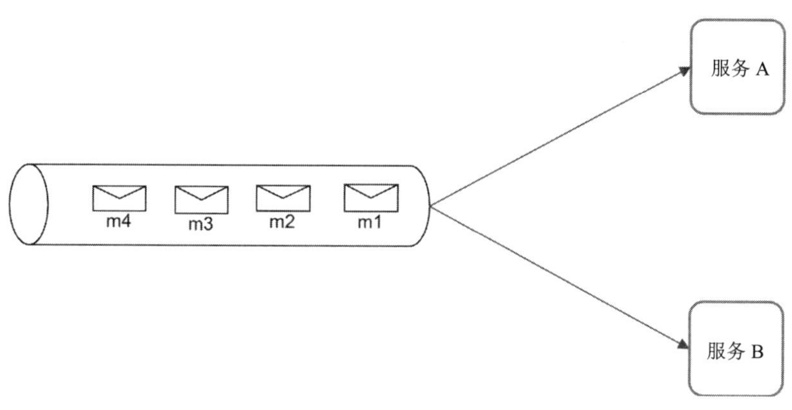

图 16-22

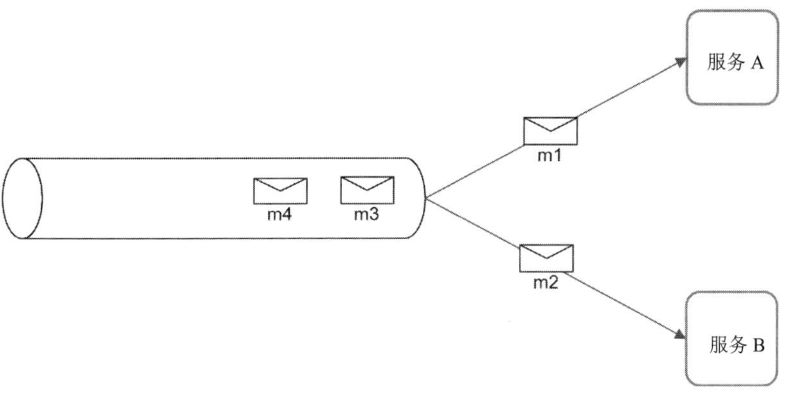

图 16-23

- 多个接收者：每个请求（消息）被多个接收者或者服务处理。这里 Kafka 很管用。当消费者收到消息时，消息并没有从 Kafka 中被移除。同一条消息可以被不同的服务处理。这个模型很适合支付系统，这是因为同一个请求可能触发多个操作：发送推送通知、更新财务报表、进行数据分析等。图 16-24 展示了一个例子。同一个支付事件被发布到 Kafka 上且被不同的服务消费，比如支付系统、数据分析服务、推送通知服务和记账服务。

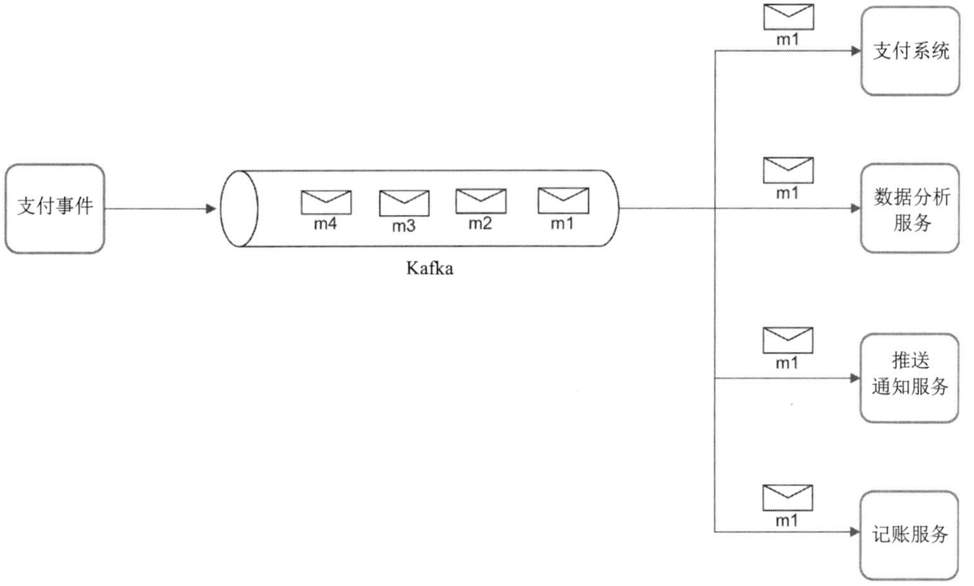

图 16-24

一般而言，同步通信在设计上更简单，但它不允许服务自治，并且随着同步依赖的增加，整体的性能表现也会变差。异步通信在设计上可能会牺牲一些简单性和一致性，来换取可扩展性和故障容忍性。对于有复杂业务逻辑和对第三方依赖高的大型支付系统，异步通信是更好的选择。

16.3.3 一致性

在分布式支付系统中，通常需要多个服务一起来完成一个逻辑上的原子操作。即使在单个服务内部，我们也有可能用到多个数据库、缓存服务器、消息队列等。为了达到可靠性和可用性要求，数据存储服务器通常在多个数据中心之间复制。如果一个服务或者服务器发生了故障，就有可能导致数据不一致。维护数据一致性是有挑战性的，但也非常重要。在本节中，我们会回答一些重要问题：数据不一致是如何发生的？可以用什么技术来减少数据不一致？如何修复不一致的数据？

支付状态机

一个支付交易在它被完全处理完之前会经历不同的状态。图 16-25 展示了信用卡支付交易可能经历的状态。请注意，下面列举的支付状态是针对这个系统设计面试的简化版本，你不需要记住这些概念。想要了解更严谨的定义和分析，你可以在一些主要的信用卡或者 PSP 的网站上找到这些信息[1]。

- 开始：启动一个支付交易。
- 授权：支付服务商确保支付方式（信用卡/借记卡）是有效的，并且卡内有足够的资金。
- 捕获（Capture）：在授权付款之后，需要进行捕获操作。捕获意味着通知信用卡公司，需要付给亚马逊必要金额的资金。
- 结算（Clearing）：支付交易被记入持卡人的信用卡账户。
- 入账（Funding）：将资金存入商家账户。
- 取消支付（Void）：如果你不希望已授权的支付交易被捕获，可以取消支付。取消支付和退款的区别在于一个支付交易是否已结算（完成）。未结算的交易可以被取消。

---

① 可访问 Mastercard 及 Shopify 的官网了解详情。

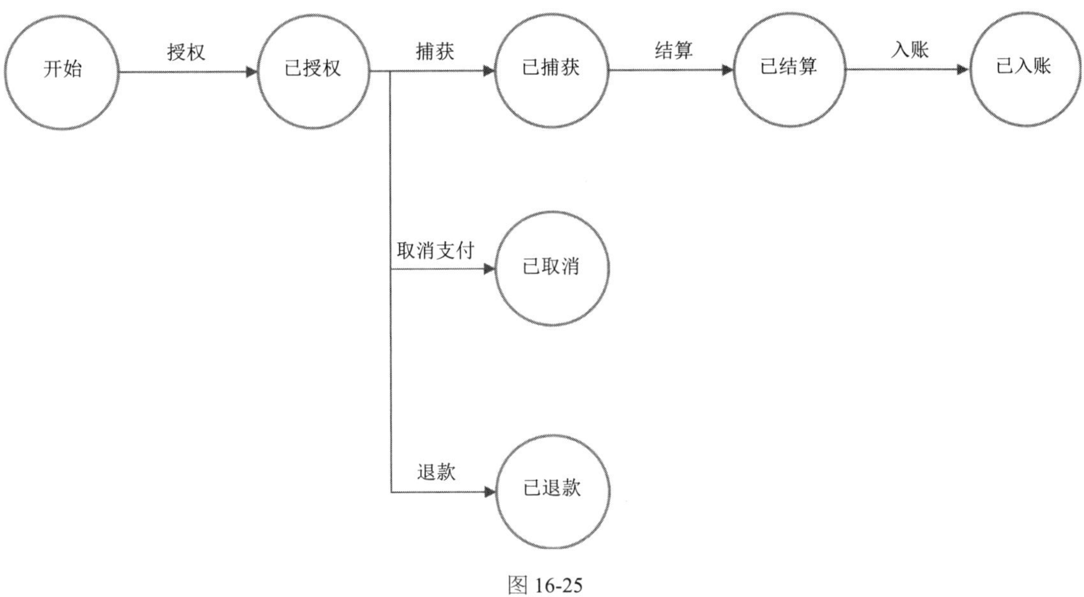

图 16-25

- 退款：把资金退还给顾客。
- 失败：任何支付操作都有可能失败。在图 16-25 中没有显示失败状态，但它是任何支付操作都可能出现的结果。

我们的一个设计目标是保持支付系统内部的状态与 PSP 中的外部状态一致，如图 16-26 所示。

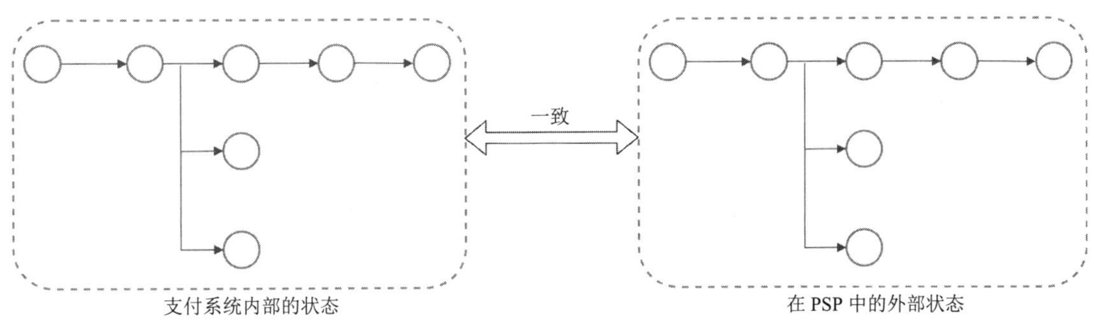

图 16-26

我们应该在哪里存储交易状态数据呢？因为关系型数据库提供了 ACID 的特性，所以我们选择它。数据库事务可以用来有效地确保一致性。

数据库

我们从简单的设计开始，假设所有的数据都存储在单体数据库中。

（1）单体数据库。支付交易意味着把资金从一个账户转移到另一个账户。尽管真正的资金移动发生在 PSP 内部，但我们的支付系统也需要记录每个交易状态，包括授权、捕获、结算、入账、退款等。

这个单体数据库可以用两张表来建模：transaction 和 transaction_entry（见图 16-27、表 16-1 和表 16-2）。请注意，图 16-27 所示的这两张表里只包含了最重要的参数。

- transaction：记录每个支付交易。
- transaction_entry：存储支付交易的不同状态。一个交易通常包含多个交易条目。
  交易条目只能追加写（不可变），原因如下：
  第一，我们必须存储完整的交易历史以便审计。
  第二，当支付交易出错时，这种方式很容易追溯是哪一个步骤导致了问题。

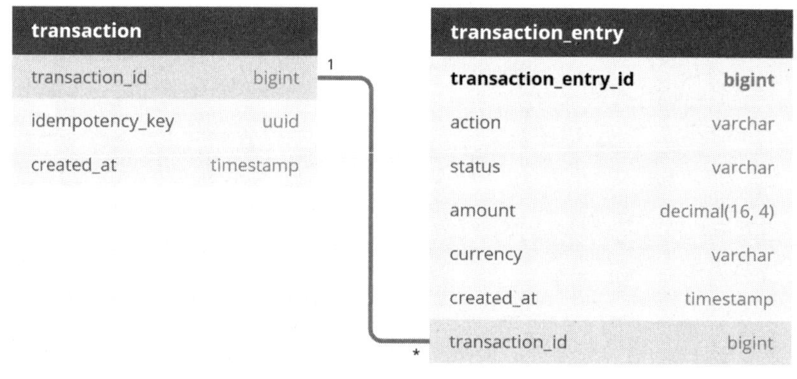

图 16-27

表 16-1

列　　名	描　　述
transaction_id	支付交易的唯一标识
idempotency_key	用来管理幂等请求的唯一键（通常是 UUID）
created_at	日志条目的时间戳

表 16-2

列　名	描　述
transaction_entry_id	交易条目的唯一标识
action	交易动作：授权、捕获、结算、入账、取消支付等
status	支付动作的状态，可以是：等待、成功或者失败
amount	支付交易条目的金额
currency	支付的货币
created_at	日志条目的时间戳
transaction_id	外键限制，它确保每个交易条目可以引用交易表中已存在的行

（2）分布式数据库。在单体数据库中保持数据一致性是相对简单的，但是在分布式数据库中实现数据一致性就很有挑战性了。图 16-28 展示了一个例子。

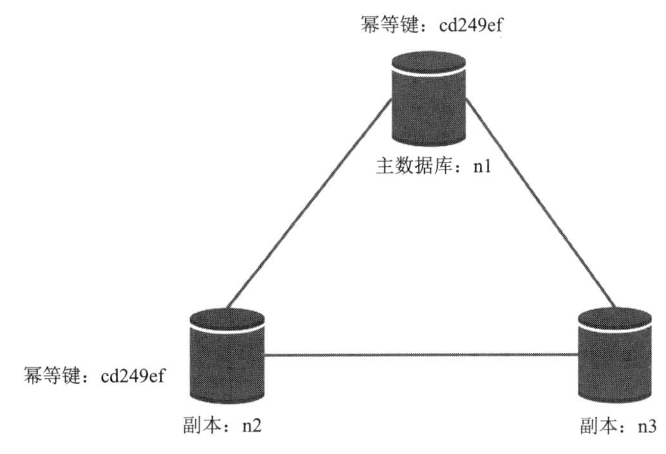

图 16-28

在图 16-28 中，幂等数据首先被写入主数据库 n1，然后被复制到副本 n2 和 n3。因为存在滞后，副本 n3 中没有最新的数据。如果客户端从副本 n3 读数据，获取的数据就是过时的。有三种方法可以解决这个问题。

第一种方法是为了避免副本滞后，只在主数据库上存储幂等数据。读和写的操作都只在主数据库上进行。但是，这个方法有一个明显的问题——缺乏可扩展性。Airbnb 通过使用幂等键对数据库分片来解决这个问题①。

① 请参阅 Airbnb 工程博客上的文章“Avoiding Double Payments in a Distributed Payments System”。

第二种方法是使用强一致性的模型。强一致性意味着客户端不会看到过时的值。有一点要注意，强一致性通常需要牺牲性能：为了在某个值上达成一致，我们要等待最慢副本的响应。

第三种方法是使用共识协议进行复制。共识是在分布式系统中的一个重要但复杂的话题。它意味着多个服务器对值达成一致。为了对一个值达成共识，大部分节点必须接受提议的值。如第 4 章讨论的那样，仲裁共识可以对读和写操作都保证一致性。

修复不一致的状态（数据）

为了确保服务之间的一致性，通常使用共识协议，比如两阶段提交（Two-phase Commit）[①]、Raft[②] 、Paxos[③]、Saga[④]模式等。当两个不同服务之间的状态产生分歧时，我们希望修复状态，使它们保持一致。有两种方法可以修复不一致的状态：同步修复和异步修复。

- 同步修复：通过后续的读/写请求来修复不一致的状态。
- 异步修复：使用消费者、定时任务、表扫描等来发现一致性问题，并修复不一致的状态。

我们来看一个同步修复的例子，如图 16-29 所示。

对图 16-29 的详细解释如下。

1. 客户端向支付系统发送支付请求。
2. 因为这是一个新请求，所以将幂等键插入数据库。
3. 将支付状态存储在数据库中。
4. 支付系统请求外部 PSP 来向客户端收款。
5. 因为网络错误，支付系统没有收到来自外部 PSP 的响应。因此，支付系统不确定

---

① 请参阅维基百科上的词条“Two-phase Commit Protocol”。
② 可访问 Raft 的 GitHub.io 网站，上面的文档“The Raft Consensus Algorithm”有更多介绍。
③ 请参阅维基百科上的词条“Paxos (computer science)”。
④ 请参阅微软的文档“Saga Distributed Transactions Pattern”。

支付请求是否已成功执行。

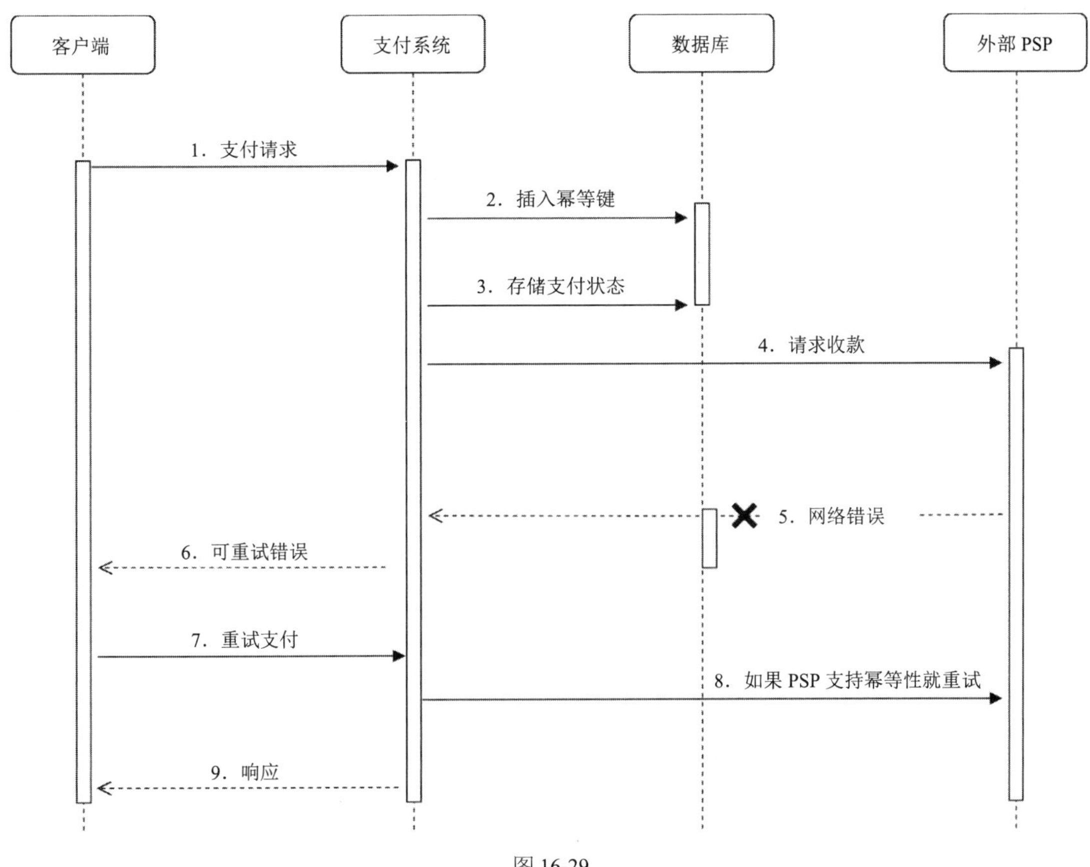

图 16-29

6．对外部请求的超时被触发，支付系统返回一个可重试的错误给客户端。

7．客户端重试支付来修复潜在的不一致状态。因为之前的状态被存储在数据库中，所以我们可以轻松地从之前停止的地方继续。

8．如果 PSP API 支持幂等性，我们就会使用相同的幂等键来重试支付。

9．HTTP 响应被返回给客户端：要么成功，要么失败。如果一个可重试的错误被返回，客户端会再次重试支付。

网络请求可能不可靠。一个好的做法是当数据库事务处于活动状态时不要发送网络请求。很多公司[①]把一个API请求分为3个阶段：预RPC、RPC和RPC后。RPC（Remote Procedure Call，远程过程调用）[②]是一个协议，它使得应用程序可以向远端服务器发送请求。

- 按照这种分阶段的方式，数据库交互应当只发生在预 RPC 和 RPC 后阶段。
- 网络请求应当只发生在 RPC 阶段。

另一个好的做法是为外部请求设置一个超时时间，这样系统就不会在外部发生故障时一直等待。

我们来看一个异步修复的例子。如图 16-30 所示，指定的服务器在运行一致性检查的任务。如果检测到任何不一致，异步修复消费者会尝试修复。这个过程也叫作支付对账（Payment Reconciliation），通常是通过匹配内部数据（交易日志）和外部数据（PSP）来实现的。

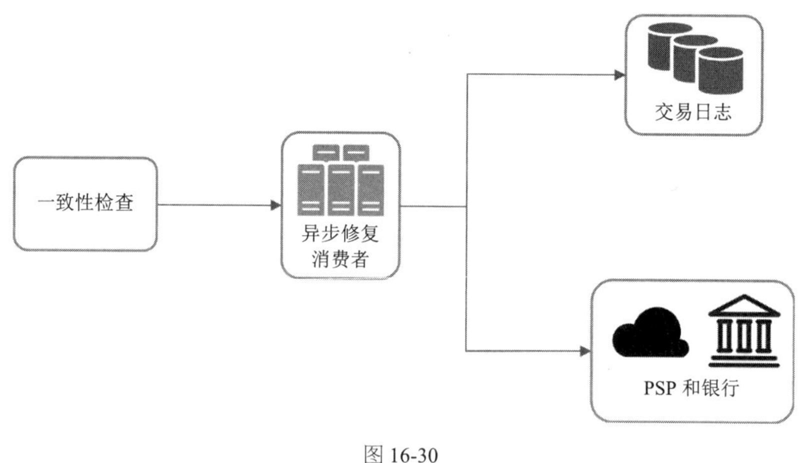

图 16-30

16.3.4 处理支付失败

在分布式系统中，故障不仅无法避免而且很常见。每个支付系统都必须处理失败的交易。可靠性和容错性是支付系统的关键要求。我们来看几个应对这些挑战的技术：持久化

---

① 请参阅 Shipt 技术博客上的文章“Designing for Correctness in a Distributed Payment System”，以及 Airbnb 工程博客上的文章“Avoiding Double Payments in a Distributed Payments System”。

② 请参阅维基百科的词条“Remote Procedure Call”。

保存支付“状态”、重试队列和死信队列（Dead Letter Queue）。

持久化保持支付“状态”

在支付周期的任何阶段都拥有明确的支付“状态”是至关重要的。这样，当发生故障时，我们就可以确定支付交易现在的“状态”，并决定是否需要重试或者退款。支付“状态”可以持久化存储在一个只可追加写的数据库表中。

重试队列和死信队列

为了优雅地应对失败，我们可以使用重试队列和死信队列，如图 16-31 所示。

- 重试队列：可重试的错误，比如暂时性错误，都被路由到重试队列。
- 死信队列①：如果一个消息一次又一次地失败，它最终就会被放入死信队列中。死信队列很有用，可以调试和隔离有问题的消息，以便手动对其进行检查，确定为什么它们没有被成功处理。

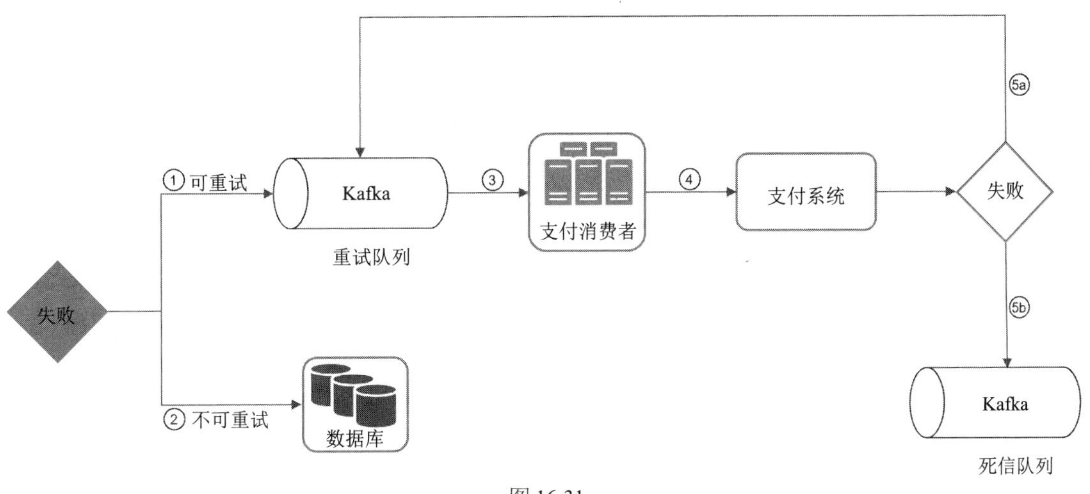

图 16-31

对图 16-31 的解释如下。

1．对于可重试的失败交易，事件被路由到重试队列。

① 请参阅 Confluent 网站上的文章“Kafka Connect Deep Dive ”。

2．对于不可重试的失败，比如不符合规定的输入，会将错误存储到数据库里。

3．支付消费者从重试队列里拉取事件。

4．支付消费者请求支付系统来执行支付交易。

5a．如果支付交易失败且重试次数没有超过阈值，事件就被路由至重试队列。

5b．如果支付交易失败且重试次数超过阈值，事件就被路由至死信队列。这些事件可能需要手动检查。

我们需要回答的一个重要问题是：如何对支付消费者实现幂等性。

- 给每个事件指派唯一的 ID。
- 事件在被处理之前存储在持久化存储里。
- 唯一的 ID 用来确保事件只被处理一次。

如果你对使用这些队列的真实例子感兴趣，可以观看 Uber 工程师 Emilee Urbanek 和 Manas Kelshikar 在 Uber MoneyCon 2019 上的演讲视频“Reliable Processing in a Streaming Payment System”。其中介绍了 Uber 的支付系统，该支付系统使用了 Kafka 来满足可靠性和容错性需求。

16.3.5 支付安全

支付安全正在变成最严重的问题之一。我们总结了一些用来应对网络攻击和信用卡失窃的技术，如表 16-3 所示。

表 16-3

问　题	解决方案
请求/响应被窃听	使用 HTTPS 协议
数据被篡改	强制执行加密和完整性监控
中间人攻击（Man-in-the-Middle Attack）	使用 SSL 和身份验证证书
数据丢失	跨区复制数据库和做数据快照备份

续表

问　题	解决方案
分布式拒绝服务攻击（Distributed Denial-of-Service Attack，DDoS）	限流和使用防火墙[①]
信用卡失窃	令牌化。不要使用真实信用卡卡号，而是存储和使用令牌来用于支付
PCI 合规	PCI DSS 是一个信息安全标准，面向的对象是处理品牌信用卡的机构
欺诈	地址验证、卡验证值（Card Verification Value，CVV）、用户行为分析等[②]

16.4 第四步：总结

在本章中，我们讨论了收款流程、付款流程和实时卖家仪表板，深入讨论了重试、幂等性和一致性的话题。在本章的最后，我们还探讨了对支付错误的处理和支付安全。

支付系统是极度复杂的。尽管我们已经探讨了很多话题，但是依然有很多其他值得讨论的话题未涉及。下面列出了一些有代表性的（而非所有的）有趣话题。

- 监控。监控关键指标是现代应用至关重要的部分。通过广泛的监控，我们可以回答像“特定支付方法的平均接受度如何？”“服务器 CPU 的使用率是多少？”这样的问题。我们可以在仪表板上创建和展示这些指标。
- 告警。当异常事件发生的时候，向值班开发人员发出警报，以便其快速响应，这一点很重要。
- 调试工具。“支付为什么会失败”是一个经常会被问到的问题。为了让开发人员和客户支持人员进行调试时更容易，开发一些工具是很重要的，因为人们通过这些工具可以直观地看到支付交易的交易状态、处理服务器、PSP 等信息。
- 自动扩展。如果你的业务要处理数百万甚至十亿级的交易，你会希望你的数据库层、API 层、缓存层等能够自动扩展。
- 货币兑换。货币兑换是设计面向国际用户的支付系统时要考虑的重要因素。

① 请参阅 Cloudflare 官网上的文章“什么是 DDoS 攻击”。

② 请参阅 Chargebee 网站上的博客文章“How Payment Gateways Can Detect and Prevent Online Fraud?”。

- 地理位置。在不同地区，可能有完全不同的支付方式。
- 现金支付。在印度、巴西和一些东南亚国家，现金支付非常普遍。设计支付系统时，我们必须考虑现金支付。Uber 和 Airbnb 的工程博客上有文章详细介绍了它们是如何处理基于现金的支付的[①]。
- 与 Google/Apple Pay 集成[②]。

恭喜你已经看到这里了。给自己一些鼓励。干得不错！

---

① 请参阅文章“Scaling Airbnb’s Payment Platform”和“Re-Architecting Cash and Digital Wallet Payments for India with Uber Engineering”。

② 请参阅 Uber 工程博客上的文章“Payments Integration at Uber: A Case Study”和相关视频。

17

设计指标监控和告警系统

在本章中，我们将探讨可扩展的指标监控和告警系统的设计。理解基础设施的状况对维持其可用性和可靠性至关重要。

图 17-1 展示了一些市面上最流行的商用和开源的指标监控和告警服务。

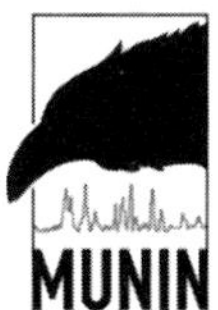

图 17-1

17.1 第一步：理解问题并确定设计的边界

指标监控和告警系统在不同的场景下可能意味着完全不同的东西，所以必须弄清楚准确的需求。举个例子，如果面试官只想监控基础设施指标，你就不要想着设计一个专注于日志（错误日志或者访问日志）的系统了。让我们首先充分理解问题并确定设计的范围，再深入讨论细节。

在面试的开始，你可以提问。这些问题会帮你弄清面试官到底希望要一个什么样的指标监控和告警系统。你可以问如下的问题。

候选人： 什么是指标和告警？

面试官： 它们是一组相互关联的概念，通过它们可以获知后端系统的健康程度，还可以帮助发现趋势和问题。

候选人： 您想要收集哪些指标？

面试官： 我们想要收集操作系统的运行指标，可以是低级别的操作系统使用数据，比如 CPU 负载、内存使用率和磁盘空间；也可以是高级别的数据（聚合或汇总的数据），比如每秒请求数或者 Web 服务器池里的服务器数量。业务指标不在这次设计的范围内。

候选人： 这个应用的规模是怎样的？

面试官： 1 亿每日活跃用户。

候选人： 我们需要将数据保存多久？

面试官： 假设需要保存 1 年。

候选人： 支持的告警渠道有哪些？

面试官： 邮件、电话、PagerDuty 或者 Webhook（HTTP 端点）。

候选人： 我们需要收集日志，比如错误日志或者访问日志吗？

面试官： 不需要。

17.1.1 高层级需求

从面试官那里收集需求之后，你就有了清晰的设计范围。在这个设计范围内有哪些需求呢？

（1）流量大。

- 1 亿日活用户。
- 1000 个服务器池，每个池有 100 台机器，每台机器上有 100 个指标，总共有 1000 万个指标。
- 数据保留 12 个月。
- 假设每天触发 50000 个告警。

（2）可以监控一系列指标，包括但不限于：

- CPU 使用率。
- 请求数量。
- 内存使用率。
- 异常数量。
- 消息队列里的消息数量。

（3）系统应该是可扩展的，以便容纳更多的指标、告警等。

（4）系统应该高度可靠，以避免错失关键告警。

（5）值班开发者应该可以快速接收到告警，从而及时开展调查。

哪些需求是不在设计范围内的？

- 日志监控。日志监控通常使用 ELK 栈，它跟指标监控系统不同。ELK 是 3 个开源产品的组合：Elasticsearch、Logstash 和 Kibana[①]。
- 分布式系统追踪[②]。分布式追踪要解决的问题是，当服务请求在分布式系统里流转时如何对其进行追踪。它在请求从一个服务流向另一个服务时收集数据。

17.2　第二步：提议高层级的设计并获得认同

在本节中，我们会讨论系统的基本原理、数据模型和高层级设计。

---

① 可访问 Elastic 官网了解详情。

② 请参阅谷歌的论文“Dapper, a Large-Scale Distributed Systems Tracing Infrastructure”以及推特工程博客上的文章“Distributed Systems Tracing with Zipkin”。

17.2.1 基本原理

指标监控和告警系统通常包含 5 个组成部分，如图 17-2 所示。

- 数据收集：从不同来源收集指标数据。
- 数据传输：把数据从源头传输到指标监控系统。
- 数据存储：组织和存储传入的数据。
- 告警：引起工程师的注意，使其调查问题或者触发自动修复。告警系统必须能将通知发到不同的通信渠道。
- 可视化：通过图、表等来展示数据。一图胜千言。当数据以可视化方式展示时，我们更容易发现模式、趋势或者问题。

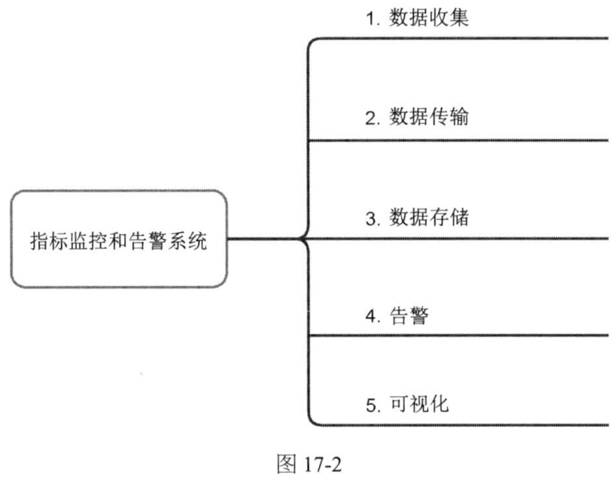

图 17-2

17.2.2 数据模型

指标数据通常以时间序列（Time-series）的格式记录，它展示了数据随着时间的变化。这里有两个例子。

例 1：生产环境的服务器实例 i631 在 20:00 的 CPU 负载是怎样的（见图 17-3）？

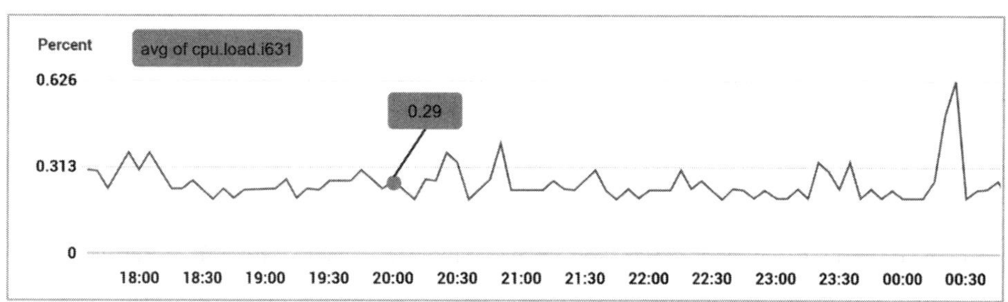

图 17-3

图 17-3 中的这个数据可以用表 17-1 表示。

表 17-1

指标名	cpu.load.i631
时间戳	1613707265
值	0.29
标签	host:i631，env:prod

例 2：在美国西部地区，所有 Web 服务器在最近的 10 分钟内的平均 CPU 负载是多少？在存储中，我们可能有如下的数据。

```
CPU.load host=webserver01,region=us-west,timestamp=1613707265,load=50
CPU.load host=webserver01,region=us-west,timestamp=1613707265,load=62
CPU.load host=webserver02,region=us-west,timestamp=1613707265,load=43
CPU.load host=webserver02,region=us-west,timestamp=1613707265,load=53
...
CPU.load host=webserver01,region=us-west,timestamp=1613707265,load=76
CPU.load host=webserver01,region=us-west,timestamp=1613707265,load=83
```

通过观察这两个例子，不难发现如下的指标表示方式。Prometheus[①]和 OpenTSDB[②]也使用类似的写法。

```
<指标名>{<标签名 1>=<标签值 1>, <l 标签名 2>=<标签值 2>, ...}
```

每个时间序列包括[③]如表 17-2 所列的内容。

① 请访问 Prometheus 官网，了解更多详情。

② 请访问 OpenTSDB 官网，了解更多详情。

③ 请参阅 Prometheus 官网上的文档“Data Model”。

表 17-2

名　称	类　型
指标名	字符串
标签集	<key: value> 列表

数据访问模式

在图 17-4 中，*y* 轴代表时间序列名字和标签的组合，*x* 轴表示这个时间序列被记录时的时间点。如你所见，有许多时间序列在同一时间点被记录，17.1.1 节提到，每天大概有 1000 万个运行指标被写入，所以毋庸置疑这个流量是重写入（Write-heavy）的。

同时，查询通常查的是某一个时间区间的多个时间序列，例如图 17-4 中的高亮部分。如果你想查询一个服务池（Service Pool）中所有机器的报错数据，你就需要聚合多个时间序列的样本。因为可视化和告警服务都会将查询请求发送给查询服务，所以这个系统也是重读取（Read-heavy）的。如图 17-4 所示，数据看起来像是一个巨大的矩阵，在横纵两个方向都可以无限增长。

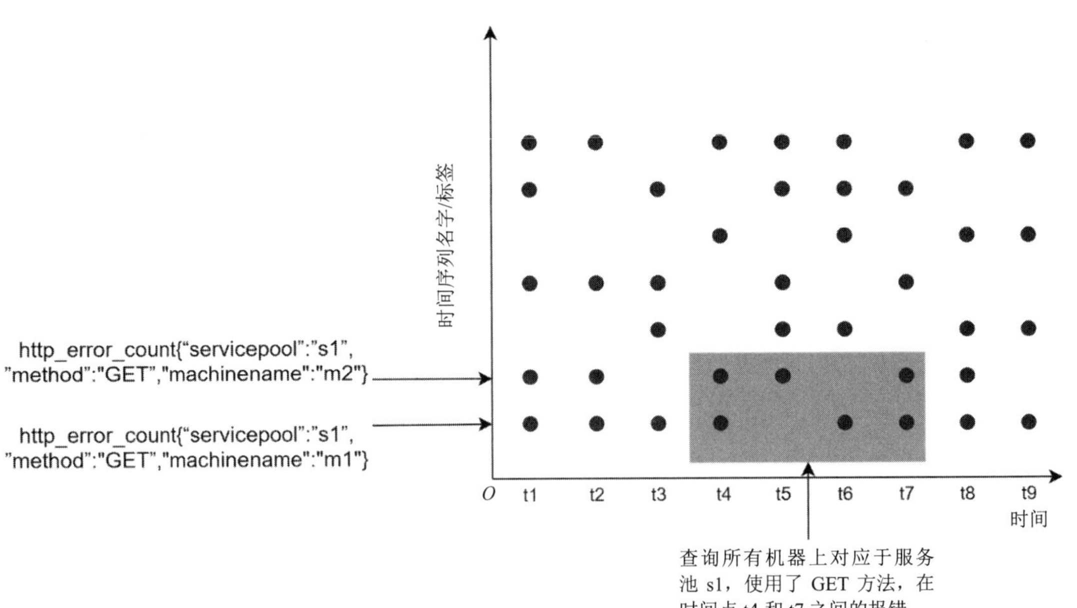

图 17-4

数据存储系统

有了对数据访问模式的清晰理解，我们就可以选择数据存储系统了。

我们可以把数据存储在关系型数据库中，但是会遇到各种挑战，比如写性能和可扩展性方面的问题，主要是因为它们并没有针对典型的时间序列工作负载（随时间变化的数据）做优化。另一方面，有几个非关系型数据库可以很高效地处理时间序列数据。

OpenTSDB 是一个分布式时间序列数据库，但它是基于 Hadoop 和 HBase 的，运行 Hadoop/HBase 集群会增加复杂性。Bigtable①也可以用于处理时间序列数据。Twitter 使用 MetricsDB②，而亚马逊提供了 Timestream 作为时间序列数据库③。

根据 DB-Engines 的排名④，两个最流行的时间序列数据库是 InfluxDB⑤和 Prometheus，它们都被设计来存储大量的时间序列数据并快速对数据进行实时分析。这两个数据库主要依赖内存缓存和硬盘存储，并且在数据的持久性和性能方面表现出色。我们来看一个例子。如图 17-5 所示，一个有 8 核和 32 GB 内存的 InfluxDB 每秒可以处理超过 250,000 次的写操作！

vCPU 或 CPU	RAM	IOPS（每秒输入/输出操作数）	每秒写操作	每秒查询数	独特序列数
2~4 核	2~4 GB	500	<5,000	<5	<100,000
4~6 核	8~32 GB	500~1000	<250,000	<25	<1,000,000
8 核以上	32 GB 以上	1000 以上	>250,000	>25	>1,000,000

图 17-5

17.2.3 高层级设计

图 17-6 展示了高层级的设计示意图。

① 请参阅 Google Cloud 文档“Schema Design for Time-Series Data”。

② 请参阅 Satish Kotha 和 Ilho Ye 发表在推特工程博客上的文章“MetricsDB: TimeSeries Database for Storing Metrics at Twitter”。

③ 请访问 AWS 网站，阅读文档“Amazon Timestream”。

④ 请访问 DB-Engine 网站查看排名。

⑤ 请访问 influxdata 网站，了解更多详情。

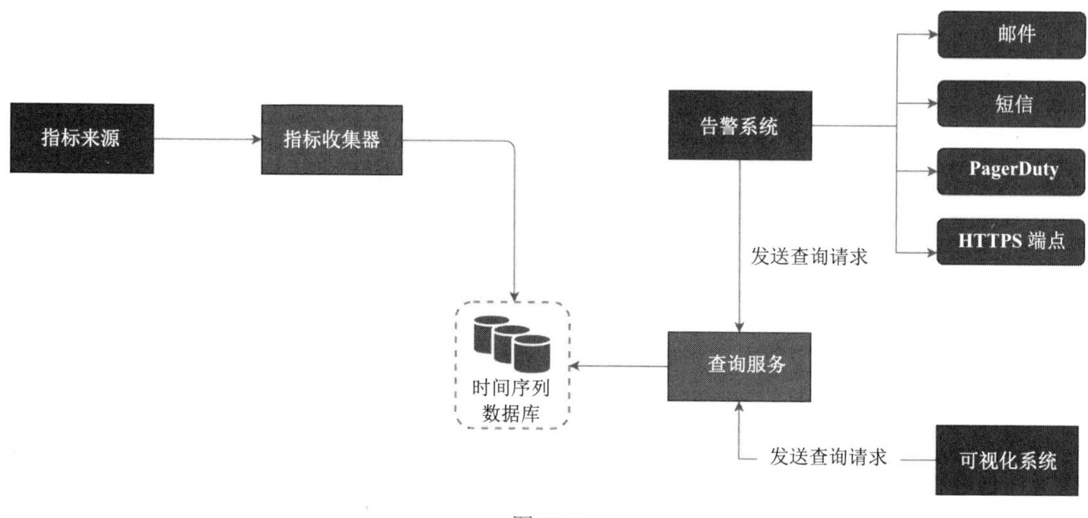

图 17-6

- 指标来源：可以是应用服务器、SQL 数据库、消息队列等。
- 指标收集器：收集指标数据，并把数据写入时间序列数据库。
- 时间序列数据库：把指标数据存储为时间序列。
- 查询服务：简化了从时间序列数据库查询和获取数据的过程。
- 告警系统：将告警通知发送到各个目的地。
- 可视化系统：用各种图表来展示指标。

让我们接着深入探讨一些组件。

17.3 第三步：设计继续深入

在系统设计面试中，候选人要能深入解释一些关键组件或者流程。在本节，我们会详细讨论如下话题。

- 指标数据的收集。
- 扩展系统。
- 查询服务。
- 存储层。
- 告警系统。

- 可视化系统。

17.3.1 指标数据的收集

首先，我们看一下指标数据收集流程。图 17-7 高亮显示了系统中的指标数据收集部分。

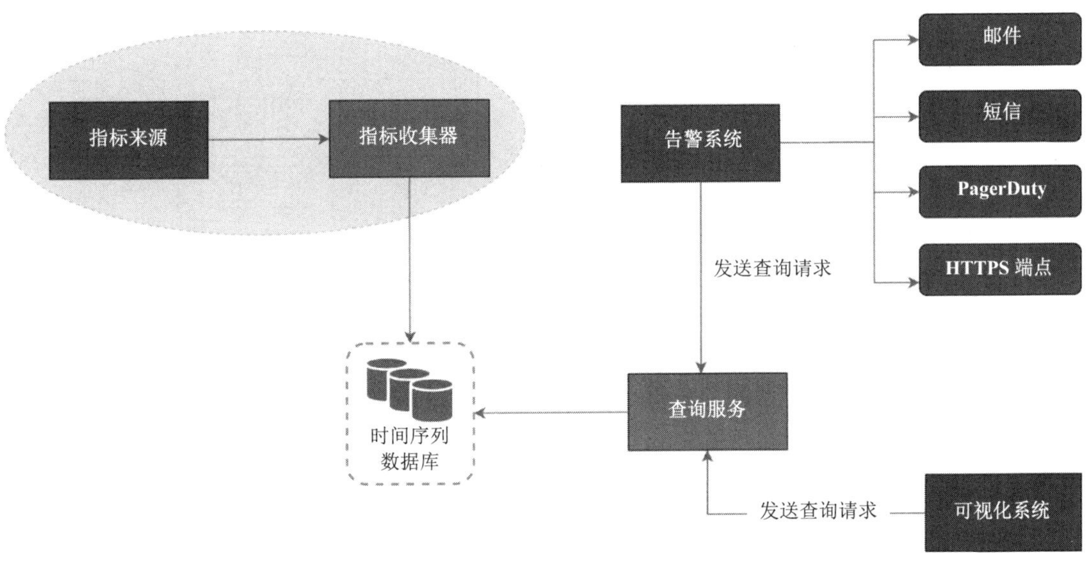

图 17-7

拉模型 vs.推模型

有两种收集指标数据的方法：拉或推。选择正确的数据收集方法，是在设计的早期就要做的重要决定。

（1）拉模型。图 17-8 展示了采用拉模型通过 HTTP 请求收集数据。我们有专门的指标收集器，可以定期从运行的应用中拉取指标值。

在这个方法中，指标收集器需要知道服务端点的完整列表，以便爬取。我们可以在“指标收集器”服务器上用一个文件来存储 DNS/IP 地址信息。但是在大型系统中，服务器可能会被频繁添加或移除，因此很难维护这样的列表文件，并且我们希望确保指标收集器不会丢掉任何来自新服务器的指标数据。好消息是，我们通过服务发现功能可以得到一个可靠、可扩展和可维护的解决方案。服务发现组件是 Kubernetes[①]、ZooKeeper[②]等提供的。在服务发现组件中注册服务的可用性，然后指标收集器就可以查询服务发现组件来获取可用服务列表以便爬取。

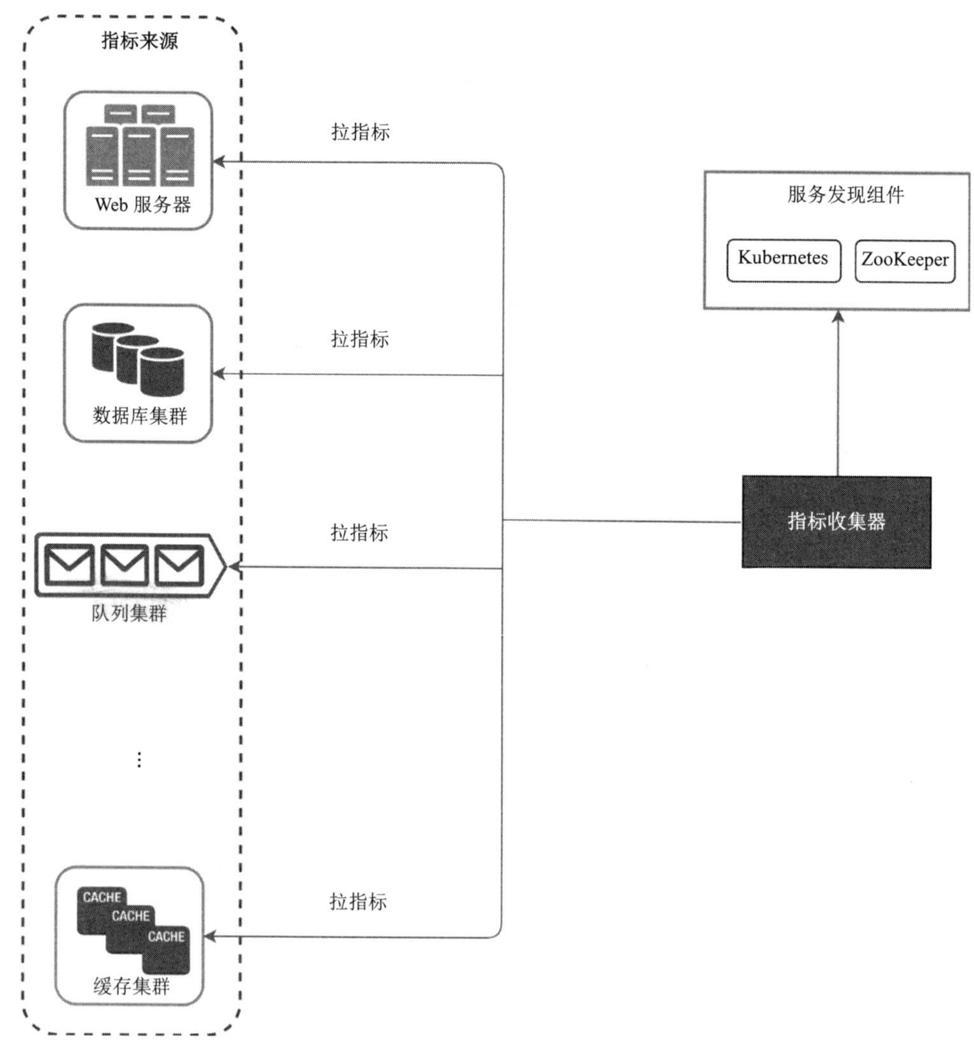

图 17-8

① 请参阅 Kubernetes 官网的文档。

② 请参阅 Spring Cloud ZooKeeper 文档中的“Service Discovery with ZooKeeper”小节。

服务发现组件中包含了关于何时和从何处收集指标的配置规则，如图 17-9 所示。

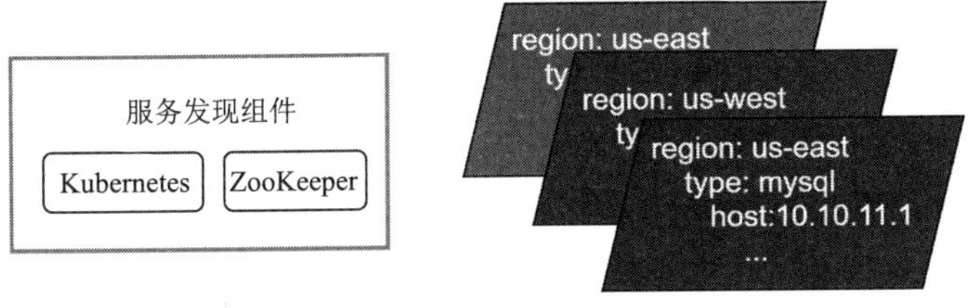

图 17-9

图 17-10 详细解释了拉模型。

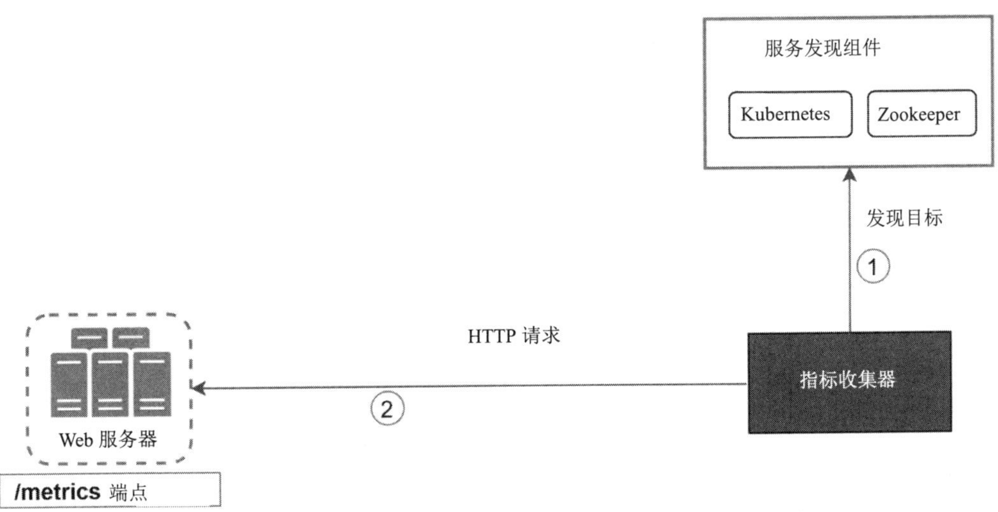

图 17-10

- 指标收集器从服务发现组件获取 Web 服务器的配置元数据（比如爬取时间间隔、IP 地址、超时时间等）。
- 指标收集器通过 HTTP /metrics 端点来拉取指标数据。为了暴露/metrics 端点，通常需要在 Web 服务器上安装客户端库（比如 SDK）。

（2）推模型。如图 17-11 所示，多个指标来源（如 Web 服务器、数据库集群等）直接将数据发给指标收集器。

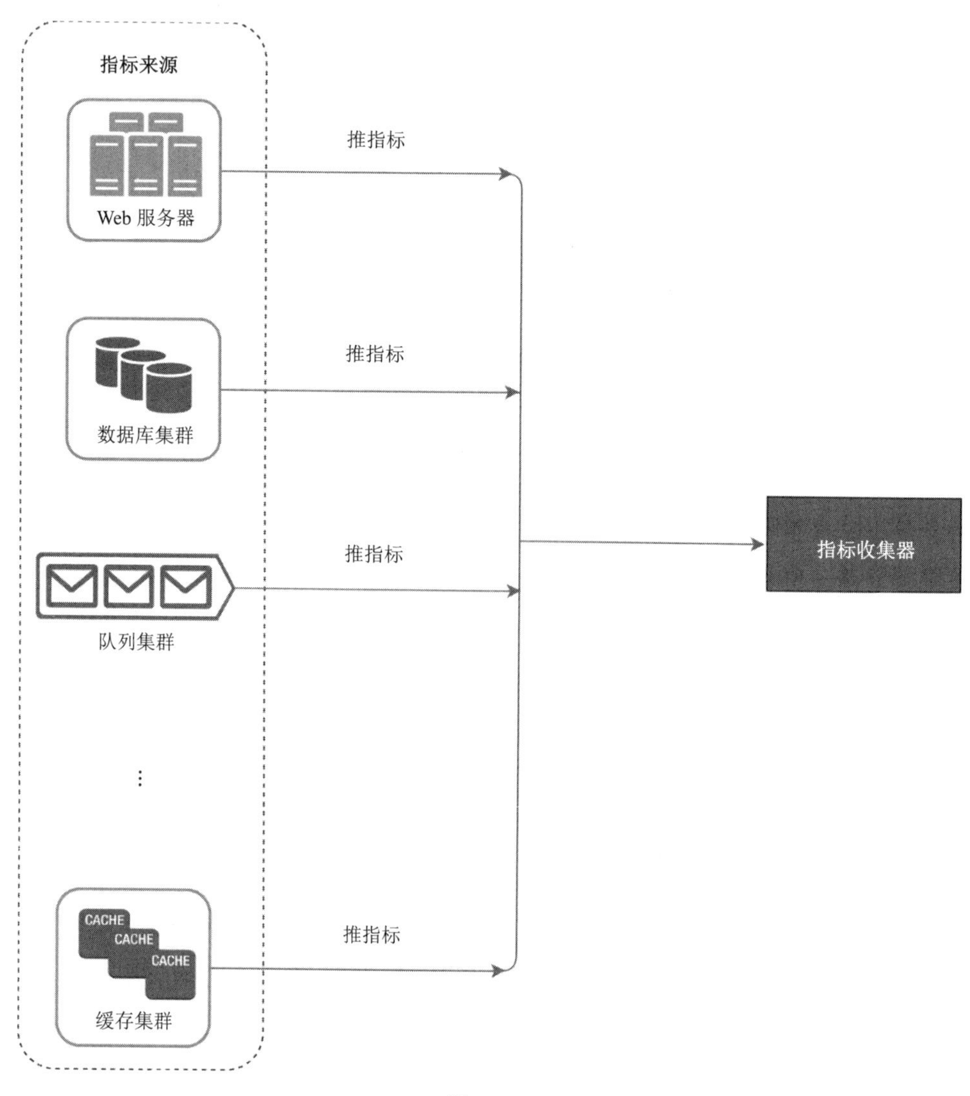

图 17-11

这个简单的推模型有一个缺点，它可能会给指标收集器带来巨大的流量。这可能成为一个瓶颈。解决方案之一是在应用服务器（如 Web 服务器、数据库服务器等）上安装代理（agent）。代理是运行在应用服务器上的软件。它从应用服务器上收集各种指标数据并进行处理，然后把它们推送给指标收集器。如果推送的流量大，代理就会进行调整以避免指标收集器被压垮。如图 17-12 所示，指标收集代理安装在应用服务器上。Palo Alto Networks

采用了类似的方法[①]。

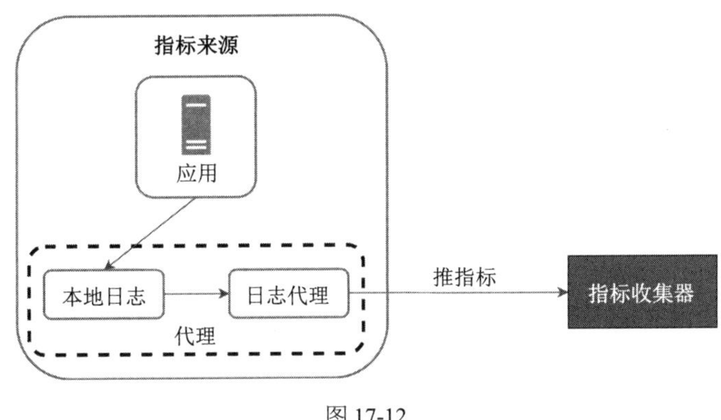

图 17-12

采用哪一种模型更好呢？就像生活中的许多事一样，这没有一个明确的答案。在现实中，这两种模型都被广泛应用。

- 采用拉模型的例子：Prometheus。
- 采用推模型的例子：Amazon CloudWatch[②]和 Graphite[③]。

在面试中，更重要的是了解每个方法的优缺点，而不是选出一个优胜者。表 17-3 比较了拉模型和推模型的优缺点[④]。

表 17-3

	拉模型	推模型
容易排除故障（debug）	应用服务器上的/metrics 端点用于拉取指标，可以在任何特定时间点查看指标。你甚至可以在笔记本电脑上进行调试。在这个方面，拉模型胜出	

① 请参阅 QCon 上海 2018 大会上粟海的技术演讲《浅谈 Kafka Streams 在实时跟踪和监控系统中的应用》。

② 请访问 AWS 官网，了解更多详情。

③ 请访问 Graphite 官网，了解更多详情。

④ 请参阅 Prometheus 官网上的文档“Pull doesn’t scale-or does it?”，giedrius 在其博客上发表的文章“Push vs. Pull in Monitoring Systems”，Lightbend 网站上的文章“Monitoring Architecture”，sFlow 网站上的文章“Push vs. Pull”。

续表

	拉模型	推模型
健康检查	如果一个应用服务器没有响应拉请求，你可以很快地判断应用服务器出故障了。在这个方面，拉模型胜出	如果指标收集器没有收到指标，也有可能是网络问题引起的
短时任务（short-lived job）		一些批处理任务可能是短暂的，并不需要长时间持续拉取数据。在这种情况下，推模型更适用。可以通过引入拉模型的推送网关来解决前述问题[①]
防火墙或复杂的网络设置		要让服务器拉取指标，需要保证所有的指标端点都可访问，这意味着网络安全配置更加复杂。在这个方面，推模型胜出
性能	拉模型通常使用 TCP 协议	推模型通常使用 UDP 协议。这意味着采用推模型传输指标数据时延时低。但有一个反驳的观点是，与实际传输的指标负载相比，建立 TCP 连接的开销是很少的[②]
数据可靠性	要收集指标数据的应用服务器都是事先在配置文件里定义的。从这些服务器收集的指标数据都是可靠的	任何类型的客户端都可以推送指标数据给指标收集器。可以通过白名单方式来限定允许从哪些服务器接收指标数据

17.3.2 扩展系统

我们来仔细看看指标收集器和时间序列数据库。无论你使用什么模型（推或者拉），指标收集器都会收集巨量的数据。原先设计（见图 17-13）中的指标收集器可扩展性不太好，这是因为：

- 指标收集器也负责数据处理，它很容易被压垮。指标收集器应该尽可能简单并保持低延时，以便最大限度地降低数据丢失的风险。
- 如果时间序列数据库不可用，则要么有丢失数据的风险，要么指标收集器需要将数据存储在临时数据存储中，并在稍后重新发送该数据。

① 请参考 GitHub 上的 Prometheus Pushgateway 项目。

② 请参阅 Prometheus 官网上的文档“Pull doesn’t scale-or does it?”。

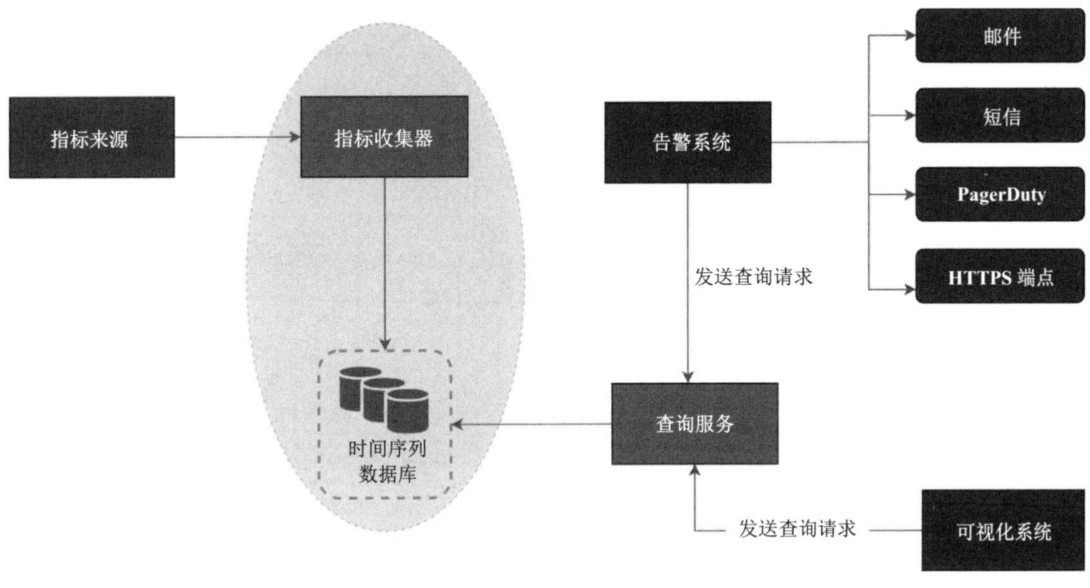

图 17-13

为了减轻这两个问题的影响，我们引入了队列组件，如图 17-14 所示。

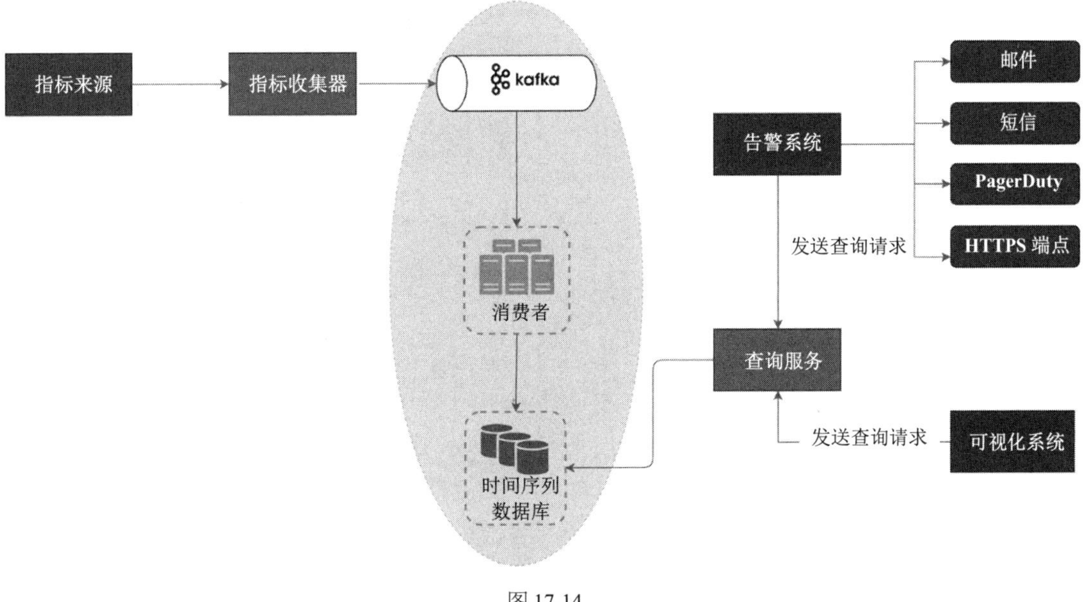

图 17-14

在这个设计中，指标收集器将指标数据发送给队列系统，比如 Kafka，然后消费者或者流处理服务（如 Apache Storm、Flink 和 Spark）处理数据并将其推送给时间序列数据库。这个方法有如下优点。

- Kafka 可以用作高可靠和可扩展的分布式消息平台。
- 它解耦了数据收集和数据处理服务。
- 当数据库不可用时，将数据保留在 Kafka 中，能容易地避免数据丢失。
- 不会给指标收集器施压。

通过 Kafka 扩展

有多种方法可以利用 Kafka 内置的分区机制来扩展我们的系统。

- 基于吞吐量的需求配置分区数量。
- 可以按指标名字分区，以便消费者按名字来做聚合（见图 17-15）。
- 可以进一步按标签来分区。
- 可以对指标分类和排定优先级，以便先处理重要的指标。

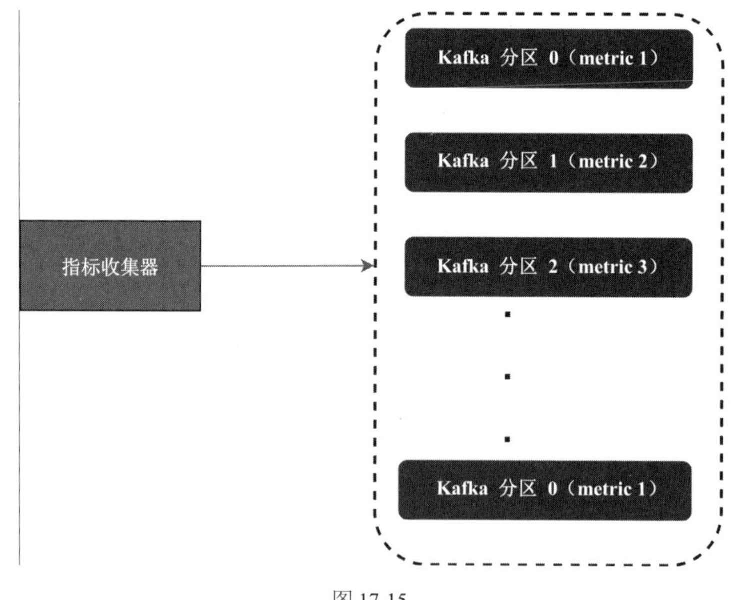

图 17-15

17.3.3 查询服务

查询服务由查询服务器集群提供。它们访问时间序列数据库，并处理来自可视化系统或者告警系统的请求。使用一组专有的查询服务器把时间序列数据库与客户端（可视化和告警系统）解耦，使得我们无论何时需要都可以更换时间序列数据库或者可视化和告警系统。为了减少时间序列数据库的负载并使查询服务更高效，这里添加了缓存服务器来存储查询结果，如图 17-16 所示。

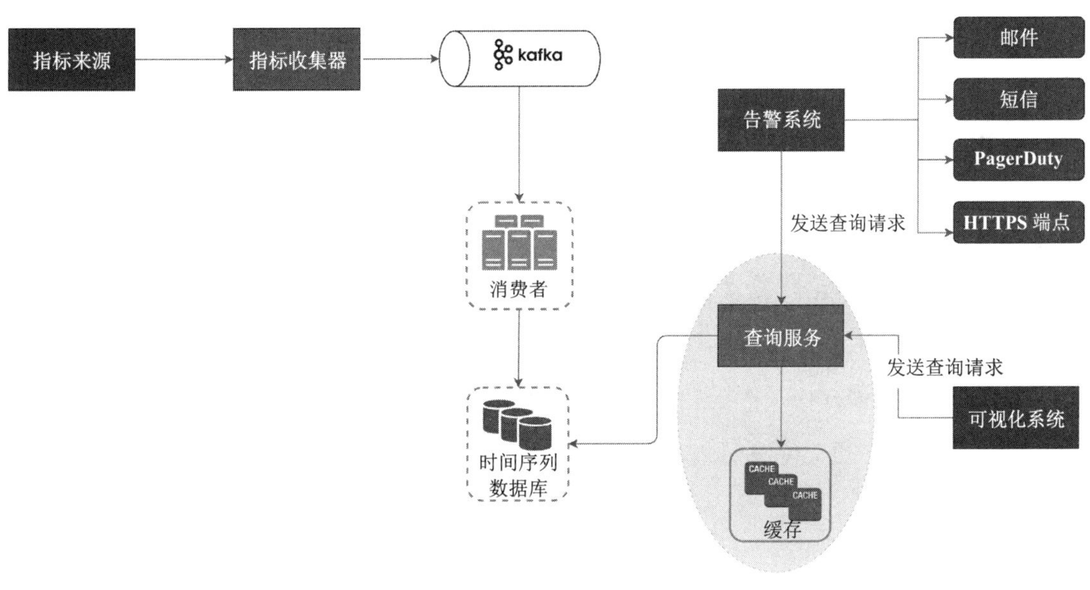

图 17-16

时间序列数据库查询语言

大部分流行的指标监控系统（比如 Prometheus 和 InfluxDB）不使用 SQL，而是创建了自有的查询语言。这么做有几个原因。最重要的一个原因是使用 SQL 语句来查询时间序列数据很困难。例如，influxdata 博客上的文章"Why We're Building Flux, a New Data Scripting and Query Language?"说，使用 SQL 计算指数滑动平均值可能需要写这些代码：

```
select id,
       temp,
       avg(temp) over (partition by group_nr order by time_read) as rolling_avg
from (
  select id,
```

```
        temp,
        time_read,
        interval_group,
        id - row_number() over (partition by interval_group order by time_read)
as group_nr
  from (
    select id,
    time_read,
    "epoch"::timestamp + "900 seconds"::interval * (extract(epoch from
time_read)::int4 / 900) as interval_group,
    temp
    from readings
  ) t1
) t2
order by time_read;
```

但是，如果在 InfluxDB 中使用 Flux 语言，只需要写下面这几行代码即可，因为 Flux 是专门针对时间序列分析做过优化的语言：

```
from(db:"telegraf")
  |> range(start:-1h)
  |> filter(fn: (r) => r._measurement == "foo")
  |> exponentialMovingAverage(size:-10s)
```

采用 Flux 语言更简便易懂。

17.3.4 存储层

缓存最近的数据

根据 Facebook 的论文“Gorilla: A Fast, Scalable, In-Memory Time Series Database”，在所有对运营数据存储的查询中，至少有 85%针对的是过去 26 小时以内收集的数据。如果我们缓存最近的时间序列数据，就可以显著提升插入和查询速度。如图 17-17 所示，我们在时间序列数据库之上添加了一个缓存层。时间序列数据库的存储引擎通常包括下面 4 个组成部分：预写日志（Write Ahead Log，WAL）、缓存、时间结构合并树（Time-Structured Merge Tree，TSM 树）和时间序列索引（Time Series Index，TSI）。存储引擎的设计需要专门的领域知识，不在本章的讨论范围内。感兴趣的读者可以阅读 Influx DB 存储引擎的设计文档“InfluxDB Storage Engine”。

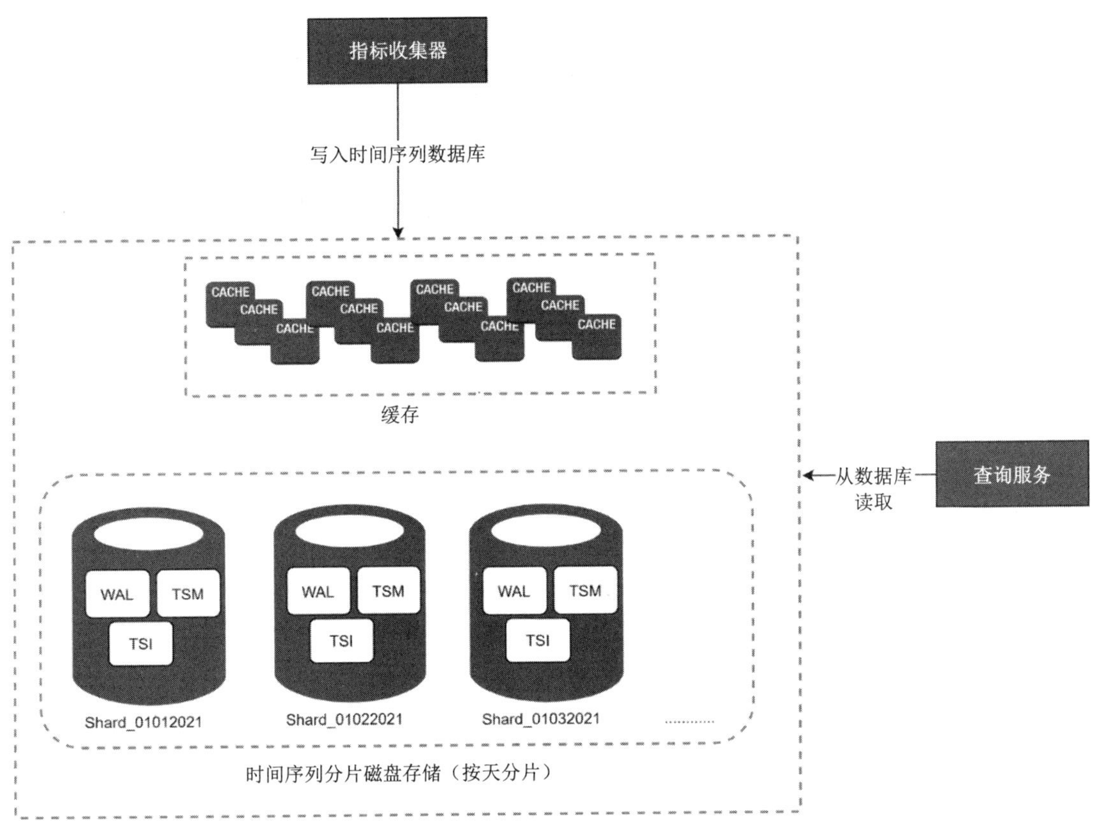

图 17-17

聚合

为了确保查询服务提供低延时的查询且减少要存储的数据量，我们允许工程师或者数据科学家按特定的粒度（1 秒、10 秒、1 分钟、1 小时等）来灵活聚合和存储时间序列数据。Uber 也使用了类似的方法[①]。

① 请参阅 Uber 工程博客文章“M3: Uber’s Open Source, Large-scale Metrics Platform for Prometheus”。

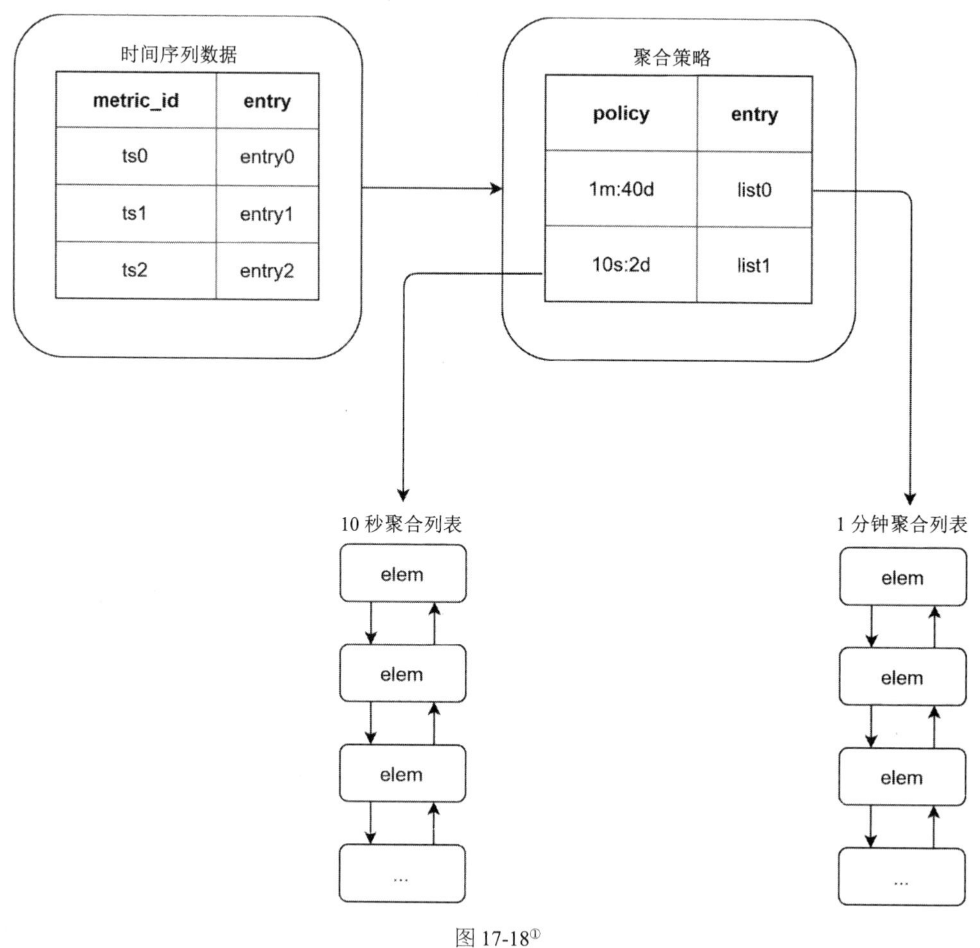

图 17-18①

空间优化

如 17.1.1 节中所述，要存储的指标数据量是巨大的。以下是一些可以缓解这个问题的策略。

（1）数据编码和压缩。数据编码和压缩可以显著减小数据的大小。我们来看一个简单的例子。如图 17-19 所示，1610087371 和 1610087381 之间只差 10 秒，差值“10”只需要用 4 比特表示而无须保存 32 位的完整时间戳。所以，与其存储绝对值，不如存储值的增量以及一个基础值，比如 1610087371、10、10、9、11。

① 引自 Uber 工程博客文章“M3: Uber’s Open Source, Large-scale Metrics Platform for Prometheus”。

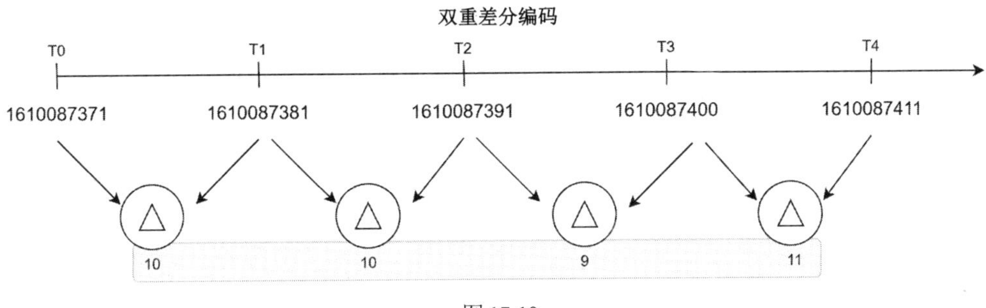

图 17-19

（2）向下采样（Downsampling）。向下采样是把高分辨率数据转换为低分辨率数据的过程。它用于减少整体的硬盘使用量。因为我们的数据保存期是 1 年，所以可以向下采样老数据。例如，我们允许工程师和数据科学家为不同的指标定义规则。下面是一个例子。

- 保存期：1 天，不采样。
- 保存期：30 天，向下采样到 1 分钟的分辨率。
- 保存期：1 年，向下采样到 1 小时的分辨率。

（3）冷存储。冷存储指的是几乎不会被用到的不活跃数据的存储。冷存储的成本要低很多。

17.3.5 告警系统

现在，我们看一下告警系统，如图 17-20 所示。

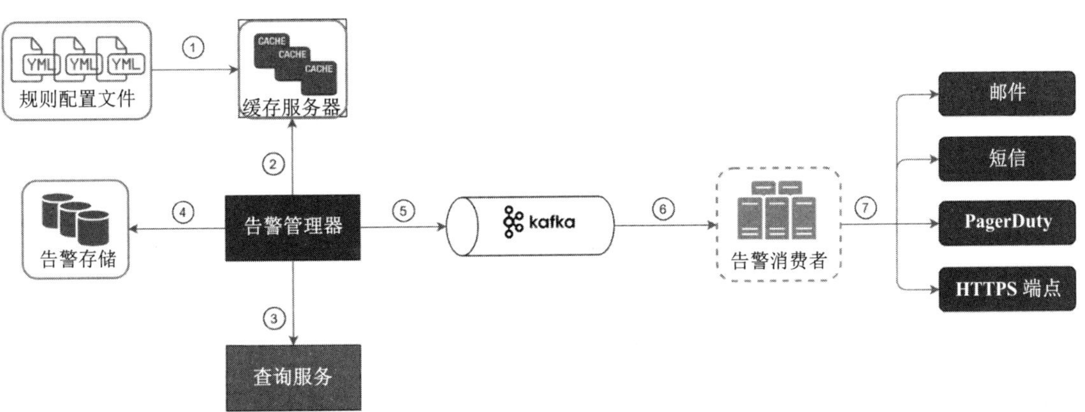

图 17-20

告警的流程如下：

1．将规则配置文件加载到缓存服务器。

规则以配置文件的形式保存在硬盘上。YAML 是用来定义规则的一种常用格式[①]。下面是一个告警规则的例子：

```
- name: instance_down
  rules:

  # Alert for any instance that is unreachable for >5 minutes.
  - alert: instance_down
    expr: up == 0
    for: 5m
    labels:
      severity: page
```

2．告警管理器从缓存服务器获取告警规则。

3．基于所配置的告警规则，告警管理器按照预定的间隔请求查询服务。如果监控的指标超过了阈值，就会触发告警事件。告警管理器也负责如下事项：

- 过滤、合并和删除重复告警。图 17-21 展示了对同一个实例（实例 1）触发的告警进行合并的例子。

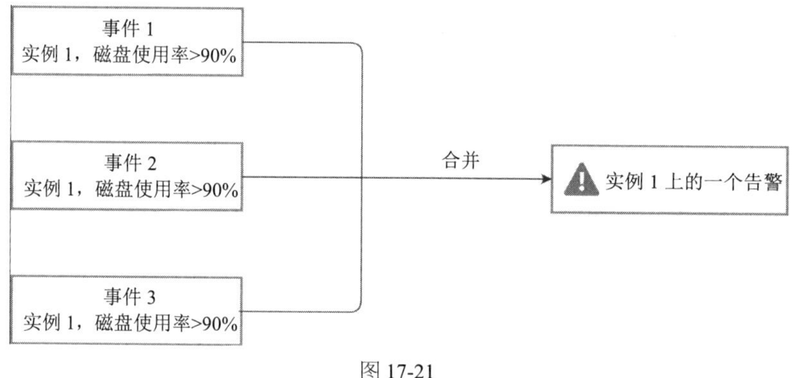

图 17-21

- 访问控制。为了避免人为错误并保证系统安全，只允许获得授权的人访问特定的告警管理操作。

① 请参阅维基百科词条“YAML”。

- 重试。告警管理器检查告警的状态并确保至少发送了一次通知。

4. 告警存储是一个键值数据库（比如 Cassandra），它保存所有告警的状态机。它确保至少发送了一次通知。

5. 合格的告警被插入 Kafka。

6. 告警消费者从 Kafka 中拉取告警事件。

7. 告警消费者处理 Kafka 中的告警事件，并将通知发送到不同的接收端，如邮件、短信、PagerDuty 或者 HTTP 端点。

17.3.6 可视化系统

可视化系统建立在数据层之上，可以基于不同的时间范围将指标展示在指标仪表板上，而将告警展示在告警仪表板上。图 17-22 展示了一个仪表板，上面列出了如当前服务器请求、内存/CPU 使用率、页面加载时间、网络流量和登录信息等指标[①]。

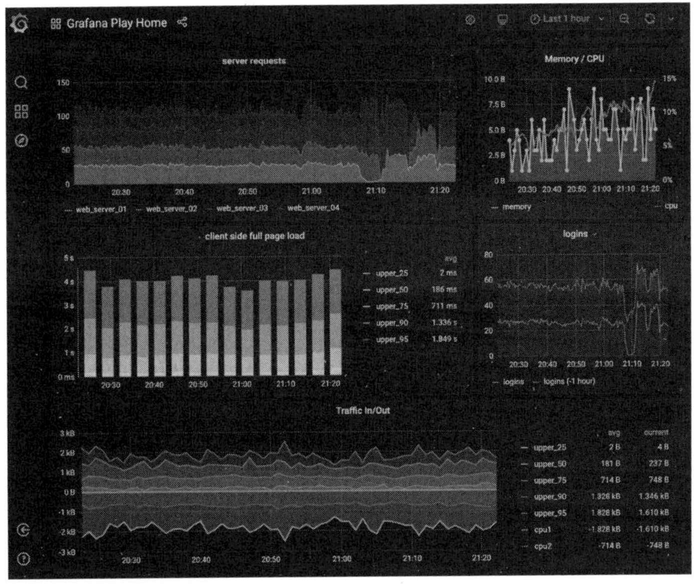

图 17-22

① 访问 Grafana 官网，可以看到更多可视化例子。

17.4 第四步：总结

在本章中，我们介绍了指标监控和告警系统的设计，讨论了数据收集、时间序列数据库、告警和可视化系统的高层级设计。我们还深入探讨了其中几个最重要的技术/组成部分：

- 收集指标数据的拉模型和推模型。
- 使用 Kafka 来扩展系统。
- 在时间序列数据库之上添加缓存层。
- 使用编码或者压缩算法来减小数据大小。
- 过滤和合并告警，使得值班开发人员不会被收到的告警数量压垮。

系统经过了几轮迭代和优化，最终的设计如图 17-23 所示。

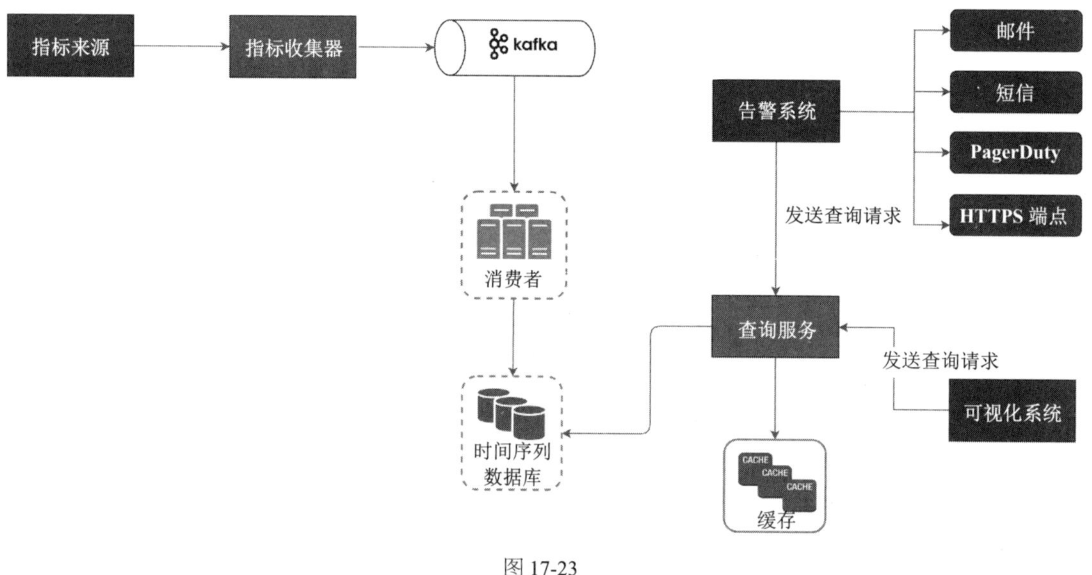

图 17-23

恭喜你已经看到这里了。给自己一些鼓励。干得不错！

18 继续学习

要设计出一个好的系统，需要多年的知识积累。有一个捷径是研究真实世界的系统架构。本章将介绍一些有帮助的阅读材料。务必留意那些真实系统之间共通的原理和相同的底层技术。研究每个技术并了解它解决了什么问题，这是一个巩固基础知识和完善设计过程的好方法。

有一些材料可以帮你理解不同公司产品的系统架构背后的一般设计思想。以下是一些经典的博客文章，建议你仔细阅读。

- Facebook Timeline: Brought to You by the Power of Denormalization
- Scale at Facebook
- Building Timeline: Scaling Up to Hold Your Life Story
- Erlang at Facebook (Facebook Chat)
- Facebook Chat
- Finding a Needle in Haystack: Facebook's Photo Storage
- Serving Facebook Multifeed: Efficiency, Performance Gains through Redesign
- Scaling Memcache at Facebook
- TAO: Facebook's Distributed Data Store for the Social Graph
- Amazon Architecture
- Dynamo: Amazon's Highly Available Key-value Store

- A 360 Degree View of the Entire Netflix Stack
- It's All About Testing: the Netflix Experimentation Platform
- Netflix Recommendations: Beyond the 5 stars (Part 1)
- Netflix Recommendations: Beyond the 5 stars (Part 2)
- Google Architecture
- The Google File System (Google Docs)
- Differential Synchronization (Google Docs)
- YouTube Architecture
- Seattle Conference on Scalability: YouTube Scalability
- Bigtable: A Distributed Storage System for Structured Data
- Instagram Architecture: 14 Million Users, Terabytes of Photos, 100s of Instances, Dozens of Technologies
- The Architecture Twitter Uses to Deal with 150M Active Users
- Scaling Twitter: Making Twitter 10000 Percent Faster
- Announcing Snowflake
- Timelines at Scale
- How Uber Scales Their Real-Time Market Platform
- Scaling Pinterest
- Pinterest Architecture Update
- A Brief History of Scaling LinkedIn
- Flickr Architecture
- How We've Scaled Dropbox
- The WhatsApp Architecture Facebook Bought for $19 Billion

如果你将要参加一家公司的面试，最好先阅读一下它的工程博客，了解该公司采用的技术和系统架构。此外，工程博客也提供了关于一些特定领域的宝贵见解，定期阅读其中的文章可以帮助我们成为更好的工程师。①

---

① 可登录博文视点官网下载知名大公司和创业公司的工程博客列表，或扫本书封底二维码获取。

后记

恭喜你！你已经读完这本书。在这个过程中，相信你积累了系统设计的技能和知识。不是所有人都有自制力读完本书。所以，休息一下并给自己一些鼓励。你的付出一定会有回报的。

获得梦想的工作是一段漫长的征途，并且要付出很多时间和精力。熟能生巧。祝你好运！

谢谢你购买和阅读本书。没有你的购买，这本书就不会在市场存在这么久。希望你喜欢本书！

如果你对本书有任何意见和问题，请给我们发送邮件。我们的邮件地址是systemdesigninsider@gmail.com。另外，如果你发现了书中的任何错误，请告知我们，以便我们在下一个版本中更正。谢谢！